高等学校公共课类"十三五"规划教材

计算机基础实践教程

何庆新　曾健民　主编

U0316881

中国铁道出版社有限公司
CHINA RAILWAY PUBLISHING HOUSE CO., LTD.

内 容 简 介

本书是《计算机基础教程》（何庆新、曾健民主编，中国铁道出版社出版）的配套教材，内容包括信息社会与计算机、计算机硬件和软件系统，Windows 7 操作系统、办公自动化软件应用、多媒体应用基础、计算机网络基础与应用、数据库技术基础、信息安全、网页制作等相关知识和技能的学习指导。

本书主要以例题精解和实验为主，在例题选择和实验设计中注意取材合理，对学生掌握教材内容有较好的针对性。同时在各章前列出本章主要知识点，并为各章配备了大量习题，注重培养学生的综合应用能力和自学能力。

本书适合作为高等学校"计算机文化基础"课程的教学辅导教材。

图书在版编目（CIP）数据

计算机基础实践教程/何庆新，曾健民主编. —北京：
中国铁道出版社，2018.8（2020.7 重印）
高等学校公共课类"十三五"规划教材
ISBN 978-7-113-24817-8

Ⅰ.①计… Ⅱ.①何…②曾… Ⅲ.①电子计算机-高等
学校-教材 Ⅳ.①TP3

中国版本图书馆 CIP 数据核字（2018）第 185466 号

书　　名：	计算机基础实践教程
作　　者：	何庆新　曾健民

策　　划：	祁　云　李露露	读者热线：（010）63549458
责任编辑：	祁　云　包　宁	
封面设计：	刘　颖	
责任校对：	张玉华	
责任印制：	樊启鹏	

出版发行：中国铁道出版社有限公司（100054，北京市西城区右安门西街 8 号）
网　　址：http://www.tdpress.com/51eds/
印　　刷：北京柏力行彩印有限公司
版　　次：2018 年 8 月第 1 版　　2020 年 7 月第 3 次印刷
开　　本：787 mm×1 092 mm　1/16　印张：17　字数：415 千
印　　数：8 001～12 000 册
书　　号：ISBN 978-7-113-24817-8
定　　价：49.00 元

前　言

　　"计算机文化基础"是高校学生接受计算机教育的入门课程，目的是使学生初步掌握计算机知识和基本操作，培养学生的计算机应用能力，从而提高学生的计算机素质，并为学习后续的计算机课程打好基础。课程应以激发学生学习兴趣、增强学习自觉性、培养和提高学生的动手实践能力为目的，在坚持理论与实践密切联系的同时，突出教学的实践性。实践教程不仅可以作为实践环节的指导书，也可作为学生自主学习或者辅助学习的参考书。

　　本书是《计算机基础教程》配套的实践教程，共 9 章，每章内容包括本章要点、典型例题精解、实验操作题、习题四部分（除第 9 章），涵盖了主教材相应各章的知识和技能。"本章要点"是对各章主要知识点的概括；"典型例题解析"是对例题中重要的知识点进行分析；"实验操作题"是以培养实践能力为目的的技能训练；"习题"部分列出综合应用各章知识点的经典练习题，供学生巩固所学知识。本书提供了大量的实例，内容安排紧凑，逻辑性和可操作性强，便于学生自学，并可在学习过程中进行自我检验、巩固学习成果，对提高读者的操作水平大有帮助。

　　本书适合作为各类高等学校非计算机专业、部分计算机专业计算机文化基础类课程的教学辅导用书，也可供其他专业教师和有关人员参考。

　　本书由闽南理工学院拥有多年教学经验的何庆新、曾健民任主编。本书在编写过程中得到了闽南理工学院领导及部分老师的大力支持和协助，在此一并表示衷心的感谢！在编写过程中参考了部分书籍和教材，特向其作者表示衷心的感谢！中国铁道出版社为本书出版提供了大力支持，相关编辑出色的工作给我们留下了深刻印象，在此表示感谢。

　　由于编者水平有限，书中难免存在疏漏和不足之处，恳请广大读者和同行不吝赐教。

编　者

2018 年 6 月

目　录

第1章 | 信息社会与计算机学习指导

1.1 本 章 要 点

◆ 知识点 1：信息的定义

1. 信息的来源

"信息"一词源自拉丁文，在英文、法文、德文、西班牙文中均是 Information，日文中为"情报"，我国台湾省称之为"资讯"，我国古代指的是"消息"。

2. 信息的定义

一般意义：信息可理解为消息、情报、见闻、通知、报告、知识、事实、赋予某种意义的数据。

广义上：信息是人类一切生存活动和自然存在所传达的信号和消息，是人类社会所创造的全部知识的总和。

基于不同的研究目的和不同的角度，对信息的理解也会不同。

从计算机科学的角度研究，信息包含两个基本意义：

① 经过计算机技术处理的资料和数据（文字、声音、影像和图形）。

② 经过科学收集、存储、分类、检测等处理后的信息产品集合。

3. 信息和数据存在区别

数据是原始的、广义的、可鉴别的抽象符号，用来描述事物的属性、状态、程度、方式等。数据符号单独表示是没有意义的，只有放入特定场合进行解释和加工才有意义并升华为信息。

4. 信息的主要特征

① 信息具有不灭性。

② 信息具有可采集性和可存储性。

③ 信息具有可传递性和可共享性。

④ 信息具有可加工处理性。

◆ 知识点 2：信息科学的几位理论奠基者与图灵奖

1. 信息论的创始人——香农

史劳德·埃尔伍德·香农（Claude Elwood Shannon，1916—2001）是美国数学家、信息论的创始人，1940 年获麻省理工学院数学博士学位和电子工程硕士学位，1941 年进入贝尔实验室数学部工作。1938 年他首次使用"比特"概念；1948 年发表《通信的数学理论》，提出负熵概念；1949

年发表《噪声中的通信》，从而奠定了信息论的基础，同年发表《保密系统的通信理论》，使他成为密码学的先驱。1956 年他与 J.麦卡锡合编《自动机研究》（论文集），是自动机理论方面的重要文献。

2．计算机科学的奠基人——图灵

艾伦·图灵（A.M.Turing，1912—1954）是英国数学家，计算机科学的创始人。1936 年因发表的论文《论可计算数及其在判定问题中的应用》而获得史密斯奖。该文提出了一种描述计算过程的数学模型，即著名的理论计算机抽象模型，可以把推理化作一些简单的机械动作，后来人们把这个模型称为图灵机。

（1）图灵机的分类：非确定型图灵机和确定型图灵机。

（2）图灵机的组成：① 一条可无限延伸的带子；② 一个有限状态控制器；③ 一个读写磁头。

（3）图灵机工作情况的决定因素：① 机器的内部状态；② 读写磁头扫描在磁带的哪个方格上；③ 读写磁头扫描着的方格上有什么信息。

（4）图灵机如何工作：1950 年图灵发表《计算机和智能》论文，它阐明了计算机可以有智能的思想。

（5）图灵测试：一个人提出一个问题，分别由其他人和机器来回答；如果辨别不出回答者是人类还是机器，则认为这部机器有智能。

（6）图灵奖：是计算机科学界的第一个奖项。

3．存储程序式计算机之父——冯·诺依曼

冯·诺依曼（John von Neumann，1903—1957）是匈牙利的美籍数学家，存储程序式计算机的创始人。1946 年提出了更加完善的计算机设计报告《电子计算机逻辑设计初探》，并开始研制存储程序式的计算机 EDVAC（Electronic Discrete Variable Automatic Calculator），该机在宾夕法尼亚大学的莫尔学院研制成功。

（1）存储程序式的计算机 EDVAC 的最大优点：① 把计算机要执行的指令和要处理的数据都用二进制表示；② 把指令和数据均按顺序变成程序存储到计算机内部让它自动执行。

（2）EDVAC 解决的问题：内部存储和自动执行。

EDVAC 是第一台使用二进制数、能存储程序的计算机。

（3）计算机的工作模式：存储程序，顺序控制。

（4）计算机由五部分组成：运算器、控制器、存储器、输入设备和输出设备。

存储程序式计算机又叫冯·诺依曼计算机。

4．计算机科学界的诺贝尔奖——图灵奖

Douglas Engelbart，1952 年生，美国俄勒冈州人，1964 年发明鼠标器，他推出的另一核心技术是 OHS（开放的超文档系统）。

姚期智，1946 年生，中国台湾人，他对计算机科学的主要贡献是计算理论，是第一次被授予图灵奖的华裔学者。

◆ 知识点 3：信息科学及其发展

（1）经典信息论的开始：1948 年香农的《通信的数学原理》。

（2）狭义信息论：是指经典信息论，它是以数学方法研究通信技术中关于信息的传输和变换规律。

（3）一般信息论：主要研究仍是通信问题，但侧重如何使接收端获得可靠信息，增加了噪声理论和信号滤波检测等内容。

（4）广义信息论：由科学的交叉发展而逐渐形成，超出了通信技术范畴来研究信息问题。研究对象是各学科领域中的信息。

信息不同于物质，也不同于能量，但又与物质和能量密切联系并相互作用。

三个大型的信息科学交叉研究报告：

① 美国普林斯顿大学马克鲁普 1983 年著《信息研究：学科之间的信息》。

② 德国科特布斯技术大学肯沃奇 1994 年著《信息：多学科概念中的问题》。

③ 奥地利维也纳科技大学霍夫克奇纳 1999 年著《探寻统一信息理论》。

这些报告均指出，信息科学中的信息范围不应该局限于某些特定领域，而应该是多元化的，只有统一的信息科学才是真正的信息科学。

（5）信息科学研究的内容有：哲学信息论、基本信息论、识别信息论、通信理论、智能理论、决策理论、控制理论、系统理论。

（6）信息科学的出发点和最终归宿：扩展人类的信息器官功能，提高人类对信息的接收和处理能力，实质上就是扩展和增强人们认识世界和改造世界的能力。

◆ **知识点 4：信息资源**

信息资源的含义

维纳指出：信息就是信息，不是物质也不是能量。也就是说，信息与物质、能量是有区别的。同时，信息与物质、能量之间也存在着密切的关系。物质、能量、信息一起是构成现实世界的三大要素。

只要事物之间的相互联系和相互作用存在，就有信息发生。人类社会的一切活动都离不开信息，信息早就存在于客观世界，只不过人们首先认识了物质，然后认识了能量，最后认识了信息。

信息是普遍存在的，但并非所有信息都是资源。只有满足一定条件的信息才能构成资源。对于信息资源（Information Resources），有狭义和广义之分。

① 狭义信息资源：指的是信息本身或信息内容，即经过加工处理，对决策有用的数据。开发利用信息资源的目的，就是为了充分发挥信息的效用，实现信息的价值。

② 广义信息资源：指的是信息活动中各种要素的总称。"要素"包括信息、信息技术以及相应的设备、资金和人等。

狭义的观点突出了信息是信息资源的核心要素，但忽视了"系统"。事实上，如果只有核心要素，而没有"支持"部分（技术、设备等），就不能进行有机的配置，不能发挥信息作为资源的最大效用。

◆ **知识点 5：信息资源的特征**

（1）可共享性

由于信息对物质载体有相对独立性，信息资源可以多次反复地被不同的人利用，在利用过程中信息量不仅不会被消耗掉，反而会得到不断地扩充和升华。在理想条件下，信息资源可以反复交换、多次分配、共享使用。

（2）无穷无尽性

由于信息资源是人类智慧的产物，它产生于人类的社会实践活动并作用于未来的社会实践，而人类的社会实践活动是一个永不停息的过程，因此信息资源的来源是永不枯竭的。

（3）对象的选择性

信息资源的开发与利用是智力活动过程，它包括利用者的知识积累状况和逻辑思维能力，因此，信息资源的开发利用对使用对象有一定的选择性，同一内容的信息对于不同的使用者所产生的影响和效果将会大不相同。例如，股票的涨跌，对炒股者很有用处，对不炒股票的人就不一定有意义了。

（4）驾驭性

信息资源的分布和利用非常广泛，几乎渗透到了人类社会的各个方面。而且，信息资源具有驾驭其他资源的能力。例如，闲置的资本，投入信息后可以变成有利的投资；低产的土地，投入信息后可以变成高产的良田等。

◆ 知识点 6：信息科学与信息技术

信息科学是以信息为主要的研究对象，以信息的运动规律和应用方法为主要的研究内容，以计算机等技术为主要研究工具，以扩展人类的信息功能为主要目标的一门新兴的综合性学科。信息和控制是信息科学的基础和核心。20 世纪 40 年代末，美国数学家香农发表了《通信的数学理论》和《在噪声中的通信》两篇著名论文，提出了信息熵的数学公式，从量的方面描述了信息的传输和提取问题，创立了信息论。

信息技术是关于信息的产生、发送、传输、接收、变换、识别和控制等应用技术的总称，是在信息科学的基本原理和方法的指导下扩展人类信息处理能力的技术。具体包括信息基础技术、信息系统技术、信息应用技术和信息安全技术等。

◆ 知识点 7：信息技术

1．信息处理技术

（1）信息获取技术

信息的获取可以通过人的感官或技术设备进行。有些信息，虽然可以通过人的感官获取，但如果利用技术设备来完成，效率会更高，质量会更好。信息获取技术主要包括传感技术和遥感技术。

（2）信息传输技术

信息传输技术包括通信技术和广播技术，其中前者是主流。现代通信技术包括移动通信技术、数据通信技术、卫星通信技术、微波通信技术和光纤通信技术等。

（3）信息加工技术

它是利用计算机硬件、软件、网络对信息进行存储、加工、输出和利用的技术，包括计算机硬件技术、软件技术、网络技术、存储技术等。

（4）信息控制技术

它是利用信息控制系统使信息能够顺利流通的技术。现代信息控制系统的主体为计算机控制系统。

2．信息应用技术

信息应用技术大致可分为两类：一类是管理领域的信息应用技术，主要代表是管理信息系统技术（MIS 技术）；另一类是生产领域的信息应用技术，主要代表是计算机集成制造系统（CIMS）。

3．信息安全技术

它主要有密码技术、防火墙技术、病毒防治技术、身份鉴别技术、访问控制技术、备份与恢复技术、数据库安全技术等。这里只介绍前两项。

（1）密码技术

密码技术是指通过信息的变换或编码，使不知道密钥（如何解密的方法）的人不能解读所获信息，从而实现信息加密的技术。该技术包括两方面：密码编码技术和密码分析技术。Internet 中常用的数字签名、信息伪装、认证技术均属于密码技术范畴。

（2）防火墙技术

防火墙是保护企业内部网络免受外部入侵的屏障，是内、外网络隔离层硬件和软件的合称。防火墙技术主要有包过滤技术、代理技术、电路及网关技术等。

◆ 知识点 8：信息社会的特征

（1）信息高速公路：是指建立一个能提供超量信息的、由通信网络和多媒体联机数据库以及网络计算机组成的一体化高速网络，向人们提供快速的图文声像信息传输服务，并实现信息资源的高度共享。

（2）信息化社会的特征：① 在经济领域方面；② 在社会、文化、生活方面；③ 在社会观念方面。

◆ 知识点 9：冯·诺依曼体系结构

冯·诺依曼提出现代计算机最基本的工作原理是：

（1）计算机硬件系统由运算器、控制器、存储器、输入设备和输出设备五大部分组成，每部分实现一定的基本功能。

（2）采用二进制形式表示数据和指令。

（3）将指令和数据预先存入存储器中，使计算机能自动高速地按顺序取出存储器中的指令加以执行，即执行存储程序。

◆ 知识点 10：计算机信息处理的特点

计算机信息处理具有如下特点：

（1）运算速度快、精度高。当今计算机系统的运算速度已达到每秒可执行万亿次指令，微机也可达每秒亿次以上。正是有了这样的计算速度，过去不可能完成的计算任务，例如卫星轨道的计算、大型水坝的计算、24 小时天气预报、大地测量的高阶线性代数方程的求解、导弹和其他飞行体运行参数的计算等大量复杂的科学计算问题得到了解决，过去人工计算需要几年、几十年的计算任务，现在用计算机只需几天甚至几分钟就可精确完成。此外，计算机计算可达到非常高的精度，一般计算机可以有十几位甚至几十位（二进制）有效数字，计算精度可由千分之几到百万分之几，这样的精度是任何其他计算工具所望尘莫及的。

（2）存储容量大、存取速度快。信息社会的一个重要特点是信息密集，有人曾用"知识爆炸"

一词来形容知识更新的速度和信息量的庞大。在信息社会中需要对大量的、以各种形式表示的信息资源（如数值、文字、声音、图像等）进行处理。计算机的存储器（包括内存储器和外存储器）可以存储大量的程序和数据。随着技术的进步，计算机存储器的存储容量越来越大，存取速度也越来越高。计算机存储的信息可根据需要随时存取、删除、修改和更新。

（3）具有逻辑判断能力。计算机在执行程序的时候能够根据各种条件来进行判断和分析，从而决定以后的执行方法和步骤，也能够对文字、符号、数字进行大小、异同的比较，从而决定如何对其进行处理。

（4）工作自动化。只要把特定功能的处理程序输入计算机，计算机就会根据该程序的指令自动运行，完成程序规定的操作。

（5）用户界面友好。早期的计算机只有专家才能使用，随着图文并茂的图形用户界面取代传统的字符用户界面和多媒体技术的发展，形声具备的多媒体用户界面已得到广泛应用，友好易用的用户界面使得计算机更加普及。

（6）计算机网络使世界变"小"。人们利用计算机可以高效地处理和加工信息，利用网络可以广泛地获取信息、交流信息。网络化是当前及今后计算机应用的主要方向。目前，Internet 的用户遍布全球，计算机网络作为信息社会的重要基础设施，在信息时代对信息的收集、存储、处理、传输起到十分重要的作用。通过它能够快捷、高效地收发电子邮件，发布和获取各种信息，进行全球性的信息交流。在 Internet 中，用户可以搜索存储在全球计算机中的难以计数的文档资料；同世界各国不同民族、不同肤色、不同语言的人们畅谈家事、国事、天下事；下载最新应用软件、游戏软件；发布产品信息，进行市场调查，实现网上购物等。

◆ **知识点 11：信息与数据**

信息（Information）是客观事物特征属性的反映。关于信息的含义，从不同的角度和不同的层次，可以有多种不同的理解。按照美国数学家维纳的控制论观点，信息是人与外部世界交换的内容的名称；而按照美国数学家香农的信息论观点，信息是用来消除随机不确定性的东西；信息也可以被视为用数字、符号、语言、文字、图像、声音、表情、状态等方式传递的内容。这些观点都从不同的侧面反映了信息的某些特性。

数据（Data）是人们用于描述、记录事物情况的物理符号。国际标准化组织（ISO）将数据定义为："数据是对事实、概念或指令的一种特殊表达形式，这种特殊表达形式可以用人工的方式或者用自动化的装置进行通信、翻译转换或者进行加工处理。"根据该定义，人类活动中使用的数字、文字、图形、声音、图像（静态和活动图像）等，都可视为数据。

◆ **知识点 12：数制**

1．为什么要用二进制

在计算机中用电子器件表示数字信息，容易找到或制造具有两种不同状态的电子元件，如电开关的接通与断开、晶体管的导通与截止等，两种不同状态实现了逻辑值"真"与"假"的表示。

（1）二进制（B）：由 0、1 组成，基数为 2，逢二进一。

（2）八进制（O）：由数码 0~7 组成，基数为 8，逢八进一。

（3）十六进制（H）：0~9、A、B、C、D、E、F 组成，基数为 16，逢十六进一。

2．十、二、八、十六进制对应关系

（1）十进制：逢十进一，即高一位是低一位的 10 倍。

（2）二进制：逢二进一，即高一位是低一位的 2 倍。

（3）八进制：逢八进一，即高一位是低一位的 8 倍。

（4）十六进制：逢十六进一，即高一位是低一位的 16 倍。

3．任意两种进制之间的转换

先把一种进制的数据按权展开相加得到十进制，然后分整数部分和小数部分把十进制表示的数转换成另一种进制。

◆ **知识点 13：计算机中的信息编码**

字符编码：计算机中的信息——字母、控制符号、图形符号等，在计算机中必须用二进制编码方式存入加以处理。

1．BCD 码（二—十进制编码）

即用四位进制数码来表示一位十进制数称为 BCD 码。常用的有 8421 码、5421 码、余 3 码等。

余 3 码：每个十进制数字的余 3 码为该数字加 3 后转换得到的四位二进制数。

2．ASCII 码

美国标准信息交换代码，是英文信息处理的标准编码，由 7 位二进制数组成，但计算机中的基本存储单位是一个包含 8 个二进制的字节（Byte），所以每个 ASCII 码用一个字节表示，最高二进制位为 0。

3．汉字的处理

要在计算机中处理汉字，必须解决：

（1）汉字的输入，即如何把结构复杂的方块汉字输入到计算机中去，这是汉字处理的关键；

（2）汉字在计算机内部如何表示和存储？如何与西文兼容？

（3）如何将汉字的处理结果输出。

为此，必须将汉字代码化，即对汉字进行编码。对应汉字处理过程中的输入，内部处理及输出这三个主要环节，每一个汉字的编码都包括输入码、交换码、内部码和字形码。

4．数的定点与浮点表示

数的定点表示法：小数点的位置是固定的。

数的浮点表示法：小数点的位置是可以变动的。

5．原码、反码和补码

原码保持了数的原来形式，即尾数部分不变，只是正数时符号位为 0，负数时符号为 1。

对于正数其反码和补码与其原码相同；对于负数，其反码由符号位为 1，尾数各位逐位求反得到；负数其补码由在其反码最低位加 1 得到（即对尾数逐位求反、末位加 1）。

6．汉字编码

汉字信息处理也必须有一个统一的标准编码。1980 年，国家颁布了计算机信息处理用的汉字编码方案 GB 2312—1980：《信息交换用汉字编码字符集　基本集》二维代码表（表中 94 行、94 列）。

区位码：一个汉字所在的区号和位号（十进制数）的组合。高两位为区号，低两位为位号。使用区位码输入汉字，不会出现重码。

内部码：是汉字在计算机内部的基本表示的形式，是计算机对汉字进行识别、存储、处理和传输所用的编码。一个汉字内码占两个字节，其两个字节的最高二进制位均为1。

◆ 知识点 14：中文信息处理

中文信息处理是用计算机对汉语的音、形、义等语言文字信息进行的加工和操作，包括对字、词、短语、句、篇章的输入、输出、识别、转换、压缩、存储、检索、分析、理解和生成等各方面的处理技术。

中文信息处理是在语言文字学、计算机应用技术、人工智能、认知心理学和数学等相关学科的基础上形成的一门边缘学科。

汉字学和汉语语言学中的词法学、句法学、语义学、语用学给中文信息处理的各个层面提供了可靠的理论依据，而人工智能的知识工程、机器学习、模式识别和神经计算，数学中的模型论、形式化理论和数理统计等则构成了中文信息处理的方法论基础。

◆ 知识点 15：汉字国标码和机内码

国家标准汉字编码简称国标码。国标码中收集了二级汉字，共约 7 445 个汉字及符号。其中，一级常用汉字 3 755 个，汉字的排列顺序为拼音字典序；二级常用汉字 3 008 个，排列顺序为偏旁序；还收集了 682 个图形符号。一般情况下，该编码集中的二级汉字及符号已足够使用。

为了编码，将汉字分成若干个区，每个区中有 94 个汉字，区号和位号构成了区位码。例如，"中"字位于第 54 区 48 位，区位码为 54 48。为了与 ASCII 码兼容，将区号和位号转化为十六进制，再各加上 20H 就构成了国标码。

在计算机系统中，汉字是以机内码的形式存在的，输入汉字时允许用户根据自己的习惯使用不同的输入码，进入系统后再统一转换成机内码存储。所谓机内码是国标码的另外一种表现形式，这种形式避免了国标码与 ASCII 码的二义性（用最高位来区别），更适合在计算机中使用。

◆ 知识点 16：信息素养的概念

1989 年，美国图书馆协会和美国教育传播与技术协会在关于信息素养的总结报告中指出：具有信息素养的人必须能够认识到何时需要信息，能够评价和使用所需要的信息，并能有效地利用所需信息。美国国家信息论坛在 1990 年年度报告中指出：具有信息素养的人能了解自己的信息需求；承认准确而完整的信息是制定明智决策的基础，能在信息需求的基础上系统阐述问题；具有识别潜在信息的能力；能制定成功的检索策略；能利用计算机为基础的信息技术或其他技术检索信息源；具有评价信息的能力；能对信息进行组织并运用到实际中；具有将新信息结合到已有知识体系的能力；能采用创造性的思维，利用信息解决实际问题。

信息素养是信息时代人才培养模式中出现的一个新概念，已引起了世界各国越来越广泛的重视。信息素养已成为评价人才综合素质的一项重要指标。

◆ 知识点 17：信息素养内涵

信息素养的三个层面为：文化素养、信息素养、信息技能。

信息素养主要包括的内容：信息意识、信息品质、信息能力。

信息意识就是要具备信息第一意识、信息抢先意识、信息忧患意识以及再学习和终身学习意识。

信息品质主要包括：有较高的情商、积极向上的生活态度、善于与他人合作的精神和自觉维护社会秩序和公益事业的精神。

信息能力主要包括：信息挑选与获取能力、信息免疫与批判能力、信息处理与保存能力和创造性的信息应用能力。

◆ 知识点 18：知识产权的概念

知识产权（Intellectual Property）：是人类就其智力创造活动的成果而依法享有的专有权利。根据我国《中华人民共和国民法通则》的规定，知识产权是指民事权利主体（公民、法人）基于创造性的智力成果，即知识财产权、知识所有权，又被称为"精神产权""智力成果权"。知识产权的范围十分广泛，对于广义的知识产权保护，世界知识产权组织（World Intellectual Property Organization，WIPO）给出了八类规定。

"知识产权"最早起源于 17 世纪的法国，主要创导者是卡普佐夫。1791 年法国第一部专利法起草人德布孚拉首先使用"工业产权"一词来概括精神财产专有权，后来比利时的法学家把一切来自智力活动的权利概括为"知识产权"。

◆ 知识点 19：计算机软件知识产权

软件是脑力劳动的创造性产物，是一种商品。

软件盗版的严重危害。

中国颁布的有关知识产权的法律。

软件和其他的著作一样，受《中华人民共和国著作权法》的保护。

提高全体国民的知识产权意识，用法律手段维护软件劳动者的合法权益。

◆ 知识点 20：信息素养和计算机职业道德素养

（1）具备计算机的基本知识和基本技能，利用计算机获取信息、解决问题，了解和掌握本学科的新动向，以新的知识信息开阔视野、启迪思维，不断增强自身的信息素质。

（2）应从自我做起，不从事各种侵权行为。不越权访问、窃听、攻击他人系统，不编制、传播计算机病毒及各种恶意程序。在网上，不能发布无根据的消息，更不能阅读、复制、传播、制作妨碍社会治安和污染社会的有关反动、暴力、色情等有害信息，也不要模仿"黑客"行为。

（3）对用户的要求：

① 遵守实验室管理制度，爱惜设备；

② 禁止私自拷出有版权保护的文件；

③ 禁止制作、传播病毒和黄色信息；

④ 禁止侵入网络管理员账号；

⑤ 禁止盗用他人账号，或与他人共用账号；

⑥ 保护好自己的账号，经常更换密码。

1.2 典型例题精解

【例1】以下（　　　）不是信息具有的特征。

    A．智能性　　　　B．时效性　　　　　C．共享性　　　　　　D．不灭性

【分析】信息具有以下特征：

可传递性和共享性。语言、表情、动作、报刊、书籍、广播、电视、电话等是人类常用的信息传递方式。随着网络与通信技术的发展，信息的传播更为迅速，能够同时为多个使用者接收和利用。

不灭性。信息不会因为被使用而消失，它可以被广泛地、重复地使用。信息扩散后，信息载体本身所含的信息量并没有减少。在使用过程中，信息的载体可能会被磨损而失效，但信息本身不会因此而消失。

依附性。信息可以存储，但必须依附于载体。大脑就是一个天然信息存储器。人类发明的文字、摄影、录音、录像以及计算机存储器等都可以进行信息存储。

时效性。任何有价值的信息，都是在一定的条件下起作用的，如时间、地点、事件等，离开一定的条件，信息将会失去应有的价值。

可处理性。人脑是最佳的信息处理器，它的思维功能可以进行决策、设计、写作、发明、创造等多种信息处理活动。计算机也具有信息处理功能。

【答案】A

【例2】计算机发展的分代史，通常以其采用的逻辑元件作为划分标准。其中，第一代电子计算机采用的是（　　　）。

    A．晶体管　　　　B．电子管　　　　　C．集成电路　　　　D．大规模集成电路

【分析】通常以其采用的逻辑元件作为划分标准，计算机发展的分代史为四代。其中第一代计算机采用电子管制作基本逻辑部件，采用电子射线管作为存储部件，外存储器使用了磁鼓存储信息，体积大，没有系统软件，只能用机器语言和汇编语言编程。输入输出装置主要使用穿孔卡片，速度慢，运算速度每秒仅为几千到几万次，主要用于数值计算和军事研究，其代表机型有 IBM 50、IBM 790。

【答案】B

【例3】计算机采用二进制表示数的主要原因是（　　　）。

    A．二进制运算法则简单

    B．二进制只使用两个符号表示数，容易在计算机上实现

    C．二进制运算速度快

    D．二进制容易与八进制、十六进制转换

【分析】在许多电子器件中，常常只有两个状态：如继电器触点的开、关；晶体管的饱和与截止；电位的高低等。这两种状态容量被人们所区分，并用 0 和 1 表示，故在计算机中采用二进制表示数。

【答案】B

【例4】下列描述中，正确的是（　　　）。

    A．1 KB=1 000 B　　B．1 KB=1 000 b　　C．1 KB=1 024 B　　D．1 MB=1 000 KB

【分析】字节（Byte）简写为 B，是计算机中用来表示存储空间大小的基本容量单位。人们采用 8 位为 1 个字节。即 1 个字节由 8 个二进制数位组成。1 KB = 1 024 B。

【答案】C

【例 5】将八进制数 357 转换为十进制数是（　　　）。

  A. 199   B. 234   C. 245   D. 239

【分析】八进制的特点为：基数是"8"，共有 0~7 八个数码，按"逢八进一"的规则计数。即 $(357)_8 = (3 \times 8^2 + 5 \times 8^1 + 7 \times 8^0)_{10} = (239)_{10}$

【答案】D

【例 6】下面四个数中，值最大的是（　　　）。

  A. $(10110001)_B$ B. $(B3)_F$ C. $(262)_O$ D. $(180)_D$

【分析】先将各个不同进制的数值都转换为十进制。

  A. $(10110001)_B = (177)_D$ B. $(B3)_F = (179)_D$

  C. $(262)_O = (178)_D$ D. $(180)_D$

由上可见，D 项最大。

【答案】D

【例 7】存储一个 24 × 24 点阵的汉字需要 32 个字节空间。（　　　）

【分析】1 个字节由 8 个二进制位组成；由于汉字字库的每一个点都用一个二进制位表示，24 位 × 24 位/8 = 72 字节，所以存储一个 24 × 24 点阵的汉字需要 72 个字节空间。

【答案】错误

【例 8】位是数据处理的基本单位。（　　　）

【分析】计算机的基本功能是对数据进行运算和加工处理。字节是数据处理的基本单位，1 个字节等于 8 位，计算机存储器是以字节为单位组织的，每个字节都有一个地址码，通过地址码可以找到这个字节，进而能存取其中的数据；常用大写 B 表示字节。

【答案】错误

习　题

一、选择题

1. 第一台电子计算机 ENIAC 每秒钟加法运算速度为（　　　）。

  A. 5000 次   B. 5 亿次   C. 50 万次   D. 5 万次

2. 冯·诺依曼提出的计算机体系结构中硬件由（　　　）部分组成。

  A. 2   B. 5   C. 3   D. 4

3. 计算机中的指令和数据采用（　　　）存储。

  A. 十进制   B. 八进制   C. 二进制   D. 十六进制

4. 第二代计算机的内存储器为（　　　）。

  A. 水银延迟线或电子射线管   B. 磁芯存储器

  C. 半导体存储器   D. 高集成度的半导体存储器

5. 第三代计算机的运算速度为每秒（　　　）。

    A. 数千次至几万次　　　　　　　　　B. 几百万次至几万亿次

    C. 几十次至几百次　　　　　　　　　D. 百万次至几百万次

6. 第四代计算机不具有的特点是（　　　）。

    A. 编程使用面向对象程序设计语言

    B. 发展计算机网络

    C. 内存储器采用集成度越来越高的半导体存储器

    D. 使用中小规模集成电路

7. 下列说法正确的是（　　　）。

    A. 英国人发明了世界上第一台电子计算机

    B. 冯·诺依曼发明了世界上第一台电子计算机

    C. 现在使用的计算机已经是第五代产品

    D. 现在使用的计算机仍然是第四代产品

8. 我国的计算机研究始于（　　　）。

    A. 20 世纪 50 年代　　　　　　　　　B. 21 世纪 50 年代

    C. 18 世纪 50 年代　　　　　　　　　D. 19 世纪 50 年代

9. 我国研制的第一台计算机用（　　　）命名。

    A. 联想　　　　　　B. 奔腾　　　　　　C. 银河　　　　　　D. 方正

10. 服务器（　　　）。

    A. 不是计算机　　　　　　　　　　　B. 是为个人服务的计算机

    C. 是为多用户服务的计算机　　　　　D. 是便携式计算机的别名

11. 对于嵌入式计算机正确的说法是（　　　）。

    A. 用户可以随意修改其程序　　　　　B. 冰箱中的微型计算机是嵌入式计算机的应用

    C. 嵌入式计算机属于通用计算机　　　D. 嵌入式计算机只能用于控制设备中

12. （　　　）赋予计算机综合处理声音、图像、动画、文字、视频和音频信号的功能，是 20 世纪 90 年代计算机的时代特征。

    A. 计算机网络技术　　　　　　　　　B. 虚拟现实技术

    C. 多媒体技术　　　　　　　　　　　D. 面向对象技术

13. 计算机存储程序的思想是（　　　）提出的。

    A. 图灵　　　　　　B. 布尔　　　　　　C. 冯·诺依曼　　　　D. 帕斯卡

14. 计算机被分为：大型机、中型机、小型机、微型机等类型，是根据计算机的（　　　）来划分的。

    A. 运算速度　　　B. 体积大小　　　C. 重量　　　　　D. 耗电量

15. 下列说法正确的是（　　　）。

    A. 第三代计算机采用电子管作为逻辑开关元件

    B. 1958—1964 年期间生产的计算机被称为第二代产品

    C. 现在的计算机采用晶体管作为逻辑开关元件

    D. 计算机将取代人脑

16. (　　) 是计算机最原始的应用领域, 也是计算机最重要的应用之一。

 A. 数值计算　　　　B. 过程控制　　　　C. 信息处理　　　　D. 计算机辅助设计

17. 下列不属于信息的基本属性是 (　　)。

 A. 隐藏性　　　　B. 共享性　　　　C. 传输性　　　　D. 可压缩性

18. 计算机中的数据是指 (　　)。

 A. 数学中的实数　　　　　　　　　　B. 数学中的整数

 C. 字符　　　　　　　　　　　　　　D. 一组可以记录、可以识别的记号或符号

19. 在计算机内部, 一切信息的存取、处理和传送的形式是 (　　)。

 A. ASCII 码　　　　B. BCD 码　　　　C. 二进制　　　　D. 十六进制

20. 信息处理包括 (　　)。

 A. 数据采集　　　　B. 数据传输　　　　C. 数据检索　　　　D. 上述 3 项内容

21. 数制是 (　　)。

 A. 数据　　　　B. 表示数目的方法　　　C. 数值　　　　D. 信息

22. 计算机中的逻辑运算一般用 (　　) 表示逻辑真。

 A. yes　　　　B. 1　　　　C. 0　　　　D. no

23. 执行逻辑 "或" 运算 01010100 ∨ 10010011, 其运算结果是 (　　)。

 A. 00010000　　B. 11010111　　C. 11100111　　D. 11000111

24. 对 10110101 执行逻辑 "非" 运算, 其运算结果是 (　　)。

 A. 01001110　　B. 01001010　　C. 10101010　　D. 01010101

25. 执行逻辑 "与" 运算 10101110 ∧ 10110001, 其运算结果是 (　　)。

 A. 01011111　　B. 10100000　　C. 00011111　　D. 01000000

26. 执行算术运算 $(01010100)_2 + (10010011)_2$, 其运算结果是 (　　)。

 A. 11100111　　B. 11000111　　C. 00010000　　D. 11101011

27. 执行算术运算 $(15)_8 \times (12)_8$, 其运算结果是 (　　)。

 A. $(172)_8$　　　　B. $(252)_8$　　　　C. $(180)_8$　　　　D. $(202)_8$

28. 执行算术运算 $(32)_{16} - (2B)_{16}$, 其运算结果是 (　　)。

 A. $(7)_{16}$　　　　B. $(11)_{16}$　　　　C. $(1A)_{16}$　　　　D. $(1)_{16}$

29. 计算机能处理的最小数据单位是 (　　)。

 A. ASCII 码字符　　B. Byte　　　　C. word　　　　D. Bit

30. B 的意思是 (　　)。

 A. 0~7　　　　B. 0~f　　　　C. 0~9　　　　D. 1 或 0

31. 1 KB ＝ (　　)。

 A. 1 000 B　　　　B. 1 010 B　　　　C. 1 024 B　　　　D. 1 020 B

32. 字节是计算机中 (　　) 信息单位。

 A. 基本　　　　B. 最小　　　　C. 最大　　　　D. 不是

33. 十进制的整数化为二进制整数的方法是 (　　)。

 A. 乘 2 取整法　　B. 除 2 取整法　　C. 乘 2 取余法　　D. 除 2 取余法

34. 下列各种进制的数中，最大的数是（   ）。
    A. $(101001)_2$ B. $(52)_8$ C. $(2B)_{16}$ D. $(44)_{10}$

35. 二进制数 1100100 对应的十进制数是（   ）。
    A. 384   B. 192   C. 100   D. 320

36. $(119.275)_{10}$ 转换成二进制数约为（   ）。
    A. 1110111.011   B. 1110111.01   C. 1110111.11   D. 1110111.10

37. $(BF)_{16}$ 转换成十进制数是（   ）。
    A. 187   B. 188   C. 191   D. 196

38. $(101101.1011)_2$ 转换成十六进制数是（   ）。
    A. 2D.B   B. 22.DA   C. 2B.A   D. 2B.51

39. 十进制小数 0.625 转换成十六进制小数是（   ）。
    A. 0.01   B. 0.1   C. 0.A   D. 0.001

40. $(56)_8$ 转换成二进制数是（   ）。
    A. 101010   B. 010101   C. 110011   D. 101110

41. $(3AD)_{16}$ 转换成八进制数（   ）。
    A. 3790   B. 1675   C. 1655   D. 3789

42. 一个字节的二进制位数为（   ）。
    A. 2   B. 4   C. 8   D. 16

43. 在计算机中 1 Byte 无符号整数的取值范围是（   ）。
    A. 0～256   B. 0～255   C. –128～128   D. –127～127

44. 在计算机中 1 Byte 有符号整数的取值范围是（   ）。
    A. –128～127   B. –127～128   C. –127～127   D. –128～128

45. 在计算机中，应用最普遍的字符编码是（   ）。
    A. 原码   B. 反码   C. ASCII 码   D. 汉字编码

46. 下列四条叙述中，正确的是（   ）。
    A. 二进制正数的补码等于原码本身   B. 二进制负数的补码等于原码本身
    C. 二进制负数的反码等于原码本身   D. 上述均不正确

47. 在计算机中所有的数值采用二进制的（   ）表示。
    A. 原码   B. 反码   C. 补码   D. ASCII 码

48. 下列字符中，ASCII 码值最小的是（   ）。
    A. R   B. A   C. a   D. 空格

49. 已知小写英文字母 m 的 ASCII 码值是$(6D)_{16}$，则字母 q 的十六进制 ASCII 码值是（   ）。
    A. 98   B. 62   C. 99   D. 71

50. $(-61)_{10}$ 的二进制原码是（   ）。
    A. 10101111   B. 10110001   C. 10101100   D. 10111101

51. $(-57)_8$ 的二进制反码是（   ）。
    A. 11010000   B. 01000011   C. 11000010   D. 11000011

52. 在 R 进制数中，能使用的最大数字符号是（　　）。

　　A. 9　　　　　　　B. R　　　　　　　C. 0　　　　　　　D. $R-1$

53. 下列八进制数中哪个不正确（　　）。

　　A. 281　　　　　　B. 35　　　　　　　C. -2　　　　　　D. -45

54. ASCII 码是（　　）的缩写。

　　A. 汉字标准信息交换代码　　　　　　　B. 世界标准信息交换代码

　　C. 英国标准信息交换代码　　　　　　　D. 美国标准信息交换代码

55. 下列说法中正确的是（　　）。

　　A. 计算机不做减法运算　　　　　　　　B. 计算机中的数值转换成反码再运算

　　C. 计算机只能处理数值　　　　　　　　D. 计算机将数值转换成原码再计算

56. ASCII 码在计算机中用（　　）Byte 存放。

　　A. 8　　　　　　　B. 1　　　　　　　C. 2　　　　　　　D. 4

57. 在计算机中，汉字采用（　　）存放。

　　A. 输入码　　　　B. 字形码　　　　　C. 机内码　　　　　D. 输出码

58. GB 2312—1980 码在计算机中用（　　）Byte 存放。

　　A. 2　　　　　　　B. 1　　　　　　　C. 8　　　　　　　D. 16

59. 输出汉字字形的清晰度与（　　）有关。

　　A. 不同的字体　　B. 汉字的笔画　　　C. 汉字点阵的规模　　D. 汉字的大小

60. 常用的汉字输入法属于（　　）。

　　A. 国标码　　　　B. 输入码　　　　　C. 机内码　　　　　D. 上述均不是

二、填空题

1. 世界上第一台计算机诞生于＿＿＿＿＿＿年，主要用于＿＿＿＿＿＿＿＿＿＿目的。

2. 计算机是世界上使用最多的＿＿＿＿＿＿＿＿＿＿设备。

3. 第一台电子计算机被命名为＿＿＿＿＿＿＿＿＿＿。

4. 电子计算机之父冯·诺依曼提出的计算机工作原理有＿＿＿＿个，分别为：

　　＿＿＿＿＿＿＿＿＿＿＿＿＿＿＿＿＿＿＿＿＿＿＿＿＿＿＿＿＿；

　　＿＿＿＿＿＿＿＿＿＿＿＿＿＿＿＿＿＿＿＿＿＿＿＿＿＿＿＿＿；

　　＿＿＿＿＿＿＿＿＿＿＿＿＿＿＿＿＿＿＿＿＿＿＿＿＿＿＿＿＿。

5. 信息是＿＿＿＿＿＿＿＿＿＿＿＿＿＿＿＿＿＿＿＿＿＿。

6. 过程控制是指＿＿＿＿＿＿＿＿＿＿＿＿＿＿＿＿＿＿＿＿＿＿＿＿。

7. CAD 是＿＿＿＿＿＿＿＿＿＿＿＿＿＿＿＿的简称。

8. 计算机的发展分为＿＿＿＿＿＿代。

9. 现在世界上部分国家开始研制的新一代计算机 FGCS，被普遍认为应该是＿＿＿＿＿＿＿＿＿＿＿＿＿＿＿＿＿＿＿＿＿＿＿＿＿的计算机系统。

10. 根据用途分类，计算机被分为＿＿＿＿＿＿＿＿和＿＿＿＿＿＿＿＿。

11. 将指令和数据预先存入存储器中，使计算机能自动高速地按顺序取出存储器中的指令加以执行，即执行＿＿＿＿＿＿＿。

12. _____是研究用计算机软、硬件模拟人类某些智力行为如感知、推理、学习和理解的理论、技术和应用。

13. 多媒体技术是指_____。

14. 远程医疗和会诊是计算机在_____方面的应用。

15. 工作站是一种_____，其具有较强的_____ _____功能。

16. 数据有两种形式。一种形式为_____，另一种形式是_____ _____。

17. 信息技术包含三个层次的内容：_____、_____和_____ _____。

18. 我国对信息产业的分类框架包括四部分：_____、_____ _____、_____和_____。

19. 逻辑运算是指对_____的一种运算。

20. 原码的首位表示数的符号，_____表示正，_____表示负。

21. 补码的作用在于能把_____转成_____运算。

22. 计算机运算时产生溢出是指_____。

23. 浮点数由_____和_____两部分组成。

24. 定点整数的小数点位置隐含在_____之后，_____之前。

25. 输入汉字时，用户根据自己的习惯使用不同的_____，进入系统后再统一转换成_____ _____存储。

26. 计算机内汉字的字形点阵规模越大，字形越_____，所占存储空间也越_____。

27. 国家标准汉字编码的标准代号是_____，_____年颁布的。

28. ASCII 表中的第 0 列是_____字符的码值。

29. ASCII 表中一共列出了_____个字符的码值。

30. 在汉字 24×24 点阵中，1 表示对应位置处显示_____，0 表示对应位置处显示_____。

三、简答题

1. 什么是电子计算机？

2. 什么是信息技术？

3. 简述信息与数据的关系。

4. 简述计算机信息处理的特点。

5. 简述计算机的应用领域。

6. 什么是计数制？

7. 简述计算机中采用二进制的原因。

8. 简述定点数与浮点数的区别。

9. 简述计算机中如何区分汉字编码和 ASCII 码。

第 2 章 ┃ 计算机硬件和软件系统学习指导

2.1 本 章 要 点

◆ **知识点 1：计算机硬件**

通常所说的"计算机"准确地来说应该称为计算机系统，应用最为广泛的是 PC 系统。计算机系统、计算机和中央处理器（Central Process Unit，CPU）是三个不同的概念，是计算机从全局到局部的三个不同层次。通常所说的计算机实际上指的是计算机系统，它不仅包含了真正意义上的计算机主机，还包括了多种与主机相连的必不可少的外围设备，如键盘、鼠标、显示器以及各种软件资源。

◆ **知识点 2：计算机的特点和分类**

1. 计算机的主要特点

① 工作特点：程序存储和自动控制。

② 其他特点：运算速度快、计算精度高、有逻辑判断能力、存储容量大。

③ 存储单位：常用的计量单位有位（bit）、字节（B）、兆、吉。1 B=8 bit，1 KB=1 024 B（B），1 MB=1 024 KB，1 GB=1 024 MB。

2. 计算机的分类

按系统规模来划分：巨型机、大型机、中型机、小型机、微型机（台式机、笔记本、一体机、掌上机 PDA）。

◆ **知识点 3：计算机的应用领域**

1. 计算机的传统应用领域

科学计算、数据处理、过程控制

2. 计算机的现代应用领域

计算机辅助系统包括：CAD、CAM、CAE、CAT 和 CS 等。

◆ **知识点 4：常用微机的主要技术指标**

1. 字长（Word Length）

字长是指计算机的运算部件能够同时处理的二进制数据的位数。

2. 运算速度

运算速度指 CPU 每秒能执行的指令条数。单位用 MIPS（Million Instructions Per Second，每秒执行百万条指令）表示。在微型机中也使用主频（Master Clock Frequency）表示。主频是指 CPU 的时钟频率，通常以时钟频率来表示系统的运算速度。

3. 存储容量（Memory Capacity）

存储容量是指微型机内配置的随机存储器总字节数，在系统中直接与 CPU 相连，向 CPU 提供程序和原始数据，并存放 CPU 产生的处理结果数据。

4. 系统总线的传输速率

系统总线的传输速率直接影响计算机输入/输出的性能，它与总线中的数据宽度及总线周期有关。

5. 外围设备配置

微型机最基本外设配置包括键盘、显示器、硬盘驱动器、鼠标等。如果将计算机升级为多媒体计算机，那还要配置光盘驱动器、声卡、打印机、扫描仪等。

6. 软件配置

软件的配置包括操作系统、程序设计语言、数据库管理系统、网络通信软件、汉字软件及其他各种应用软件等。对用户来说如何选择合适的好的软件来充分发挥微型机的硬件功能是很重要的。

◆ 知识点 5：计算机的基本工作原理

计算机通过执行一系列的步骤来完成一个复杂的任务，这一系列的步骤即是我们通常所说的程序，而其中的每一个步骤即是计算机指令。

计算机通过执行一个程序（Program）来完成一项任务，而一个程序由若干条指令所组成。因此了解计算机执行一个程序的过程也就明白了计算机的工作原理。

计算机执行一条指令的全过程包括以下两个步骤：

① 取指令和分析指令。按照程序所规定的次序，从内存取出当前要执行的指令，并将指令送到控制器的指令寄存器中。然后对该指令译码分析，即根据指令中的操作码确定计算机应将进行的操作。

② 执行指令。控制器按照指令分析的结果，发出一系列的控制信号，指挥有关部件完成该指令的操作。与此同时为取下一条指令作好准备。

由此可见计算机的工作过程就是取指令、分析指令和执行指令的过程。

一台计算机的指令是有限的，但用它们可以编制出各种不同的程序，可完成的任务是无限的。计算机的工作就是执行程序。

我们已经知道，程序是由一条条机器指令按一定顺序组合而成的。要想实现自动运行，事先把指令存储起来，计算机在运行时逐一取出指令，然后根据指令进行操作，这就是程序存储原理。程序存储原理是计算机自动连续工作的基础，它是 1946 年由美籍匈牙利科学家冯·诺依曼所领导的研究小组正式提出并论证。直到目前，大多数微型机仍沿用这一体制，称为冯·诺依曼计算机（Von Neumann Machine），上述结构思想就称为冯·诺依曼思想，它最主要的就是程序存储概念。

◆　知识点 6：计算机硬件与软件

计算机系统硬件是指在计算机中能够摸得着、看得到的电子器件。它们是实现计算机系统工作的物质基础，是计算机运行的首要条件。

微型机的基本组成：系统主板、微处理器（CPU）、主存储器（内存）、I/O 总线和扩展槽、外存储器、输入/输出设备。

计算机系统软件的主要功能是对整个计算机系统进行调度、管理、监视和服务，还可以为用户使用机器提供方便，扩大机器功能，提高使用效率。系统软件一般由厂家提供给用户，常用的系统软件有操作系统、语言处理程序等。应用软件是由计算机用户在各自的业务领域中开发和使用的解决各种实际问题的程序。应用软件的种类繁多、名目不一。

◆　知识点 7：计算机系统的组成

1．计算机的硬件系统

计算机的硬件系统由运算器、存储器、控制器、输入设备和输出设备五大部分组成。

① 运算器：是计算机中执行算术运算和逻辑运算的部件，它完成对各种信息进行加工处理工作。由加法器、寄存器和移位线路组成。运算速度是运算器最重要的性能指标。

② 存储器：计算机的记忆装置。计算机的各种数据和信息，包括程序、数据、中间结果和最终结果等信息都存放在存储器中。

存储器有内存储器、外存储器和缓冲存储器之分。内存储器是按存储单元组织的，每个存储单元都有一个编号称之为存储地址。数据信息的存取是按地址逐单元进行的。

2．计算机的软件系统

程序：计算机处理对象和处理规则的描述，是软件的表现形式。必须装入计算机才能工作。

文档：为便于了解程序所需的阐明性材料，是软件的质的部分，是给人看的，不一定要装入机器。

软件的三层含义：

① 个体含义，是指计算机系统中的程序及其文档。

② 整体含义，是指在特定计算机系统中所有上述个体含义下的软件总体。

③ 学科含义，是指在研究、开发、维护以及使用前述含义下的软件所涉及的理论、方法和技术所构成的学科。

3．软件的发展

软件的发展受到应用和硬件发展的推动和制约，经历了三个阶段：

① 第一阶段：1946—1956 年。这一阶段应用领域较窄，主要是科学计算，输入/输出量不大，计算量较大，以数值数据的处理为主。

② 第二阶段：1956—1968 年（即高级语言出现以后到软件工程出现以前）。随着应用领域由科学计算到科学计算与数据处理并存，涉及非数值数据（计算量小但输入/输出量较大），机器结构转向以存储为中心，出现了大容量的存储器，外围设备发展迅速。为了克服软件危机进行了三个方面的工作：一是结构化程序设计方法研究，二是用工程方法开发软件研究，三是从理念上探讨程序正确性和软件可靠性问题。编程与设计由个体工作方式逐步转向合作方式。

③ 第三阶段：1968 以后。为了提高软件产品的可靠性并缩短研发周期，软件研发由个体或合作方式转向采用工程方法。

4．软件的分类

① 系统软件：是最靠近硬件的一层，与具体的应用领域无关。

② 支撑软件：是支撑软件的开发和维护的软件，处于中间层。

支撑软件的组成：环境数据库、各种接口和工具软件。

③ 应用软件：是为特定应用领域开发的专用软件，处于最外层。

◆ 知识点 8：操作系统及其功能

1．操作系统

操作系统是介于用户和计算机硬件之间的操作平台，只有通过操作系统才能使用户在不必了解计算机系统内部结构的情况下正确使用计算机。所有的应用软件和其他的系统软件都是在操作系统下运行的。

2．操作系统的功能

操作系统的主要功能包括：

① 处理器（CPU）管理。当多个程序同时运行时，解决处理器时间的分配问题。

② 存储器管理。为每个应用程序提供存储空间的分配和应用程序之间的协调，保证每个应用程序在各自的地址空间里运行。

③ 设备管理。协调、控制主机与外围设备之间输入/输出的数据。

④ 文件管理。主要负责整个文件系统的运行，包括文件的存储、检索、共享和保护，为用户操作文件提供接口。

⑤ 用户接口。用户上机操作时直接用到操作系统提供的用户接口。操作系统对外提供多种服务，使得用户可以方便、有效地使用计算机硬件和运行自己的程序。现代操作系统向用户提供如下三种类型的界面：命令界面、程序界面和图形界面。

◆ 知识点 9：程序设计语言

应用软件是具有特定功能的一组程序。程序（Program）是指用某一种计算机语言编写的、计算机可以直接或间接执行的代码序列。使用某一种语言编程时，这种语言的支持软件、编译程序或解释程序、内部库函数、用户支持环境、各种设计工具以及与编程和程序运行有关的软件，就构成了这种语言的程序设计环境。

程序设计语言可以分为以下几类：

1．机器语言

早期的计算机不配置任何软件，这时的计算机称为"裸机"。裸机只认得"0"和"1"两种代码，程序设计人员只能用一连串的"0""1"构成的机器指令码来编写程序，这就是机器语言程序（Machine Language）。机器语言是一种面向计算机的程序设计语言，用它所设计的程序是一系列的指令。计算机的 CPU 可以直接执行机器语言程序，这种程序称为目标程序（Object Program）。

机器语言程序目前很少人工编写，而是由高级语言程序通过软件生成机器语言程序。

2．汇编语言

为了解决机器语言的缺点，人们想出了用符号（称为"助记符"）来代替机器语言中的二进制代码的方法，设计了"汇编语言"（Assembly Language）。汇编语言是一种接近机器语言的符号语言。它将机器语言的指令用便于人们记忆的符号来表示，通过这种语言系统所带的翻译程序翻译成目标程序后再执行。汇编程序执行效率很高。目前在实时控制等方面的编程中仍有不少应用。

3. 高级语言

高级语言（High-level Language）是一种完全符号化的语言，与上面的语言相比，其优势在于：更接近于自然语言，一般采用英语表达语句，便于理解、记忆和掌握；高级语言的语句与机器指令并不存在一一对应关系，一个高级语言语句通常对应多个机器指令，因而用高级语言编写的程序（称为高级语言源程序）短小精悍，不仅便于编写，而且易于查错和修改；通用性强，程序员不必了解具体机器指令就能编制程序，而且所编程序稍加修改或不用修改就能在不同的机器上运行。

用高级语言编写的程序称为源程序（Source Program），源程序不能在计算机上直接执行，必须将它翻译或解释成目标程序后，才能为计算机所理解和执行，翻译的方式有两种：一是解释方式，其翻译软件是解释程序，它把高级语言源程序一句句地翻译成为机器指令，每译完一句就执行一句，当源程序翻译完后，目标程序也执行完毕；二是编译方式，其翻译软件是编译程序，它将高级语言源程序整个地翻译成目标程序，然后执行目标程序，得出运算结果。解释方式的优点是灵活，占用的内存少，但比编译方式要占用更多的机器时间，并且执行过程一步也离不开翻译程序。编译方式的优点是执行速度快，但占用内存多，不灵活，若源程序有错误，必须将错误全部修改后再重新编译并从头执行。

4. 第四代语言

第四代语言是相对于机器语言（第一代）、汇编语言（第二代）、高级语言（第三代）而言，与先期语言相比，更加非过程化并且更易于对话。大多数第四代语言（4GL）让用户和程序员使用非过程化的语言说明他们的要求，而由计算机决定实现这个要求的指令序列。因此用户可以省去许多时间去开发实现某个需求的程序。

◆　**知识点 10：程序设计**

程序设计的基本过程：程序设计是一个创新的过程，因此设计一个程序，特别是一个软件系统，通常是一项非常复杂和困难的任务。

尽管没有一套完整的程序设计规则，也没有现成的算法规定怎样写程序，但是，仍有一个大致的程序设计过程和设计步骤可供遵循。

1. 问题描述

程序设计的最终目的是为了利用计算机求解某一特定问题，因此程序设计面临的首要任务是得到问题的完整和确定的定义。如果不能确定程序的输出，最后就会对程序的结果产生怀疑。还要确定程序的输入，而且要知道提供了特定的输入后，程序的输出是什么，以及输出的格式是什么。

2. 算法设计

了解了问题的确定含义后，就要设计具体的解题思路。解题过程都是由一定的规则、步骤组成的，这种规则实际上就是算法。在计算机中，把解题过程的准确而完整的描述称为解题的算法。瑞士的计算机科学家 Niklaus Wirth 曾提出：程序=算法+数据结构。算法对于程序设计的重要性由此可见一斑。

算法可以分为两大类：数值计算算法和非数值计算算法。

为了描述算法，可以使用多种方法。常用的有自然语言、传统流程图、N-S流程图、伪代码和计算机语言等。

3. 代码编制

问题定义和算法描述已经为程序设计规划好了蓝本，下一步就是用真正的计算机语言表达了。这就要求开发设计者具有一定的计算机语言功底。不同的语言有各自的特点，因此先要针对问题选用合适的开发设计环境和平台。尽管写出的程序有时会有较大差别，但它必须是忠实于算法描述的。正因为如此，有人说代码编制的过程是算法到计算机语言程序的翻译过程。

4. 调试运行

计算机是不能直接执行源程序（机器语言程序除外）的，因此，计算机上提供的各种语言，必须配备相应语言的"编译程序"或"解释程序"。通过"编译程序"或"解释程序"使人们编写的程序能够最终得到执行的工作方式，称为程序的编译方式和解释方式。

编译是指将用高级语言编写好的程序（又称源程序、源代码），经编译程序翻译，形成可由计算机执行的机器指令程序（称为目标程序）的过程。如果使用编译型语言，必须把程序编译成可执行代码。因此编制程序需要三步：写程序、编译程序和运行程序。一旦发现程序有错，哪怕只是一个错误，也必须修改后再重新编译，然后才能运行。幸运的是，只要编译成功一次，其目标代码便可以反复运行，并且基本上不需要编译程序的支持就可以运行。

5. 编写程序文档

对于小程序来说，有没有文档显得不重要，但对于一个需要多人合作，并且开发、维护较长时间的软件来说，文档就是至关重要的。文档记录程序设计的算法、实现以及修改的过程，保证程序的可读性和可维护性。一个有 50 000 行代码的程序，在没有文档的情况下，即使是程序员本人在 6 个月后也很难记清其中某些程序是完成什么功能的。

◆ 知识点 11：品牌机和兼容机系统的选购

品牌机和兼容机相比，各有优劣。

1. 价格

由于品牌机采用大规模的工厂式生产，以及产品投放市场后销售渠道的建立、广告宣传等事项，因而其成本一般较高；而兼容机以灵活多变的经营方式使其成本远低于品牌机。

2. 服务

品牌机厂商技术和资金实力较兼容机厂商更为雄厚，一般可提供 12～24 小时上门服务；而兼容机厂商一般规模较小，人手有限，故一般不能提供及时的上门服务。

3. 性价比

在计算机硬件配置、性能都大致相同的情况下，品牌机的稳定性和兼容性都要优于兼容机。这不仅取决于品牌机出厂前经过多次测试的因素，也在于品牌机厂商自己的技术实力。但若以相同价格的计算机进行比较，品牌机的性能就远低于兼容机，这是因为品牌机一般价格较高，以至于它无法提供客户重视的性价比。

2.2 典型例题精解

【例 1】下列存储器中，存储速度最快的是（　　　）。

    A．软磁盘存储器　　　　　　　　B．硬磁盘存储器

    C．光盘存储器　　　　　　　　　D．内存储器

【分析】存储器的存储速度从快到慢的顺序依次为：内存储器、硬磁盘存储器、光盘存储器、软磁盘存储器。

【答案】D

【例 2】"Pentium II/350" 和 "Pentium II/450" 中的 "350" 和 "450" 的含义是（　　　）。

    A．最大内存容量　　　　　　　　B．最大运算速度

    C．最大运算精度　　　　　　　　D．CPU 时钟频率

【分析】时钟频率是衡量 CPU 运行速度的重要指标。它是指时钟脉冲发生器输出周期性脉冲的频率。在整个计算机系统中，它决定了系统的处理速度。时钟频率从早期机器的 16 MHz 发展到 Pentium III 的 800 MHz，Pentium IV 的时钟频率则高达 3.5 GHz 以上。Pentium II/450 表示 CPU 为 Pentium II，其时钟频率为 450 MHz。

【答案】D

【例 3】下列软件中属于系统软件的是（　　　）。

    A．WPS　　　　　B．UNIX　　　　　C．Excel　　　　　D．C 语言源程序

【分析】系统软件是用来管理计算机中 CPU、内存、通信连接以及各种外围设备等所有系统资源的程序，其主要作用是管理和控制计算机系统的各个部分，使之协调运行，并为各种数据处理提供基础功能。系统软件包括四种基本类型：操作系统、数据库管理系统、工具软件、程序设计语言。WPS、Excel 为应用软件，C 语言源程序为文本文件，只有 UNIX 为系统软件。

【答案】B

【例 4】下列设备中，既可作为输入设备又可作为输出设备的是（　　　）。

    A．键盘　　　　B．显示器　　　　C．打印机　　　　D．磁盘存储器

【分析】磁盘存储器是常用的辅助存储器，如硬盘等，是挂接在计算机上的外部存储设备，通过总线与主板相连。与内存不同，可读可写，在关机后不会丢失信息。

【答案】D

【例 5】操作系统是一种对（　　　）进行控制和管理的系统软件。

    A．应用程序　　　B．全部硬件资源　　　C．全部软件资源　　　D．所有计算机资源

【分析】操作系统（Operating System，OS）是计算机中用来控制和管理系统中的硬件资源和软件资源并且提供用户支持的程序以及与之有关的各种文档。所有的硬件控制和管理、应用软件和其他的系统软件都是在操作系统下运行的。

【答案】D

【例 6】以下计算机能直接执行的程序是（　　　）。

    A．源程序　　　　　　　　　　　B．机器语言程序

    C．高级语言程序　　　　　　　　D．汇编语言程序

【分析】机器语言是一种面向计算机的程序设计语言，用它所设计的程序是一系列的指令。计算机的 CPU 可以直接执行机器语言程序，这种程序称为目标程序（Object Program）。

【答案】B

【例 7】高级语言编写的源程序必须经过（　　　　）转换成机器指令后，才能被计算机执行。

    A. 网络程序   B. 操作系统

    C. 编译或解释程序   D. 字处理程序

【分析】用高级语言编写的程序称为源程序（Source Program），源程序不能在计算机上直接执行，必须将它翻译或解释成目标程序后，才能为计算机所理解和执行，翻译的方式有两种：一是解释方式，其翻译软件是解释程序，它把高级语言源程序一句句地翻译成为机器指令，每译完一句就执行一句，当源程序翻译完后，目标程序也执行完毕；二是编译方式，其翻译软件是编译程序，它将高级语言源程序整个地翻译成目标程序，然后执行目标程序，得出运算结果。

【答案】B

【例 8】AutoCAD 是（　　　　）软件。

    A. 计算机辅助教育   B. 计算机辅助设计

    C. 计算机辅助测试   D. 计算机辅助管理

【分析】AutoCAD 是目前广泛应用的计算机绘图软件，由美国 Autodesk 公司出品。它是一个二维或三维的绘图平台，有很强的可靠性和二次开发功能。它所绘制的二维或三维图纸符合工业标准的要求，尺寸精确，绘图过程简单方便。主要应用于机械设计、建筑设计等各种工业设计中。

【答案】B

2.3　实验操作题

实验　微机组装实验

实验目的与要求

① 能够正确地识别微型计算机的主要部件，掌握微型计算机主要部件技术参数的含义，进一步掌握其在计算机中的作用。

② 能够根据不同的使用要求确定硬件的配置方案，并能够根据实验部件，制定详细的组装方案，分析方案的合理性。

③ 掌握计算机组装的注意事项，掌握计算机组装的步骤和组装方法，能够根据给定的部件快速地、正确地组装好计算机。

④ 能够对在组装过程中可能出现的问题提出合理的解决办法。

实验内容

1. 实验要求

（1）检查组装所需的工具是否齐全；检查及准备好组装计算机的全部组件及连接各部件的各类电缆。

（2）准备好组装计算机的工作空间；熟悉组装计算机的流程；实验前释放身体上的静电。实验过程中严禁带电组装部件。

（3）装机过程中，遵循硬件产品的安装规范，轻拿轻放所有部件，尽量只接触板卡边缘，部件对号入座，细心操作，安插到位，对需要螺钉紧固的部件，一次不可全拧紧，待所有螺钉上好后方可拧紧，切忌把螺钉拧得过紧，以免螺钉滑扣。

（4）插拔各种板卡时切忌盲目用力，以免损坏板卡。

（5）必须在全部部件组装完成，由实验教师检查完毕后方可通电试机。

（6）实验完成后，登记实验教学日志，由实验教师检查实验材料及工具是否完好以后，方可离开实验室。

2．实验用环境

工作台、组装工具、微机主机部件、计算机组装综合性实验指导书等。

3．实验步骤（需要在实验过程中完成以下填空）

（1）识别部件：

① CPU 的生产厂家为：＿＿＿＿＿＿，型号为：＿＿＿＿＿＿，接口形式为：＿＿＿＿＿＿，主频为：＿＿＿＿＿＿。

② 主板的生产厂家为：＿＿＿＿＿，型号为：＿＿＿＿＿，主板上的主要接口有：＿＿＿＿针的 CPU 插座、＿＿＿＿针的 SDRAM 插槽、连接显卡的＿＿＿＿插槽、连接网卡的＿＿＿＿插槽、连接硬盘的＿＿＿＿芯＿＿＿＿插座、连接软盘的＿＿＿＿芯＿＿＿＿插座、连接打印机的＿＿＿＿芯＿＿＿＿插座、分别连接键盘与鼠标的＿＿＿＿芯＿＿＿＿插座和插头连接时，都有＿＿＿＿＿和＿＿＿＿＿的要求。

③ 所组装的内存条的型号为：＿＿＿＿＿＿，容量为：＿＿＿＿＿＿MB，安装内存时，应注意＿＿＿＿＿＿要求。

④ 显卡的型号是：＿＿＿＿＿＿，显存容量为：＿＿＿＿＿＿。

⑤ 网卡是通过＿＿＿＿＿接口与网线连接的。

⑥ 硬盘、光驱、软驱连接时应注意＿＿＿＿＿＿＿＿＿＿问题。

⑦ 机箱中的电源主要为＿＿＿＿＿、＿＿＿＿＿、＿＿＿＿＿＿＿＿等提供电能，电源的输出插头有三种。

（2）各功能部件的安装工艺、规范及要求主要应注意：①＿＿＿＿＿；②＿＿＿＿＿；③＿＿＿＿＿；④＿＿＿＿＿。

（3）制定详细的安装步骤如下：（请在前面用 1～19 的序号标出组装顺序）

（　）拆除各功能部件并整理放归原位

（　）在机箱底板上固定主板

（　）安装内存条

（　）连接主板与机箱面板上的开关、指示灯等

（　）连接主板和 CPU 电源线

（　）安装显卡

（　）连接键盘

（　）连接显示器

（　）安装软盘驱动器

（　　　）安装硬盘驱动器

（　　　）安装光驱

（　　　）装网卡、声卡等 I/O 扩展卡

（　　　）安装 CPU 和 CPU 散热风扇

（　　　）观察主板及各功能部件上有关连线的标志

（　　　）检查各功能部件及工具是否齐全

（　　　）身体释放静电（接触接地装置）

（　　　）详细检查连接的正确性与合理性（线缆使用正确、部件固定合理、整体组装符合规范）。

（　　　）根据主板说明书，对主板设置跳线

（　　　）安装主机电源

（4）根据不同的使用要求，微机的配置方案中最主要的部件是：①_____、②_____、③_____、④_____、⑤_____。

实验任务

1. 微机主机箱内部部件的拆卸和安装顺序应当先考虑哪些因素？拆卸和安装顺序要一致吗？

2. 组装方案根据什么原则制定？

3. 组装中的主要规范有哪些？

4. 组装中为什么要释放身体的静电？

5. 硬盘的信号线插头反接（即主板和硬盘数据接口的连接）会有什么问题？

6. 在安装 CPU 时，要注意什么？

7. 从各功能部件上，可以获取哪些主要性能参数？

习　　题

一、选择题

1. "PC" 的含义是指（　　　）。

    A. 计算机的型号　　B. 个人计算机　　　　C. 小型计算机　　　　D. 兼容机

2. 一个完整的计算机系统包括（　　　）。

    A. 计算机及其外围设备　　　　　　　　B. 主机、键盘、显示器

    C. 系统软件与应用软件　　　　　　　　D. 硬件系统与软件系统

3. 冯·诺依曼为现代计算机的结构奠定了基础，其最主要的设计思想是（　　　）。

    A. 采用电子元件　　B. 数据存储　　　　C. 虚拟存储　　　　D. 程序存储

4. 通常所说的 32 位计算机是指（　　　）。

    A. CPU 字长为 32 位　　　　　　　　　B. 通用寄存器数目为 32 个

    C. 可处理的数据长度为 32 位　　　　　D. 地址总线的宽度为 32 位

5. 从计算机的逻辑组成来看，通常所说的 PC 主机包括（　　　）。

    A. 中央处理器和总线　　　　　　　　　B. 中央处理器和主存

    C. 中央处理器　　　　　　　　　　　　D. 中央处理器、主存和外设

6. 下面（　　）不能作为衡量 CPU 的性能指标。

    A. 字长　　　　　　　　B. 内部 Cache 的容量　C. 工作频率　　　　　　D. 封装形式

7. CPU 的频率不包括（　　）。

    A. 外频　　　　　　　　B. 内频　　　　　　　　C. 主频　　　　　　　　D. 倍频

8. 内存储器的主要性能指标不包括（　　）。

    A. 倍频　　　　　　　　B. 带宽　　　　　　　　C. 容量　　　　　　　　D. 存取时间

9. 硬盘的主要技术指标不包括（　　）。

    A. 容量　　　　　　　　B. 转速　　　　　　　　C. 直径大小　　　　　　D. 寻道时间

10. 主板是 PC 的核心部件，自己组装 PC 时可以单独选购。在主板的叙述中，下面关于目前 PC
主板错误的是（　　）。

    A. 主板上通常包含微处理器插座（或插槽）和芯片组

    B. 主板上通常包含存储器（内存条）插座和 ROM BIOS

    C. 主板上通常包含 PCI 插槽

    D. 主板上通常包含 IDE 插座及与之相连的光驱

11. 计算机的存储器系统是指（　　）。

    A. RAM　　　　　　　　　　　　　　B. 主存储器

    C. ROM　　　　　　　　　　　　　　D. Cache、主存储器和外存储器

12. 通常说的内存条是指（　　）。

    A. ROM　　　　　　　B. EPROM　　　　　　C. PPROM　　　　　　D. RAM

13. 内存容量的基本单位是（　　）。

    A. 字节　　　　　　　B. 字长　　　　　　　C. 字　　　　　　　　D. 二进制位

14. ROM 的特点之一是（　　）。

    A. 速度快　　　　　　B. 容量小　　　　　　C. 价格高　　　　　　D. 断电后数据不丢失

15. 存储器每个单元都被赋予唯一的编号，称为（　　）。

    A. 序号　　　　　　　B. 地址　　　　　　　C. 字长　　　　　　　D. 字节

16. 下面关于 ROM 和 RAM 的叙述中，正确的是（　　）。

    A. ROM 在系统工作时既能读又能写

    B. ROM 芯片掉电后，存放在芯片中的内容会丢失

    C. RAM 是随机存取存储器

    D. RAM 芯片掉电后，存放在芯片中的内容不会丢失

17. 为了解决高速 CPU 与内存之间的速度匹配问题，在 CPU 与内存之间增加了（　　）。

    A. ROM　　　　　　　B. RAM　　　　　　　C. Flash ROM　　　　　D. Cache

18. PROM 存储器的功能是（　　）。

    A. 允许读出和写入　　　　　　　　　B. 只允许读出

    C. 允许编程一次和读出　　　　　　　D. 允许编程多次和读出

19. 下列说法不正确的是（　　）。

    A. 存储器的内容是取之不尽的

    B. 从存储器某个单元取出其内容后，该单元仍保留原来的内容不变

C. 存储器某个单元存入新信息后，原来保存的内容自动丢失

D. 从存储器某个单元取出其内容后，该单元的内容将消失

20. 总线不包括（　　）。

　　A. 数据线　　　　　　B. 地址线　　　　　　C. 控制线　　　　　　D. 电源线

21. 微机系统与外部交换信息主要通过（　　）。

　　A. 输入/输出设备　　B. 光盘　　　　　　　C. 键盘　　　　　　　D. 内存

22. 微型计算机必不可少的输入/输出设备是（　　）。

　　A. 键盘和显示器　　B. 显示器和打印机　　C. 键盘和鼠标　　　　D. 鼠标和打印机

23. 下列不能作为输入设备的是（　　）。

　　A. 磁盘　　　　　　B. 键盘　　　　　　　C. 鼠标　　　　　　　D. 打印机

24. 在 PC 系统中，鼠标一般不能连接在计算机主机的（　　）。

　　A. 并行 I/O 口　　B. 串行接口　　　　　C. PS/2 口　　　　　　D. USB 口

25. 扫描仪是（　　）设备。

　　A. 输入　　　　　　B. 输出　　　　　　　C. 输入、输出　　　　D. 传输

26. 输入设备用于向计算机输入命令、数据、文本、声音、图像和视频等信息的操作请求命令信息。常用的输入设备有：①笔输入设备②键盘③鼠标④触摸屏。这些设备中（　　）可用来输入用户命令信息。

　　A. ①②③④　　　　B. ①②③　　　　　　C. ②③　　　　　　　D. ②④

27. （　　）不能向 PC 输入视频信息。

　　A. 视频投影仪　　　B. 视频采集卡　　　　C. 数字摄像头　　　　D. 数字摄像机

28. 与内存相比，外存的特点是（　　）。

　　A. 容量大、速度快　　　　　　　　　　　B. 容量小、速度慢

　　C. 容量大、速度慢　　　　　　　　　　　D. 容量小、速度快

29. 下面（　　）不属于外存储器。

　　A. 硬盘　　　　　　B. 只读存储器　　　　C. 磁带　　　　　　　D. 光盘

30. 在下列存储器中，访问速度最快的是（　　）。

　　A. 硬盘存储器　　　　　　　　　　　　　B. 软盘存储器

　　C. 半导体 RAM（内存储器）　　　　　　　D. 磁带存储器

31. 四种存储器（RAM、硬盘、软盘、光盘）中，实际可达到的容量最大的是（　　）。

　　A. RAM　　　　　　B. 硬盘　　　　　　　C. 软盘　　　　　　　D. 光盘

32. 下列存储器中，按照读写速度由快到慢的排列为（　　）。

　　A. RAM、硬盘、光盘、软盘　　　　　　　B. RAM、光盘、硬盘、软盘

　　C. 光盘、RAM、硬盘、软盘　　　　　　　D. 硬盘、RAM、光盘、软盘

33. 磁盘上的一条磁道是（　　）。

　　A. 一个同心圆　　　　　　　　　　　　　B. 一组半径相同的同心圆

　　C. 一条由内向外的连续螺旋线　　　　　　D. 一组等长的封闭线

34. 在软盘存储器中，软盘适配器是（　　）。

　　A. 软驱与 CPU 进行信息交换的通道　　　　B. 存储数据的介质设备

　　C. 将信号放大的设备　　　　　　　　　　D. 抑制干扰的设备

35. CD-ROM 光盘片的存储容量大约是（　　　）。

    A. 100 MB　　　　　B. 1.2 GB　　　　　C. 380 MB　　　　　D. 650 MB

36. 下列设备中，既能向主机输入数据又能接收主机输出数据的设备是（　　　）。

    A. CD-ROM　　　　　　　　　　　B. 软磁盘存储器（软盘）

    C. 显示器　　　　　　　　　　　　D. 光笔

37. 光盘驱动器通过激光束来读取光盘上的数据时，光学头与光盘（　　　）。

    A. 直接接触　　　B. 不直接接触　　　C. 播放 VCD 时接触　D. 有时接触有时不接触

38. RAID 是一种提高磁盘存储速度、容量和可靠性的技术。下面有关 RAID 的叙述中不正确的是（　　　）。

    A. RAID 的中文名称是磁盘冗余阵列

    B. 条块技术可以提高磁盘存储器的传输性能

    C. 为了提高可靠性，RAID 中采用了镜像冗余技术和校验冗余技术

    D. RAID 只能用 SCSI 磁盘驱动器来实现

39. USB 是（　　　）。

    A. 并行总线　　　B. 串行总线　　　　C. 通用接口　　　　D. 通用串行接口总线

40. SCSI 是一种（　　　）接口。

    A. 设备级　　　　　　　　　　　　B. 智能化、通用型、系统级

    C. 部件级　　　　　　　　　　　　D. 计算机之间

41. 计算机软件系统应包括（　　　）。

    A. 操作系统和语言处理系统　　　　B. 数据库软件和管理软件

    C. 程序和数据　　　　　　　　　　D. 系统软件和应用软件

42. 系统软件中最重要的是（　　　）。

    A. 解释程序　　　B. 操作系统　　　　C. 数据库管理系统　　D. 工具软件

43. 一个完整的计算机系统包括（　　　）两大部分。

    A. 控制器和运算器　　　　　　　　B. CPU 和 I/O 设备

    C. 硬件和软件　　　　　　　　　　D. 操作系统和计算机设备

44. 应用软件是指（　　　）。

    A. 游戏软件

    B. Windows XP

    C. 信息管理软件

    D. 用户编写或帮助用户完成具体工作的各种软件

45. Windows 2000、Windows XP 都是（　　　）。

    A. 最新程序　　　B. 应用软件　　　　C. 工具软件　　　　D. 操作系统

46. 操作系统是（　　　）之间的接口。

    A. 用户和计算机　B. 用户和控制对象　C. 硬盘和内存　　　D. 键盘和用户

47. 计算机能直接执行（　　　）。

    A. 高级语言编写的源程序　　　　　B. 机器语言程序

    C. 英语程序　　　　　　　　　　　D. 十进制程序

48. 高级语言编写的源程序必须经过（　　　）转换成机器指令后，才能被计算机执行。

    A. 网络程序　　　　　B. 操作系统　　　　　C. 编译程序　　　　　D. 字处理程序

49. 将高级语言翻译成机器语言的方式有两种，分别是（　　　）。

    A. 解释和编译　　　　　　　　　　　B. 文字处理和图形处理

    C. 图像处理和翻译　　　　　　　　　D. 语音处理和文字编辑

50. 银行的储蓄程序属于（　　　）。

    A. 表格处理软件　　B. 系统软件　　　C. 应用软件　　　　　D. 文字处理软件

51. Oracle 是（　　　）。

    A. 实时控制软件　　B. 数据库处理软件　C. 图形处理软件　　D. 表格处理软件

52. AutoCAD 是（　　　）软件。

    A. 计算机辅助教育　　　　　　　　　B. 计算机辅助设计

    C. 计算机辅助测试　　　　　　　　　D. 计算机辅助管理

53. 计算机硬件是指（　　　）。

    A. 计算机设备　　　B. 显示器　　　　C. 键盘　　　　　　D. 程序

54. 下列（　　　）具备软件的特征。

    A. 软件生产主要是体力劳动　　　　　B. 软件产品有生命周期

    C. 软件是一种物资产品　　　　　　　D. 软件成本比硬件成本低

55. 软件危机是指（　　　）

    A. 在计算机软件的开发和维护过程中所遇到的一系列严重问题

    B. 软件价格太高

    C. 软件技术超过硬件技术

    D. 软件太多

56. 软件工程是指（　　　）的工程学科。

    A. 计算机软件开发　　　　　　　　　B. 计算机软件管理

    C. 计算机软件维护　　　　　　　　　D. 计算机软件开发和维护

57. 目前使用最广泛的软件工程方法是（　　　）

    A. 传统方法和面向对象方法　　　　　B. 面向过程方法

    C. 结构化程序设计方法　　　　　　　D. 面向对象方法

58. 对计算机软件正确的态度是（　　　）。

    A. 计算机软件不需要维护　　　　　　B. 计算机软件只要能复制到就不必购买

    C. 计算机软件不必备份　　　　　　　D. 受法律保护的计算机软件不能随便复制

59. 软件工程专家 Boehm 于（　　　）提出了软件工程的七条基本原理。

    A. 1946 年　　　　　B. 1983 年　　　　　C. 1973 年　　　　　D. 1953 年

60. 下列（　　　）是 Boehm 提出的软件工程基本原理。

    A. 整个软件完成后进行评审

    B. 采用现代程序设计技术

    C. 开发小组的人员要有一定的数量才能更快地完成软件设计

    D. 软件开发应根据客户的要求随时修改

二、填空题

1. 根据冯·诺依曼存储程序的思想，计算机的五个部分为_____、_____、_____、_____、_____。

2. 主板是计算机机箱中的一个主要部件，也称_____或_____，是安装在主机机箱内的一块矩形电路板，上面安装有 PC 正常工作时所需要的主要电路系统。

3. _____是外围输入/输出设备的连接端口。上面常插有一些外设控制电路板，实现对 PC 系统性能的扩充，如性能更高的显卡、网卡、声卡等。

4. PC 硬件在逻辑上主要由_____、主存储器、辅助存储器、_____五类主要部件组成。

5. 计算机的字长是计算机的主要技术指标之一，它不仅标志着计算机的运算精度，而且也反映计算机_____的能力。

6. 设置高速缓冲存储器是为了提高 CPU 访问_____的速度。现代 CPU 中都集成了一级 Cache（L1）或二级 Cache（L2）。

7. PC 的软件系统可以分为_____和_____两大类。

8. 计算机程序执行的方式主要有_____和_____两种。

9. 计算机的各种物理设备被统称为_____。

10. 一般系统软件由_____提供。

11. 应用软件大多是_____提供的，也可以_____自己开发。

12. 软件生产的历史可以划分为_____、_____、_____和_____四个阶段。

13. _____年北大西洋公约组织的计算机科学家在_____的国际学术会议上第一次提出了"软件危机"。

三、简答题

1. 请简述冯·诺依曼存储程序的思想并绘制冯·诺依曼计算机结构示意图。
2. 请简述计算机各基本组成部分的功能。
3. 请简述 PC 与 PC 系统的区别。
4. 请简述 PC 执行程序的过程。
5. 只读存储器有哪几种类型？它们有何区别？
6. 什么是存储系统？PC 的存储系统由哪些部分组成？
7. 什么是总线？请简述 PC 中内部总线、系统总线和外部总线的区别。
8. 请简述硬件与软件的关系。
9. 请简单比较顺序方式和流水线方式执行程序的异同。

第 3 章 | Windows 7 操作系统学习指导

3.1 本 章 要 点

◆ **知识点 1：操作系统的概念、功能及分类**

1. 操作系统的概念

操作系统（Operating System，OS）是一种特殊的计算机系统软件，是用于管理和控制计算机系统的软、硬件资源，使它们充分高效地工作，并使用户方便、合理有效地利用这些资源的程序的集合，是用户与计算机物理设备之间的接口，是各种应用软件赖以运行的基础，可以这么说，操作系统是计算机的灵魂。操作系统与硬件、软件的关系如图 3-1 所示。

图 3-1 操作系统和硬件、软件的关系

2. 操作系统的功能

如果从资源管理和用户接口的观点看，通常可把操作系统的功能分为：

（1）处理机管理。

（2）存储管理。

（3）设备管理。

（4）文件管理（信息管理）。

（5）作业管理。

3. 操作系统的分类

操作系统的分类方法很多。

（1）按计算机的机型分类

可分为大型机操作系统，中型机、小型机操作系统和微型机操作系统。

（2）按计算机用户数目的多少分类

可分为单用户操作系统、多用户操作系统。

（3）按操作系统的功能分类

批处理操作系统，实时操作系统和分时操作系统。

随着计算机技术和计算机体系结构的发展，又出现了许多新型的操作系统，例如：通用计算机操作系统、微机操作系统、多处理机操作系统、网络操作系统以及分布式操作系统等。

◆　**知识点 2：Windows 7 的安装、启动、注销与退出**

1．Windows 7 的安装

Windows 7 的安装过程是通过安装向导来引导用户的，用户只需要根据提示和想要安装的方式，选择相应的选项即可顺利安装。

Windows 7 的安装方式可以分为 3 种，分别是升级安装、多系统共存安装和全新安装。

2．Windows 7 的启动

如果计算机上只安装了 Windows 7 操作系统，在打开计算机后，就会自动启动到 Windows 7。Windows 7 启动以后，根据操作系统的设置，直接显示 Windows 7 的桌面或启动用户登录界面，要求选择用户与输入密码。选择用户并输入密码后，按【Enter】键即可显示 Windows 7 的桌面，如图 3-2 所示。

3．Windows 7 的关闭

正确退出 Windows 7 的操作过程如下：

① 单击"开始"按钮 ，弹出"开始"菜单。

② 单击"开始"菜单右下方的"关机"按钮（见图 3-3），即可关闭 Windows 7。

在操作系统使用结束以后，需要关闭计算机，则选择"开始"菜单中的"关机"命令即可实现关机。

如果系统死机或没有响应，可以按住主机箱上的电源开关直到电源关闭，建议在正常情况下不要使用这种关机方式。

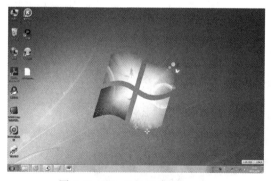

图 3-2　Windows 7 桌面

图 3-3　Windows 7"开始"菜单

◆　**知识点 3：Windows 7 操作方式**

1．鼠标的操作

① 单击：快速按下鼠标左键再松开。

② 双击：快速两次按动鼠标左键。

③ 拖动：按下鼠标左键后，移动到新位置再松开左键。

④ 右击：快速按下鼠标右键再松开。

⑤ 移动：不按住鼠标按键移动鼠标。

⑥ 旋转滚轮：滚动窗口中的文本。

2. 键盘的操作

Windows 7 也支持键盘操作，通过键盘可以完成很多操作，在后面的章节中将会介绍一些。如：【Alt+F4】实现窗口的关闭功能。

（1）英文字母的输入

英文共有 26 个字母，在键盘上的排列次序与手动打字机的字母排列次序相同，而且有大小写之分，开机后键盘处于小写字母状态，将【Shift】键和输入的英文字母同时按下，或者按下大小写的开关键【Caps Lock】后，转换成大写字母状态，这时输入的英文字母都是大写的。

（2）小键盘区、编辑区与光标控制区

小键盘区在键盘的最右边，小键盘区的设计主要是为了输入数据的方便，但它还具有编辑、光标控制以及运算功能，功能转换由小键盘左上角的开/关键【Num Lock】的状态来决定，默认是光标键的使用，按下此键之后，改为数字输入方式。

◆ **知识点 4：Windows 7 桌面**

1. 桌面简介

启动 Windows 7，会看到如图 3-4 所示的系统桌面。Windows 7 的桌面由桌面图标、桌面背景、"开始"按钮、任务栏、语言栏和通知区域组成。桌面各组成部分的功能如下。

① 桌面图标：用于快速打开常用的文件或应用程序。

② 桌面背景：显示 Windows 7 的桌面图片，可根据用户使用习惯更改系统默认的桌面背景。

③ "开始"按钮：单击"开始"按钮，可以打开"开始"菜单。该菜单中包括所有的程序与关机操作选项，新安装的应用程序一般都会出现在"开始"菜单中。

④ 任务栏：用于显示打开的文件、文件夹或应用程序，用户可在不同的应用程序窗口之间切换。

⑤ 语言栏：用于显示与设置输入法。

⑥ 通知区域：用于显示应用程序图标和系统图标（如网络、音量、日期和时间图标等）。

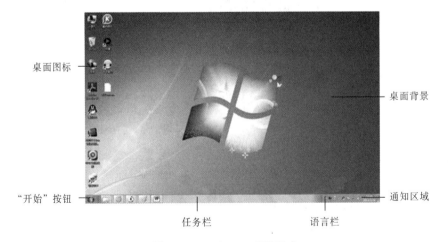

图 3-4　Windows 7 桌面组成

2. Aero 界面

从 Windows Vista 开始，Windows 系统开始使用全新的 Aero 界面。它采用透明的玻璃图案，具有精致的窗口动画和新窗口颜色，包括与众不同的直观样式，将透明的窗口外观与强大的图形功能很好地结合起来，呈现出具有视觉冲击力的效果和外观。

Aero 桌面为用户提供了任务栏预览功能，将鼠标指向任务栏打开的应用程序或文件，此时会显示一个缩略图大小的预览窗口。预览窗口中显示的内容可以是文档、图片，甚至可以是正在播放的视频。

3. 使用桌面图标

桌面图标就是代表文件、文件夹、程序以及其他功能的小图片。Windows 7 安装完成后默认只会显示一个"回收站"图标。用户可以显示所有桌面图标，也可以隐藏所有桌面图标，还可以调整桌面图标的大小。

（1）使用图标打开程序或窗口

双击图标即可打开图标所代表的文件、文件夹或程序。除此之外，还可以右击要打开的程序图标，选择快捷菜单中的"打开"命令也可打开图标所代表的文件、文件夹或程序。

（2）添加或删除桌面图标

① 添加桌面图标：Windows 7 常用的桌面图标有计算机、用户文件、网络、回收站和控制面板，初次使用 Windows 7，桌面上只会显示"回收站"图标，在使用中，用户可以根据自己的喜好与习惯在桌面上显示以上所说的这些图标。

② 添加快捷方式图标：Windows 中，除了在桌面上添加常用的桌面图标外，还可以在桌面上添加常用程序的快捷方式图标。快捷方式是指计算机中文件、文件夹或程序的链接图标，双击建立的快捷方式同样可以打开它所对应的文件、文件夹或程序。

③ 删除桌面图标：如果要删除桌面上的图标，系统将图标移动至"回收站"中。

> **提　示**
> ① 删除桌面上的快捷方式图标，不会删除图标所链接的文件、文件夹或程序。
> ② 要永久删除该快捷方式，可以打开"回收站"，在"回收站"中选择该对象将其删除。

（3）隐藏桌面图标

隐藏桌面图标的操作过程与显示桌面图标的过程基本相同，唯一区别就是将"桌面图标"选项组中要隐藏图标选项前的复选框中的勾选去除。

（4）更改桌面图标大小

在使用 Windows 7 时，如果用户不喜欢默认的桌面图标大小，可以改变其默认的大小。

（5）排列图标

当桌面图标比较多而排列杂乱的时候，用户可以重新选择图标的排序方式，使桌面图标排列更加整齐。要排列桌面图标，可以右击桌面的空白处，然后选择"排序方式"级联菜单中的具体排序选项。

4. 使用"开始"菜单

"开始"菜单是使用 Windows 7 访问文件、文件夹和进行计算机设置的主要途径。使用"开始"菜单可以完成打开或搜索系统常用的文件或文件夹、启动系统中安装的程序、调整系统设置、获取系统的帮助信息、关闭计算机等操作。

（1）认识"开始"菜单

单击屏幕左下角的"开始"按钮或按【Win】键，可以打开"开始"菜单。Windows 7 的"开始"菜单主要分为三部分：程序列表、搜索框和右侧窗格。

（2）搜索文件与文件夹

使用"开始"菜单中的搜索框可以快速查找需要使用的文件、文件夹或应用程序，它是计算机中查找项目最便捷的方法之一。如果要使用搜索框，只要单击"开始"按钮打开"开始"菜单并在搜索框中输入查找内容，结果就显示在"开始"菜单搜索框的上方。

（3）打开程序或 Windows 链接

"开始"菜单最常见的用途是打开计算机上安装的应用程序和右侧窗格上的 Windows 链接。如果要打开的应用程序已在列表中，只要单击该程序名称即可（打开右侧窗格中的 Windows 链接也是如此操作）；否则，单击程序列表底部的"所有程序"，即可显示完整的程序列表。

5．使用任务栏

任务栏是位于桌面底部的一水平长条，如图 3-5 所示，使用非常频繁。它主要由"开始"按钮、任务显示和通知区域三部分组成。很多操作都可以从这里开始，用户还可以根据自己的习惯进行个性化设置。

图 3-5　Windows 7 任务栏

（1）更改任务栏设置

默认情况下，Windows 7 的任务栏在桌面的底部，用户可以按自己的喜好更改任务栏的位置。

（2）更改图标在任务栏上的显示方式、隐藏任务栏

任务栏上，除了可以使用大图标以外，还可以使用小图标的显示方式，也可以隐藏任务栏，其操作过程如下：

① 右击任务栏的空白处，单击任务栏快捷菜单中的"属性"命令，弹出"任务栏和「开始」菜单属性"对话框，如图 3-6 所示。

图 3-6　"任务栏和「开始」菜单属性"对话框

② 勾选"任务栏"选项卡中的"使用小图标""自动隐藏任务栏"复选框，然后单击"确定"按钮。

（3）将程序锁定至任务栏

在使用 Windows 7 时，可以将程序直接锁至任务栏，以后就可以不需要从"开始"菜单中启动程序，以便用户快速地打开应用程序。

（4）设置通知区域的显示方式

在任务栏的通知区域常常存在一些图标，如音量、网络、操作中心等，而且某些程序在安装过程中会自动将图标添加到通知区域，用户可以根据自己的需要将通知区域中的图标设置为"显示图标和通知""隐藏图标和通知"或"仅显示通知"中的某一种。为了方便查找当前运行的程序，也可以设置始终在任务栏上显示所有图标。

◆　**知识点 5：Windows 7 基本操作**

1．使用窗口

在 Windows 中，打开文件、文件夹或启动应用程序时，都会以窗口的形式在屏幕上显示出来，为了更好地使用 Windows 窗口，在此将介绍窗口的分类、窗口的组成、窗口的基本操作以及如何管理多个窗口。

（1）窗口的分类

窗口一般分为以下三类：

① 应用程序窗口。

② 文档窗口。

③ 对话框窗口。

（2）窗口的组成

在 Windows 7 中，每个程序的窗口不尽相同，但窗口都有一些共同的特点。标准的 Windows 窗口通常由"标题栏""菜单栏""最小化按钮""最大化/还原按钮""关闭按钮""滚动条""状态栏""窗口边框"和"窗口角"等几部分组成。

（3）窗口的基本操作

在 Windows 中，窗口可以根据用户的需要进行改变窗口大小、改变窗口位置、关闭窗口等多种操作。

（4）排列窗口

如果桌面上打开了多个窗口，用户可以让 Windows 7 自动排列窗口，改变窗口的显示方式。窗口排列方式包括层叠窗口、堆叠显示窗口和并排显示窗口三种。

2．使用对话框与向导

在使用 Windows 7 时，对话框和向导是 Windows 应用程序中经常使用的元素，同时也是用户与应用程序之间进行信息交互最常用的方式。用户可以使用对话框对各种 Windows 应用程序进行设置，计算机就会执行相应的操作。向导用于帮助用户完成计算机软/硬件的安装以及完成系统设置。向导一般有多个对话框，而且界面上通常会有"下一步"按钮、"后退"按钮或"关闭"按钮。因此，本节只介绍有关对话框的知识。

（1）对话框的分类

对话框是用户与计算机之间的交流平台，分为模式对话框和无模式对话框两种类型。

（2）对话框中常用的控件

对话框中通常包含标签页、命令按钮、链接命令、文本框、复选框、单选按钮、增减框、下拉式列表框、列表框、滚动条等控件。

3．菜单操作

Windows 7 提供了窗口菜单、"开始"菜单、快捷菜单等多种菜单形式。"开始"菜单操作前面已经作了介绍，在此只介绍窗口菜单和快捷菜单的操作。

（1）窗口菜单操作

菜单中常见符号的含义如下：

① 符号"▶"：表示有下一级子菜单。

② 符号"…"：表示执行该菜单后会出现对话框。

③ 符号"√"：表示该菜单项已被选中（已生效）。

④ 符号"●"：分组菜单中的单选标志，表示该菜单项已经被选中。

⑤ 符号"▾"：表示菜单是一个下拉式菜单，单击该符号显示所有的菜单项。

⑥ 菜单后的组合键：表示是一个快捷键，使用该快捷键可以直接执行该菜单命令。

⑦ 灰色菜单项：表示该菜单项暂时不能使用。

⑧ 菜单名后带下画线的字母：表示按【Alt+菜单后带下画线的字母】可以弹出此菜单。

（2）快捷菜单操作

Windows 7 中，每个对象通常都有一个快捷菜单，它列举针对该对象最常用的一些操作命令。打开快捷菜单的操作为：鼠标指向对象后右击将会弹出该对象的快捷菜单。不同对象有不同的快捷菜单。

4．剪贴板操作

剪贴板是内存中的一个区域，用于暂时存放信息，利用剪贴板可以实现信息的复制或剪切操作。

（1）将信息存入剪贴板

将信息存入剪贴板的方式有很多，以下列出了一些常用的方式。

① 选中相应内容，右击弹出其快捷菜单，选择"复制"命令。

② 选中相应内容，右击弹出其快捷菜单，选择"剪切"命令。

（2）取出剪贴板中的信息

同样的，将剪贴板信息取出的方式也有很多。

① 鼠标指向插入位置，右击弹出快捷菜单，选择"粘贴"命令。

② 通过单击将光标定位到插入位置，选择"编辑"菜单中的"粘贴"命令。

5．回收站操作

回收站是用来放置那些从硬盘上删除的文件和文件夹的一个临时存储区域。为了便于用户访问，桌面上设有回收站的快捷图标，如果计算机中有多个用户账户，那么系统会为每个用户设置一个单独的回收站。如果希望不通过回收站而将文件或文件夹从计算机中彻底删除，可在删除文件时按住【Shift】键。回收站的操作主要有以下几种：

① 还原操作。

② 删除操作。

③ 清空回收站。

◆ **知识点 6：文件与文件夹的概念**

1．文件与文件名

在计算机系统中，文件是存储在存储器中的一组相关信息的集合，其内容可以是计算机能够处理的任何信息。

操作系统通过文件名访问与管理对应的文件。文件必须有文件名，文件名由文件主名和扩展名两部分组成，文件主名在前，扩展名在后，两者之间用"."分隔。

文件名可以由字母、数字和特殊符号组成，也可以使用汉字。文件扩展名可帮助 Windows 获知文件中包含什么类型的信息以及应该用什么程序打开该文件。

2．文件夹

文件夹是磁盘上的一块存储空间，是用来存储文件或文件夹的容器。文件夹中包含的文件夹通常称为"子文件夹"，每个子文件夹中又可以容纳任意数量的文件和其他子文件夹。每个文件夹都有一个名称，文件夹的命名规则与文件名的命名规则基本相同，主要的区别就在于文件有扩展名，而文件夹没有扩展名。

◆ 知识点 7：文件与文件夹的概念

1．"资源管理器"简介

双击桌面上的"计算机"图标，或单击"开始"菜单上的"计算机"链接，打开"资源管理器"窗口。"资源管理器"窗口主要由导航窗格、工具栏、"后退"与"前进"按钮、地址栏、搜索框、列标题、文件与文件夹列表、细节窗格及预览窗格等组成。

2．文件与文件夹列表窗口的操作

在 Windows 7 中，系统提供了多种文件与文件夹的显示、排列和分组方式来显示或查看文件与文件夹。

（1）更改文件与文件夹的显示方式

在"资源管理器"窗口的工具栏右侧，有一个"视图"按钮，通过该按钮可以更改文件和文件夹的显示方式。

（2）排序文件与文件夹

在"资源管理器"窗口中，可以对文件与文件夹进行排序。

① 打开"资源管理器"窗口。

② 单击工具栏中"视图"按钮右侧的箭头，系统将弹出显示方式列表。

③ 单击列表中的某种显示方式，当前窗口中的文件与文件夹以详细信息的方式显示。

④ 单击某一列标题，系统就以升序或降序的方式进行排序。

（3）筛选文件与文件夹

文件与文件夹以详细列表显示方式下，用户还可以根据自己的需要筛选文件与文件夹，把用户所需要的文件筛选出来。

（4）分组文件与文件夹

在"资源管理器"窗口中，可以对文件与文件夹进行分组，以选择最佳的分组方式显示或查看文件与文件夹。

3．文件夹选项

文件夹选项用于修改文件夹相关的一些设置项和文件的其他查看方式。用户可以选择"工具"菜单中的"文件夹选项"命令，弹出"文件夹选项"对话框，在"文件夹选项"对话框中包含"常规""查看""搜索"三个标签页。

4．文件与文件夹基本操作

在日常工作中使用计算机时，大部分是对文件和文件夹的操作，如选择、新建、移动、复制、删除文件与文件夹等。

（1）查找文件或文件夹

当今使用的大容量硬盘上，存储的文件与文件夹非常之多，要人工查找某个文件相当困难，将花费很多的时间与精力，Windows 7 系统提供了多种搜索文件与文件夹的方法。

（2）文件或文件夹的选择

在 Windows 中，可以对单个或多个文件和文件夹进行操作，在操作之前，需要先选定要操作的文件或文件夹。

（3）新建文件或文件夹

新建文件夹的操作过程如下：

① 打开放置新文件夹的文件夹。

② 选择"文件"→"新建"→"文件夹"命令；或右击文件与文件夹列表的空白处，从弹出的快捷菜单中选择"新建"→"文件夹"命令。

③ 新文件夹生成后，输入文件夹名字，然后按【Enter】键。

文件通常由应用程序存储生成，但也可以新建空文件，然后再利用其应用程序录入信息。

（4）重命名文件或文件夹

重命名文件或文件夹的操作过程如下：

① 选中需要重命名的文件或文件夹。

② 单击被选中的文件或文件夹的名称。也可以使用"文件"菜单或"组织"工具按钮下的"重命名"命令。

③ 文件或文件夹名字高亮显示后，输入新名称，然后按【Enter】键。

─ 说 明 ─

早期的 Windows 版本中，如果设置为显示文件的扩展名，在通过以上方法重命名文件名时，稍不注意就会误修改到文件的扩展名，从而导致文件无法打开。Windows 7 版本解决了以上问题，在重命名文件时选中的部分只是文件的主名，从而解决了误改扩展名的问题。

（5）删除文件或文件夹

删除文件或文件夹的操作过程如下：

① 选中需要删除的文件或文件夹。

② 右击被选中的任意文件或文件夹，从弹出的快捷菜单中选择"删除"命令。（或直接按【Delete】键，或选择"文件"菜单中或"组织"工具按钮下的"删除"菜单命令）

③ 单击"确认文件（夹）删除"对话框中的"是"命令按钮（若按"否"则不删除）。

（6）复制文件或文件夹

复制文件或文件夹的操作过程如下：

① 打开源文件夹，选中要复制的文件或文件夹。

② 选择"编辑"菜单或"组织"工具按钮下的"复制"命令（或按【Ctrl+C】组合键）。

③ 打开目标文件夹。

④ 选择"编辑"菜单或"组织"工具按钮下的"粘贴"命令（或按【Ctrl+V】组合键）。

（7）移动文件或文件夹

移动文件或文件夹的操作过程如下：

① 打开源文件夹，选中要移动的文件或文件夹。

② 选择"编辑"菜单或"组织"工具按钮下的"剪切"命令（或按【Ctrl+X】组合键）。

③ 打开目标文件夹。

④ 选择"编辑"菜单或"组织"工具按钮下的"粘贴"命令（或按【Ctrl+V】组合键）。

（8）设置文件或文件夹属性

文件的属性是指与文件有关的描述信息，不同的文件类型，其文件属性也不相同。如图片文件的属性包括拍摄日期、大小、尺寸、作者等，而文档文件的属性包括建立日期、修改日期、大小等。

（9）创建快捷方式

Windows 中，创建快捷方式有很多种方法，用户可使用快捷菜单进行创建等。

◆ **知识点 8：磁盘优化与管理**

1．磁盘格式化

磁盘格式化的主要作用是对磁盘进行磁道和扇区划分、检查坏块、建立文件系统等，为磁盘存储数据做好准备工作。通常情况下，磁盘在第一次使用之前必须进行格式化，并且磁盘使用了较长一段时间以后，也有必要对它进行格式化处理，特别是 U 盘、移动硬盘等。切记，格式化将会使磁盘中原有的数据全部丢失，因此，在格式化磁盘之前一定要做好准备工作，将有用的文件复制到其他磁盘中去。

2．磁盘维护

（1）检查磁盘错误

磁盘是保存计算机中所有数据的基地，磁盘的稳定和安全将直接关系到数据的安全性。但是往往由于各种原因，如突然停电或计算机在运行过程中搬动而导致硬盘受到损伤，这时就可以使用磁盘扫描程序来自动检测并修复损坏的磁盘。

（2）清理磁盘垃圾

在使用计算机时，用户经常会安装一些常用的软件或游戏，而使用一段时间以后由于某种原因将某些软件或游戏卸载。在安装与卸载过程中，往往会在计算机中遗留一些垃圾文件，时间久了势必会占用相当大的磁盘空间。因此，定期对计算机中的垃圾进行清理，不失为一种好习惯。

（3）对磁盘进行碎片整理

计算机在日常使用过程中，经常添加和删除各种软件，而且会频繁地复制、移动和删除不同类型的文件。长时间的操作后会在磁盘中产生大量的磁盘碎片，不仅浪费磁盘的可用空间，还会影响系统的运行速度。为了改善磁盘的运行环境，定期对磁盘进行碎片整理非常必要。

◆ **知识点 9：系统的个性化设置**

使用 Windows 7 操作系统前，最好根据个人爱好与需求对系统进行设置，以增加实用性，同时还可以美化系统，如设置桌面背景图片、纯色桌面背景、窗口颜色、屏幕保护程序、主题、声音等。对外观与主题进行合理设置，可以让 Windows 7 的桌面更加美观。打开个性化设置窗口的操作为：单击控制面板中的"个性化"文字链接，或右击桌面的空白处，在弹出的快捷菜单中选择"个性化"命令，打开"个性化"窗口。

◆ **知识点 10："开始"菜单设置**

在使用计算机时，"开始"菜单的使用频率是相当高的，例如打开程序、删除应用程序、关机等，都需要通过"开始"菜单来完成。"开始"菜单的设置主要包括自定义"开始"菜单的外观和行为、电源按钮功能、隐私选项的设置。

◆ 知识点 11：区域和语言设置

不同的国家或地区使用的语言、符号及数据的显示格式不同，每个用户的习惯与喜好也不尽相同。Windows 7 中，用户可以设置输入法在语言栏中的顺序、默认输入语言、设置语言栏显示位置以及隐藏语言栏等操作，以适应不同用户的习惯。

◆ 知识点 12：日期与时间设置

在任务栏的右侧，显示的是系统的当前日期和时间，系统的当前日期与时间默认的是从计算机的 CMOS 得到的，用户也可以手动进行更改。具体的操作过程如下：

① 在控制面板中单击"日期和时间"选项，弹出"日期和时间"对话框。

② 单击该对话框上的"更改日期和时间"按钮，弹出"日期和时间设置"对话框。

③ 单击"日期"下方日历两侧的箭头，按月份进行调整。单击下方的日期，可以对详细日期进行设置。

④ 单击"时间"下方的输入框中的小时、分或秒，然后单击微调按钮，可以相应地调小时、分钟和秒。

⑤ 设置完成后单击"确定"按钮保存设置。

◆ 知识点 13：打印机管理

打印机是经常用到的一种外围设备，在现代办公环境中成为不可或缺的重要工具。在此将介绍如何安装打印机驱动程序、设置打印机以及删除打印机等操作。

1．安装打印机驱动程序

从网上下载安装程序安装打印机驱动程序的过程比较简单，只要按照安装程序的向导一步步操作即可。

2．设置打印机首选项

打印机通常都有自定义的首选项，从这些属性中进行一些设置，可以定义打印机的属性。其操作过程为：在"设备和打印机"窗口右击要设置的打印机图标，然后从弹出的快捷菜单中选择"打印首选项"命令，弹出该打印机的"打印首选项"对话框，设置具体的参数。

在该对话框中，用户可以设置打印机的打印方向、打印机的页序、打印的页数以及纸张来源等。

3．删除打印机

当打印机出现故障或者移动位置时，需要将打印机从计算机中卸载。删除打印机的操作过程为：右击要删除的打印机，选择其快捷菜单中的"删除设备"命令，在其弹出的"删除设备"对话框中单击"是"按钮，即可删除打印机。

◆ 知识点 14：用户账户管理

在安装与设置 Windows 7 时，系统会要求创建一个管理员账户，以便设置计算机并安装要使用的程序。使用 Windows 7 过程中，可以根据需要添加、删除用户账户，创建、更改、删除用户账户的密码，也可以修改用户账户的名称以及更改用户账户的图片等。用户账户分为三种类型：

来宾账户、标准账户、管理员账户。

如果多个人共同使用一台计算机，可以为每个使用计算机的用户创建一个账户，以便每个用户按自己的使用习惯操作计算机。为了保障用户的安全，需要对其设置用户密码。提示：在"更改账户"上单击"更改账户名称""更改图片""更改账户类型""删除账户"文字链接可以进行相应的操作。

◆　知识点 15：Windows 7 实用工具

Windows 7 系统提供了系统常用的实用工具，包括便笺、记事本、计算器、画图、截图工具、写字板和 Tablet PC 等。使用系统自带的实用工具，可以帮助用户完成许多日常事务。

1．记事本

"记事本"是一个文本编辑器，只能编辑简单的文本文件。在记事本中可以设置输入文本的字体、字形和大小。文本文件中只能保存 ASCII 码字符和汉字。

记事本窗口与其他应用程序窗口相似，具有"标题栏""最小化"按钮、"最大化/还原"按钮、"关闭"按钮、状态栏、窗口边框、窗口角。另外还有：

① 菜单栏：包括"文件""编辑""格式""查看""帮助"五个菜单。

② 工作区：用于输入和编辑文本信息的区域。

2．画图

"画图"软件是 Windows 提供的绘图工具，使用"画图"程序可以绘制简单的图形，将创建的图形保存为位图（.bmp）文件。用户可以选择"开始"→"所有程序"→"附件"→"画图"命令启动"画图"软件。

3.2　典型例题精解

【例 1】操作系统的主要功能包括（　　　）。

　　　　A．运算器管理、存储管理、设备管理、处理器管理

　　　　B．文件管理、处理器管理、设备管理、存储管理

　　　　C．文件管理、设备管理、系统管理、存储管理

　　　　D．处理器管理、设备管理、程序管理、存储管理

【分析】操作系统的功能是对计算机系统资源进行管理和控制。计算机系统资源分为四类：中央处理器、主存储器、外设以及程序和数据，所以操作系统的功能也可以相应归总为四类：处理器管理、存储管理、设备管理、文件管理，其中处理器管理又可分为作业管理和进程管理。

【答案】B。

【例 2】Windows 7 系统中，下列说法错误的是（　　　）。

　　　　A．文件名不区分字母大小写　　　　B．文件名可以有空格

　　　　C．文件名最长可达 255 个　　　　　D．文件名可以用任意字符

【分析】为了识别文件，Windows 7 规定每个文件必须有一个文件名，与 DOS 规定的文件名相比，Windows 7 允许长文件名，文件最长可达 255 个字符，文件名还可以包含$、%、&以及空格等字符，但不允许包括*、?等字符。所以本题只有答案 D 的说法是错误的。

【答案】D。

【例3】Windows 7 的 "桌面" 指的是（　　　　）。

    A．整个屏幕　　　　　　　　　　B．全部窗口

    C．某个窗口　　　　　　　　　　D．活动窗口

【分析】桌面是 Windows 7 启动成功后的整个屏幕，它不是一个简单的屏幕，而是一个环境。Windows 7 的程序窗口、"开始" 菜单、任务栏和常用对象图标都显示在桌面上，桌面是用户进行各种操作的平台。

【答案】A。

【例4】在 Windows 7 中 "回收站" 是（　　　　）。

    A．硬盘上的一块区域　　　　　　B．U 盘上的一块区域

    C．内存中的一块区域　　　　　　D．光盘中的一块区域

【分析】在 Windows 7 的桌面上有一个 "回收站" 图标，它是硬盘上的一块区域（系统默认为硬盘的 10%），是 Windows 7 设置的一个文件夹。当用户删除硬盘上的文件时，系统将删除的文件放入 "回收站" 文件夹，当用户需要找回被删除文件时，可以从中恢复。注意，"回收站" 收存的文件仍然占用硬盘资源。因此，应该及时地对它进行整理，对确定不再使用的文件应从 "回收站" 中清除。可以部分清除，也可以清空 "回收站"。

【答案】A。

【例5】按【Ctrl+Alt+Del】组合键，打开 "任务管理器" 窗口，（　　　　）不能通过任务管理器完成。

    A．结束任务　　　　　　　　　　B．切换任务

    C．注销用户　　　　　　　　　　D．重启系统

【分析】当某应用程序失去控制，使鼠标失效无法进行操作，这时应打开 "任务管理器" 窗口，在对话框的 "应用程序" 标签的 "任务" 列表中选定失控的程序，然后单击 "结束任务" 按钮。这是解决鼠标失控的好办法。

【答案】D。

【例6】在 Windows 7 中，下列（　　　　）操作可启动一个应用程序。

    A．用鼠标右键双击应用程序图标

    B．用鼠标右键单击应用程序图标

    C．用鼠标左键单击应用程序图标

    D．将鼠标指针指向 "开始" 菜单中的 "所有程序" 选项，在其子菜单中单击指定的应用程序

【分析】在 Windows 7 中，可以通过多种途径启动一个应用程序，如：用鼠标单击 "开始" 按钮，打开 "开始" 菜单，再单击 "程序" 选项中的指定应用程序名就启动该程序；对于那些经常使用的应用程序可为其在桌面上创建一个 "快捷方式"，双击应用程序的 "快捷方式" 图标即可启动该程序；直接用鼠标左键双击 "资源管理器" 窗口中的应用程序的文件名也可以启动应用程序。右击或双击应用程序是打开与该程序操作有关的快捷菜单；用左键单击该应用程序是选定该对象。

【答案】D。

【例 7】单击窗口最小化按钮，窗口在桌面消失，此时该窗口所对应的程序（　　　）。

  A．还在内存中运行

  B．停止运行

  C．正在前台运行

  D．暂停运行，可单击鼠标右键继续运行

【分析】应用程序有"前台运行"和"后台运行"两种运行方式。在已打开的多个程序中，只有一个程序在前台运行，该程序对应的窗口称为当前窗口。可以通过当前窗口控制前台程序的运行过程。其他程序在后台运行，后台运行的程序用户不可干预。可以随时把某程序变成前台运行程序。当把应用程序窗口最小化时，该程序就转为后台运行，当然该程序仍然在内存中运行。

【答案】A。

【例 8】Windows 7 中，剪贴板是（　　　）。

  A．硬盘上的一块区域　　　　　　B．U 盘上的一块区域

  C．高速缓存中的一块区域　　　　D．内存中的一块区域

【分析】剪贴板是 Windows 7 中一个非常有用的工具，是 Windows 7 在内存中开辟的一块临时存储区，主要功能是用于进行 Windows 7 程序或文件之间的信息传递。

【答案】D。

【例 9】使用键盘切换活动窗口，应用（　　　）组合键。

  A．【Ctrl+Tab】　　　　　　　　B．【Alt+Tab】

  C．【Shift+Tab】　　　　　　　　D．【Tab】

【分析】一般 Windows 操作由鼠标完成。当无法使用鼠标时，绝大部分的 Windows 操作也可用键盘代替。如按主键盘区最下排左边第二个键（【Alt】键旁边的键）可以打开"开始"菜单，然后用光标移动键移动光标，选择菜单项，再按【Enter】键即可执行选择的命令；按主键盘区最下排右边第二个键可以打开快捷菜单（相当于右击）；按【Alt+F】组合键可弹出窗口主菜单等。

【答案】B。

3.3　实验操作题

实验一　Windows 7 系统基本操作

实验目的与要求

 ① 掌握鼠标的使用。

 ② 掌握常用桌面图标、桌面属性、任务栏的基本设置。

 ③ 熟悉 Windows 7 中窗口、对话框的操作。

 ④ 学会使用控制面板调整和配置计算机的各种系统属性。

实验内容

1. 鼠标的基本操作

 ① 单击：按下鼠标左键，立即释放。单击用于选定对象。

②　右击：按下鼠标右键，立即释放。单击鼠标右键后，弹出所选对象的快捷菜单。快捷菜单是命令的最方便的表示形式，几乎所有的菜单命令都有对应的快捷菜单命令。

③　双击：快速进行两次单击（连击左键两次）。双击用于运行某个应用程序或打开某个文件夹窗口及文档。

④　指向：在未按下鼠标键的情况下，移动鼠标指针到某一对象上。"指向"操作的用途是"打开子菜单"或"突出显示一些说明性的文字"。

⑤　拖动：按住鼠标左键的同时移动鼠标指针。拖动前，先把鼠标指针指向要拖动的对象，然后拖动到目的地后松开鼠标左键。拖动的主要作用是复制或移动文件（文件夹）。

2.桌面图标及桌面属性设置

桌面上主要包含桌面图标、"开始"按钮、桌面背景和任务栏等项，如图 3-7 所示。

图 3-7　Windows 7 系统桌面显示

（1）桌面图标

桌面图标实际上是一种快捷方式，用于快速地打开相应的项目及程序。在 Windows 7 中，除"回收站"图标外，其他的桌面图标都可以删除。用户也可以根据自己的习惯创建快捷方式，放置于桌面。更改桌面图标，请参考"桌面属性设置"。

（2）桌面属性设置

右击桌面空白处，弹出"桌面"快捷菜单，如图 3-8 所示，选择"个性化"命令，打开"个性化"窗口，如图 3-9 所示。

单击"桌面背景"，在打开的"桌面背景"窗口中设置图片背景或纯色背景，并保存修改。

单击"窗口颜色"，在打开的"窗口颜色和外观"窗口中对窗口、"开始"菜单和任务栏的颜色和外观进行微调。

3.任务栏及其基本设置

在任务栏上集中了"开始"按钮、快速启动区、任务按钮区、语言栏、系统提示区和显示桌面按钮，如图 3-10 所示。

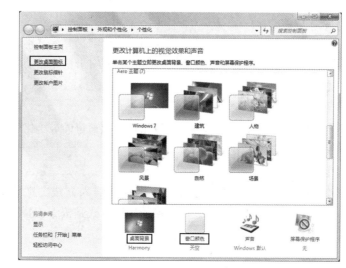

图 3-8　"桌面"快捷菜单　　　　　　　图 3-9　个性化桌面设置窗口

图 3-10　任务栏

（1）"开始"菜单

单击屏幕左下角的"开始"按钮，或者按键盘上的【Win】键。"开始"菜单可以理解为 Windows 的导航控制器，在这里可以实现 Windows 的一切功能，只要熟练掌握 Windows 的"开始"菜单，使用 Windows 将易如反掌。

单击"开始"按钮，弹出如图 3-11 所示的"开始"菜单。

图 3-11　"开始"菜单

（2）快速启动

用户可以将自己常用的程序图标拖动到快速启动栏，通过单击快速启动区的图标即可启动相应的应用程序。若要将图标从快速启动区删除，则右击快速启动区中的该图标，选择"将应用程序从任务栏解锁"命令。

（3）程序按钮

程序按钮是在系统中打开的每一个应用程序或窗口的最小化按钮，通过单击任务栏中某程序按钮，可将该程序或窗口变成当前窗口。

（4）语言区

在输入文字过程中，通过它可以切换各种输入方法。默认的键盘中西文切换方法是按【Ctrl+Space】组合键，各输入法之间切换的快捷方式是按【Ctrl+Shift】组合键。可通过设置语言区，添加或删除各种已经安装的输入法。

（5）通知区域

在默认情况下，此区域中可见的图标仅为四个系统图标和时钟。通常显示在任务栏通知区域中的所有其他图标将被推送到溢出区域中。

（6）显示桌面

单击此按钮，可将系统当前打开的所有窗口最小化，显示出桌面。

4．熟悉窗口、对话框

（1）窗口的组成和基本操作

虽然每个窗口的内容各不相同，但所有窗口都始终在桌面显示，且大多数窗口都具有相同的基本部分，主要包括标题栏、菜单栏、搜索栏、工具栏及状态栏等。下面以 Windows 7 中的"记事本"窗口为例（见图 3-12），来逐一介绍一下窗口的组成：

① 标题栏：位于窗口的顶端，用于显示窗口的名称。用户可以通过标题栏来移动窗口、改变窗口大小和关闭窗口。

② 菜单栏：包含程序中可单击进行选择的项目。

③ 窗口控制按钮：最小化、最大化和关闭按钮。这些按钮分别可以隐藏窗口、放大窗口使其填充整个屏幕以及关闭窗口。

④ 滚动条：可以滚动窗口的内容以查看当前视图之外的信息。

⑤ 边框和角：可以用鼠标指针拖动这些边框和角以更改窗口的大小。

图 3-12　"记事本"窗口

窗口的基本操作比较简单，其操作基本上包括以下几种：打开窗口，最大化、最小化及还原窗口，缩放窗口，移动窗口，切换窗口，排列窗口和关闭窗口等。

① 打开窗口：双击要打开窗口的图标（打开窗口的方法有许多，这里主要介绍基本方法）。

② 最大化、最小化及还原窗口：集中在窗口右上角的控制按钮区。

- 最大化：当单击窗口控制按钮中的三个按钮中间的四方框按钮，窗口就会占据整个屏幕。
- 最小化：当单击窗口控制按钮中的三个按钮最左边的一字形按钮，窗口会被缩小到任务栏中的窗口显示区。
- 还原：当窗口被最大化后，中间的四方框按钮变为叠放的两个四方框型按钮，当点击后窗口会恢复为原来大小。

③ 缩放窗口：将鼠标移动到窗口的四个角上，当鼠标变成双向箭头后，按下鼠标左键进行移动，当调整到满意状态后放开鼠标，那么窗口就变成调整时的大小了。

④ 移动窗口：将鼠标移动到窗口标题栏，然后按下鼠标左键移动鼠标，当移动到合适的位置时放开鼠标，那么窗口就会出现在这个位置。（窗口最大化状态不可移动）

⑤ 切换窗口：

- 通过任务栏按钮预览：鼠标移动到任务栏的窗口按钮上，系统会显示该按钮对应窗口的缩略图。
- 不同的窗口切换缩略图：按【Alt+Tab】组合键，即可以缩略图的形式查看当前打开的所有窗口。
- 三维窗口切换：按下【Win+Tab】组合键，会显示出三维窗口切换效果，如图 3–13 所示。按住【Win】键不放，再按【Tab】键或滚动鼠标滚轮就可以在现有窗口缩略图中切换，当显示出所需要窗口时，释放两键即可。

图 3–13　现有窗口 3D 缩略图

⑥ 排列窗口：当打开了多个窗口后，为了便于操作和管理，可将这些窗口进行排列。其方法是在任务栏的非按钮区右击，在弹出的快捷菜单中选择相应的排列窗口命令即可将窗口排列为所需的样式。

Windows 7 提供了三种排列方式可供用户选择：

- 层叠窗口：把窗口按打开的先后顺序依次排列在桌面上。
- 堆叠窗口：指以横向的方式同时在屏幕上显示所有窗口，所有窗口互不重叠。
- 并排显示窗口：指以垂直的方式同时在屏幕上显示所有窗口，窗口之间互不重叠。

⑦ 关闭窗口：关闭窗口的方法有多种，若是当前显示窗口，则可用以下方法。

- 单击窗口的关闭按钮。
- 双击窗口左上角控制图标。
- 使用快捷键【Alt+F4】、【Ctrl+W】等方法。

（2）对话框的组成

右击任务栏，选择"属性"命令，弹出如图 3-14 所示的对话框。对话框是特殊类型的窗口，可以提出问题，允许用户选择选项来执行任务，或者提供信息，与常规窗口不同，多数对话框无法最大化、最小化或调整大小，但是它们可以被移动。

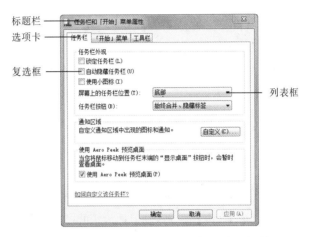

图 3-14   "任务栏和「开始」菜单属性"对话框

① 标题栏：用于显示对话框的名称。用鼠标拖动标题栏可移动对话框。

② 复选框：列出可以选择的任选项，用户可以根据不同的需要选择一个或多个选项。复选框被选中后，在框中会出现一个"√"。

③ 下拉列表框：单击下拉列表框的向下箭头可以打开列表供用户选择，列表关闭时显示被选中的对象。

④ 选项卡：用于区别其他组类型的属性设置。

5．控制面板的使用

控制面板是 Windows 系统工具中的一个重要文件夹。如图 3-15 所示，使用控制面板可以更改 Windows 的设置，而这些设置几乎包括了有关 Windows 外观和工作方式的所有设置，并允许用户对 Windows 进行设置，使其适合用户的需要。

打开控制面板的方法有三种：

① 单击"开始"按钮，在"开始"菜单中单击"控制面板"命令。

② 在"资源管理器"窗口中，单击导航窗格中的"计算机"选项，然后单击工具栏上的"打开控制面板"按钮。

③ 执行"开始"→"所有程序"→"附件"→"系统工具"→"控制面板"命令。

6．磁盘管理

将计算机的"D:"盘进行磁盘碎片整理和磁盘清理，具体步骤如下：

① 打开"资源管理器"窗口，右击"D:"图标，选择"属性"命令，弹出"属性"对话框。

图 3-15 "控制面板"窗口

② 在"属性"对话框中的"工具"选项卡中，单击"立即进行碎片整理"按钮，弹出"磁盘碎片整理程序"对话框。

③ 单击"分析磁盘"按钮，进行磁盘上碎片的百分比的检查，然后启动"碎片整理程序"。

④ 在"属性"对话框的"常规"选项卡中，单击"磁盘清理"按钮，启动磁盘清理程序，释放一部分磁盘空间。

实验任务

通过本实验使大家熟悉 Windows 7 界面的组成元素，掌握 Windows 7 的基本操作。具体要求如下：

1. 启动应用程序

（1）启动画图、写字板、记事本等应用程序。

（2）启动 Word 2010 程序。

（3）打开 QQ 聊天程序。

2. 窗口的基本操作

（1）双击某一图标，练习打开、移动、缩放，最大化、最小化和关闭窗口，还原窗口。

（2）浏览窗口信息。

（3）平铺或层叠窗口：分别打开多个窗口（如"计算机"窗口、Word 2010、回收站等），练习平铺或层叠窗口。

（4）最小化所有窗口。

（5）切换当前窗口。

3. 浏览磁盘中的内容

在"计算机"窗口中浏览 C 盘的内容。

4. 定制使用"计算机"窗口

通过"组织"或"布局"级联菜单实现窗口定制。

5．设置个性化的桌面

（1）从网上下载一张图片，将桌面背景更改为该图片。

（2）更改窗口的颜色和外观。

（3）设置屏幕保护，时长 1 min。

（4）在桌面上显示控制面板图标。

（5）自动隐藏任务栏。

6．任务栏的操作

（1）向任务栏中添加工具。

（2）向任务栏中添加快速启动图标。

（3）调整任务栏高度。

（4）改变任务栏位置。

（5）设置任务栏属性。

7．对话框的操作

（1）打开一个对话框。

（2）练习对话框的移动、关闭。

（3）对话框中的求助方法。

8．创建 Word 2010 的快捷方式

实验二　Windows 7 系统下文件与文件夹操作

实验目的与要求

① 掌握查看或显示文件、文件夹的方法。

② 掌握文件或文件夹的创建、复制、移动、重命名、删除、创建快捷方式等操作。

③ 学会搜索文件或文件夹。

④ 了解文件、文件夹属性的意义和设置方法。

实验内容

1."资源管理器"窗口组成

启动资源管理器，方法有两种：

① 选择"开始"→"所有程序"→"附件"→"Windows 资源管理器"命令。

② 右击"开始"按钮，在弹出的快捷菜单中选择"打开 Windows 资源管理器"命令。

"资源管理器"窗口如图 3-16 所示，其组成部件包括：

（1）"后退"和"前进"按钮

单击"后退"按钮可以返回到前一个操作位置，"前进"相对于"后退"而言。

（2）地址栏

显示当前文件或文件夹所在目录的完整路径。可以通过单击某个链接或键入位置路径来导航到其他位置。也可以通过在地址栏中键入 URL 地址来浏览 Internet，这样会将打开的文件夹替换为默认 Web 浏览器。

图 3-16　"资源管理器"窗口组成

（3）搜索框

为了迅速地搜索到要查找的文件或文件夹，可以在搜索框中输入文件名或其中包含的关键字，即时搜索程序就会立即开始搜索，满足条件的文件会高亮显示出来。

（4）工具栏

使用工具栏可以执行一些常见任务，如更改文件和文件夹的外观、将文件刻录到 CD 或启动数字图片的幻灯片放映。工具栏的按钮可更改为仅显示相关的任务。

（5）导航窗格

使用导航窗格可以访问文件夹、库、已保存的搜索结果，甚至可以访问整个计算机硬盘，并显示为文件夹的树状结构。

（6）右窗格

又称为文件夹内容框，显示当前文件夹中的内容。

（7）细节窗格

使用细节窗格可以查看与选定文件相关的最常见属性，如作者、上一次更改文件的日期，以及可能已添加到文件的所有描述性标记。

（8）预览窗格

使用预览窗格可以查看大多数文件的内容。例如，如果选择电子邮件、文本文件或图片，则无需在程序中打开即可查看其内容，甚至可以在预览窗格中播放视频。如果看不到预览窗格，可以单击工具栏中的"预览窗格"按钮打开预览窗格。

2. "资源管理器"窗口的操作

（1）浏览文件夹中的内容

① 直接在资源管理器的地址栏中输入文件夹的完整路径，以浏览文件夹内容。

② 在导航窗格中单击文件夹左侧的 ▷ 符号，展开其下一级文件夹进行浏览。单击文件夹左侧的 ◢ 符号，可以将其下一级文件夹折叠起来。

（2）改变文件和文件夹在窗口中的显示方式

Windows 7 提供了 8 种显示方式，超大图标、大图标、中等图标、小图标、列表、详细信息、平铺和内容。

右击文件夹窗口空白处，在弹出的快捷菜单中选择"查看"命令；或者单击窗口工具栏"视图"按钮 下拉三角，弹出如图 3-17 所示的菜单。

（3）文件和文件夹的排序

右击文件夹窗口空白处，在弹出的快捷菜单中选择"排序方式"命令，默认情况下其子菜单中列出四种排序方式：按"名称"排序、按"修改日期"排序、按"类型"排序和按"大小"排序，如图 3-18 所示。针对每种排序方式，还可以选择"递增"或"递减"规律。

图 3-17　文件与文件夹视图选项

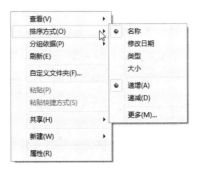

图 3-18　文件和文件夹排序方式

（4）修改文件夹查看选项

在"资源管理器"窗口中，单击"组织"→"文件夹和搜索选项"命令，弹出"文件夹选项"对话框，如图 3-19 所示。

① 在"常规"选项卡中，可以设置浏览文件夹的方式、打开项目的方式以及导航窗格。

② 在"查看"选项卡中，可以进行文件和文件夹的高级设置，例如：在文件夹提示中显示文件大小信息，显示隐藏的文件、文件夹和驱动器，隐藏文件的扩展名等设置选项。

③ 在"搜索"选项卡中，可以进行搜索内容、搜索方式的设置。

图 3-19　设置文件夹选项

3. 创建新文件夹、文件

在 C:\ 新建一个文件夹，命名为"实验 5"，并在"实验 5"文件夹中创建文件，文件名分别为 Myfile.docx，Yourfile.xlsx，Hisfile.txt。操作如下：

① 通过"资源管理器"窗口的导航窗口进入 C:\根目录。

② 单击工具栏上的"新建文件夹"命令，或者右击窗口空白处，在弹出的快捷菜单中选择"新建文件夹"命令。

③ 将"新建文件夹"改名为"实验 4"。

④ 双击"实验 4"文件夹，在窗口空白处右击，在弹出的快捷菜单中选择相应的应用程序命令，其中*.docx 是 Word 2010 文件，*.xlsx 是 Excel 2010 文件，*.txt 是文本文件。

—提 示—
　　若新建的都是空白的文件，则可通过"文件夹选项"的设置，先显示所有文件的扩展名，然后新建文本文件，更改扩展名".txt"为需要的扩展名即可。

4．重命名文件或文件夹

重命名的方法有三种：

① 右击文件，选择"重命名"命令。

② 单击文件后，按键盘上【F2】键。

③ 单击文件后，再单击文件的名字。

例如：将"C:\实验 4"文件夹重命名为"我的作品集"，其中的文件 Myfile.docx 改名为"Word 文档 1.docx"。操作步骤如下：

① 通过"资源管理器"窗口的导航窗口进入 C:\根目录，单击文件夹"实验 4"的图标，再单击"实验 4"文字，将"实验 4"文字改为"我的作品集"。

② 单击窗口其他地方，或按【Enter】键确定文件夹名修改。

③ 双击"我的作品集"文件夹，在"我的作品集"窗口右击 Myfile.docx，选择重命名，将名称改为"Word 文档 1.docx"。

④ 单击窗口其他地方，或按【Enter】键确定文件名修改。

5．复制或移动文件（文件夹）

复制文件或文件夹的方法有两种：

（1）右击文件（文件夹），选择复制，在目的地址窗口中，右击窗口空白处，选择粘贴。

（2）同时打开文件（文件夹）所在窗口及目的地址窗口，按下【Ctrl】键的同时，使用左键拖动到目的地址窗口。

6．删除文件（文件夹）

删除分为逻辑删除和物理删除。

（1）逻辑删除：将不需要的文件放入回收站。方法有三种：

① 将文件（文件夹）拖动入桌面上"回收站"。

② 右击文件（文件夹），在弹出的快捷菜单中选择"删除"命令。

③ 单击文件（文件夹），按【Delete】键将文件放入回收站。

（2）物理删除：将不需要的文件直接从硬盘上删除。方法有两种：

① 单击文件（文件夹）后，按【Shift+Delete】组合键。

② 先将文件（文件夹）逻辑删除，然后打开回收站，在回收站中再次将其删除。

7．搜索文件或文件夹

搜索的方法有两种：

① 单击"开始"按钮，在"开始"菜单中的"搜索框"中输入相关的关键字，并按【Enter】键。如输入"A*.jpg"，则搜索以 A 开头的 jpg 图像文件。

② 使用"资源管理器"中的"搜索框"。如要求在 D 盘搜索出所有 MP3 音乐文件,则应先打开 D 盘,在 D:\窗口的"搜索框"内输入"*.mp3",并按【Enter】键。

8. 为文件(文件夹)创建快捷方式

为文件(文件夹)创建桌面快捷方式的方法有多种,分别介绍如下:

① 右击文件(文件夹),在弹出的快捷菜单中选择"发送到"→"桌面快捷方式"命令。

② 用鼠标左键拖动文件(文件夹)到桌面后,选择"在当前位置创建快捷方式"命令。

若要求在特定文件夹中为某文件创建快捷方式,如为 D:\Programfiles\QQ.exe 创建快捷方式,放在 E:\,操作步骤如下。

① 打开"计算机"的 E 盘。

② 右击 E 盘窗口空白处,在弹出的快捷菜单中选择"新建"→"快捷方式"命令。

③ 在弹出的对话框中输入对象的完整路径和文件名 D:\Programfiles\QQ.exe。

④ 单击"确定"按钮。

实验任务

1. 启动资源管理器,使用导航窗格导航至"C:\windows"文件夹,将其窗口中的图标以"小图标"的方式显示,按"类型"排列图标。显示隐藏文件和文件夹,显示文件扩展名。

2. 按如下要求完成文件与文件夹操作。

(1)在 E 盘新建一个文件夹,命名为"计算机考试",在该文件夹下新建两个文件夹:文件夹 1、文件夹 2。

(2)在"文件夹 1"中新建四个文件:a.txt、b.docx、c.xls、a.rtf 和一个文件夹 e。

(3)打开文件 a.txt,输入文字"试题一"后保存。

(4)重命名文件夹"e"为"Win7 系统操作题"。

(5)复制"文件夹 1"中文件 a.txt、b.docx、c.xls、a.rtf 到"文件夹 2",并将"文件夹 1"中的 a.txt、b.docx、c.xls、a.rtf 四个文件移动到"Win7 系统操作题"。

(6)将"Win7 系统操作题"下 a.txt 改名为"试题 1.txt"。将"试题 1"的属性设置为"隐藏"。

(7)再将"文件夹 2"的 4 个文件移动到"文件夹 1";彻底删除"文件夹 2",将"文件夹 1"中的 b.docx、c.xls、a.rtf 三个文件放入回收站。

(8)在"E:\计算机考试"下搜索名为"试题"的文本文件,找到"试题 1.txt",并为其创建快捷方式,放在 C 盘根目录下,改名为"试题 1"。

实验三 Windows 7 磁盘管理与系统设置

实验目的与要求

① 掌握利用磁盘的格式化、磁盘清理和磁盘碎片的整理等操作。

② 掌握系统的个性化设置。

③ 掌握日期与时间、区域和语言等应用程序的使用与设置。

④ 掌握打印机的添加和删除,了解有关参数的设置。

⑤ 掌握用户账户的管理。

⑥ 掌握"添加/删除程序"的使用,学会添加/删除 Windows 组件。

实验内容

1. 磁盘管理

磁盘的管理主要包括磁盘的格式化、磁盘信息的查看、磁盘清理和磁盘的碎片整理等工作。

（1）磁盘格式化

【**实例 1**】对移动存储设备 U 盘进行格式化。

通常情况下，磁盘在第一次使用之前必须进行格式化操作。另外，磁盘使用一段时间以后，特别是一些移动存储设备，如移动硬盘、U 盘等，有些磁道可能已损坏，因此也需要进行格式化操作。磁盘格式化的主要作用是对磁盘进行磁道和扇区划分、检查坏块、建立文件系统等，为磁盘存储数据做好准备工作。

对 U 盘进行格式化操作步骤如下。

① 将移动存储设备 U 盘连接到计算机系统中。

② 在"资源管理器"窗口中，右击该存储设备的图标。

③ 在弹出的快捷菜单中选择"格式化"命令，弹出如图 3-20 所示的"格式化可移动磁盘"对话框。

④ 在该对话框中选择文件系统，输入卷标（可不输入），并确定是否进行"快速格式化"，然后单击"开始"按钮进行格式化。

⑤ 在"格式化确认"对话框中，单击"确定"按钮，系统对 U 盘进行格式化，如图 3-21 所示为系统正在格式化 U 盘的过程。

⑥ 格式化完成后，如果不是快速格式化，则启动磁盘扫描程序检查磁盘。

图 3-20　U 盘格式化设置对话框　　　　图 3-21　U 盘正在格式化

── 说　明 ──

磁盘的格式化操作将删除磁盘上的全部数据，因此，在格式化磁盘之前一定要做好准备工作，将有用的文件备份到其他存储设备。

（2）磁盘信息的查看

【**实例 2**】查看本地磁盘 D：上的信息。

查看磁盘信息的操作过程如下：

① 选中相应的存储分区，右击该设备的图标。

② 在弹出的快捷菜单中选择"属性"命令，弹出如图 3-22 所示的"本地磁盘 D：属性"对话框。

③ 在对话框中查看属性（如卷标、文件系统、可用空间、已用空间、允许的使用权限等信息）。

④ 查看结束后，单击"关闭"按钮关闭对话框。

（3）磁盘清理

【实例 3】清理本地磁盘 C：上的垃圾文件。

在使用计算机时，用户经常会安装一些常用的软件或游戏，而使用一段时间以后由于某种原因将某些软件或游戏卸载。在安装与卸载过程中，往往会在计算机中遗留一些垃圾文件，时间久了势必会占用相当大的磁盘空间。因此，应该定期对计算机中的垃圾进行清理。

清理磁盘垃圾的操作过程如下。

① 在"开始"菜单中选择"所有程序"→"附件"→"系统工具"→"磁盘清理"命令，弹出"磁盘清理：驱动器选择"对话框，选择要清理的磁盘分区 C:，然后单击"确定"按钮。

② 弹出"磁盘清理"对话框，系统首先对所选择的磁盘分区进行扫描，并统计可以占用的磁盘空间。

③ 扫描完成后自动弹出如图 3-23 所示的"磁盘清理"对话框，用户在列表中选择要清理的文件或文件类型，然后单击"确定"按钮。

④ 系统弹出删除文件确认对话框，单击"删除文件"按钮，系统将开始对选择的文件进行清理。

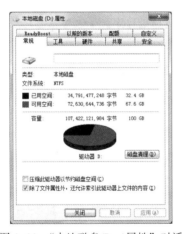

图 3-22　"本地磁盘(D：)属性"对话框

图 3-23　"(C：)的磁盘清理"对话框

（4）磁盘的碎片整理

计算机在日常使用过程中，经常添加和删除各种软件，而且会频繁地复制、移动和删除不同类型的文件。长时间的操作后会在磁盘中产生大量的磁盘碎片，不仅浪费磁盘的可用空间，还会影响系统的运行速度。为了改善磁盘的运行环境，定期对磁盘进行碎片整理非常有必要。

【实例 4】对本地磁盘 D：进行碎片的整理。

磁盘碎片整理操作过程如下：

① 在"开始"菜单中选择"所有程序"→"附件"→"系统工具"→"磁盘碎片整理程序"命令，弹出"磁盘碎片整理程序"对话框。

② 在该对话框的驱动器列表中选择要整理的磁盘分区，然后单击"分析磁盘"按钮，系统开始分析所选磁盘分区的磁盘碎片情况，如图 3-24 所示。

图 3-24　"磁盘碎片整理程序"对话框

③ 分析结束后，系统显示磁盘碎片容量的百分比，用户根据实际情况选择是否进行整理。如要整理，则单击"磁盘碎片整理"按钮，系统开始对所选择的磁盘分区进行碎片整理。

──**说　明**──

　　磁盘的碎片整理需要很长的时间，因此，在进行整理之前一定要分析所选磁盘分区的磁盘碎片情况，需要整理时才做整理工作。

2．"控制面板"的启动与退出

在使用 Windows 7 操作系统时，用户可以根据自己的喜好对外观进行个性化设置，例如桌面背景、窗口颜色、主题、个性化"开始"菜单等。另外还可以对键盘、鼠标、计算机系统时间及显示语言等进行更改。在安装时，系统会自动检测计算机中的硬件设备和已安装的各种软件，然后将系统调整到比较理想的使用状态。系统安装好后，用来调整和配置系统的应用程序就集中在控制面板中。

（1）"控制面板"的启动

启动控制面板应用程序，可以选择"开始"→"控制面板"命令启动控制面板应用程序，"控制面板"窗口如图 3-25 所示。

（2）"控制面板"的退出

控制面板的退出与其他应用程序的退出相同，在此不再赘述。

3．系统个性化设置

使用 Windows 7 操作系统前，最好根据个人爱好与需求对系统进行设置，以增加实用性，同时还可以美化系统，如设置桌面背景图片、窗口颜色、屏幕保护程序、主题等。对外观与主题进行合理设置，可以让 Windows 7 的桌面更加美观。打开个性化设置窗口的操作为：单击控制面板中的"个性化"文字链接，或右击桌面的空白处，在弹出的快捷菜单中选择"个性化"命令，打开"个性化"窗口，如图 3-26 所示。

图 3-25 "控制面板"窗口

图 3-26 "个性化"窗口

（1）设置桌面背景图片

【实例 5】设置桌面背景图片为"库/图片/公用图片/示例图片"下的"灯塔.jpg"图片，图片显示方式为"拉伸"。

将"灯塔.jpg"图片设置为桌面背景的具体操作过程如下：

① 打开"个性化"窗口。

② 单击"桌面背景"图标，在打开的"桌面背景"窗口中，单击"浏览"按钮，在弹出的"浏览文件夹"对话框中，选择"库/图片/公用图片/示例图片"并单击"确定"按钮，此时系统将"示例图片"文件夹中的所有图片添加至"桌面背景"窗口的列表框中，如图 3-27 所示。

③ 在"桌面背景"窗口的列表框中选择"灯塔.jpg"图片，并在列表框的下方"图片位置"下拉列表框中选择"拉伸"命令。

④ 单击"保存修改"按钮。

── 提 示 ──

① 如果选中的图片有多幅，系统将每过一定的时间（根据"更改图片间隔时间"下拉列表框中设置值）把选中的图片循环切换作为桌面背景。

② 如果在"图片位置"下拉列表框中选择"纯色"，可以将桌面背景设置为"纯色"。

图 3-27 "桌面背景"窗口

（2）设置窗口颜色

【实例 6】设置活动窗口边框的颜色为"叶"色，颜色浓度为最深，并"启用透明效果"。

设置窗口颜色的具体操作过程如下。

① 单击"个性化"窗口下方的"窗口颜色"项，打开"窗口颜色和外观"窗口，如图 3-28 所示。

② 选择 16 种颜色列表中的"叶"色，鼠标拖动"颜色浓度"右侧的滑块至最右端，调节透明效果。

③ 单击"高级外观设置"文字链接，弹出"窗口颜色和外观"对话框，单击"项目"下方的下拉列表框，弹出"项目"下拉列表框，选择"活动窗口边框"项目。

④ 设置完成后单击"确定"按钮完成设置，单击"窗口颜色和外观"窗口中的"保存修改"按钮应用颜色设置。

图 3-28 "窗口颜色和外观"窗口

（3）设置屏幕保护程序

在较长时间不使用计算机时，如果显示器长时间保持不变，就会对屏幕造成一定的损害而缩短显示器的寿命。使用屏幕保护程序，不但可以保护计算机的屏幕，有些屏幕保护程序还具有省电的功能。Windows 7 操作系统中内置了许多屏幕保护程序，用户可以根据自己的喜好选择设置。

【实例 7】设置屏幕保护程序为"照片"程序，幻灯片播放速度为"中速"，采用"无序播放图片"，等待时间为 5 分钟，并要求"恢复时显示登录屏幕"。

具体的操作步骤如下。

① 单击"个性化"窗口下方的"屏幕保护程序"选项，弹出"屏幕保护程序设置"对话框，如图 3-29 所示。

② 单击"屏幕保护程序"下拉列表框，弹出"屏幕保护程序"下拉列表，选择"照片"选项。

③ 单击"屏幕保护程序"下拉列表框右侧的"设置"按钮，弹出"照片屏幕保护程序设置"对话框，对"照片"屏幕保护程序的参数进行设置：幻灯片播放速度为"中速"，勾选"无序播放图片"复选框。完成后单击"确定"按钮。

──说　明───────────────────────────────
　　选择的屏幕保护程序不同，弹出的对话框也不相同，当然设置的参数也不尽相同。
────────────────────────────────────

④ 单击"等待"项右侧的微调按钮或直接输入数字"5"，对屏幕保护程序等待的时间进行设置。

⑤ 勾选"在恢复时显示登录屏幕"复选框，则在恢复屏幕保护程序时，系统显示登录屏幕。设置完成后单击"确定"按钮，保存屏幕保护程序设置。

图 3-29　"屏幕保护程序设置"对话框

（4）设置声音方案

Windows 7 系统中包含了许多自带的声音方案。例如，Windows 默认、传统、风景等，用户可以根据自己的喜好选择一种声音方案，Windows 7 系统中也可以自定义系统的声音方案。

【实例 8】设置系统声音方案为"节日"，并把"关闭程序"的声音设置为"Windows 鸣钟.wav"。

设置声音方案的具体操作过程如下：

① 单击"个性化"窗口下方的"声音"项，弹出"声音"对话框，如图 3-30 所示。

② 单击"声音方案"下拉列表框，弹出"声音方案"下拉列表，选择"节日"声音方案。

③ 单击"应用"按钮即可将此声音方案设置为当前系统的声音方案。

④ 单击"程序事件"列表框中的"关闭程序"事件，单击"声音"下拉列表框，弹出"声音"下拉列表，选择"Windows 鸣钟.wav"声音。

⑤ 单击"另存为"按钮，弹出"另存为"对话框，输入要保存的声音方案名称，并单击"确定"按钮，保存所设置的声音方案。

⑥ 设置完成后单击系统"声音"对话框上的"确定"按钮。

图 3-30　"声音"对话框

（5）使用不同的主题

Windows 7 操作系统自带了许多不同的主题，主要包括"Aero 主题"与"基本和高对比度主题"两大类，在这两大类中包括了许多不同的主题，如 Windows 7、建筑、Windows 经典等。不同的主题包含了不同的设置，如桌面背景、窗口颜色、图标、字体等。用户可以根据自己的喜好选择不同的主题，也可以自定义主题，以符合自己的视觉效果。设置主题的操作过程为：在"个性化"窗口中，在"单击某个主题立即更改桌面背景、窗口颜色、声音、屏幕保护程序"列表框中选择一个主题，系统立即更改为选中的主题。

如果用户要保存自定义的主题，单击主题列表框中的"保存主题"文字链接，弹出"将主题另存为"对话框，输入要保存的主题名称，单击"保存"按钮保存主题并返回到"个性化"窗口。

4．更改日期和时间

启动"日期和时间"对话框程序有以下两种方法，如图 3-31 所示。

① 单击"控制面板"中的"日期和时间"选项。

② 单击任务栏上的"日期和时间"显示区域，在弹出的菜单中选择"更改日期和时间设置"命令。

图 3-31　"日期和时间"对话框

（1）更改日期和时间

① 选择"日期和时间"选项卡，单击"更改日期和时间"按钮，弹出"日期和时间设置"对话框，单击"年份和月份"边上的左右箭头可修改年/月份，在"日期"列表框中单击所需的日期。

② 在时钟下面的文本框中选择小时、分钟、秒的具体内容后，再单击右侧的上下箭头可调节时间值（也可直接输入进行修改）。

③ 修改结束后单击"确定"按钮。

（2）更改时区

在"日期和时间"选项卡上，单击"更改时区"按钮，弹出"时区设置"对话框，在"时区"下拉列表框中选择所需要时区，单击"确定"按钮。

5. 区域和语言设置

（1）格式设置

【实例9】设置系统的长时间样式设置为"tt hh:mm:ss"，上午符号为"AM"，下午符号为"PM"；设置系统数字格式：小数点后位数为"3"，数字分组为"12,34,56,789"；设置系统货币格式：货币符号为"$"，货币正数格式为"1.1$"，货币负数格式为"−1.1$"，小数点后位数为"3"。

操作过程如下：

① 在"控制面板"窗口中，单击"区域和语言"选项，弹出"区域和语言"对话框，如图 3-32 所示。

② 单击"格式"选项卡上的"其他设置"按钮，弹出"自定义格式"对话框，如图 3-33 所示。

图 3-32　"区域和语言"对话框　　　　图 3-33　"自定义格式"对话框

③ 选择"数字"选项卡，单击"小数点"下拉列表框，选择"3"选项，单击"数字分组"下拉列表框并选择"12,34,56,789"选项。

④ 选择"货币"选项卡，单击"货币符号"下拉列表框，选择"$"并单击对话框上的"应用"按钮，单击"货币正数格式"下拉列表框，选择"1.1$"，单击"货币负数格式"下拉列表框，选择"−1.1$"，单击"小数点"下拉列表框，选择"3"。

⑤ 选择"时间"选项卡，单击"长时间"下拉列表框，选择"tt hh:mm:ss"，单击"上午"下拉列表框，选择"AM"，单击"下午"下拉列表框，选择"PM"。

⑥ 设置结束，单击"确定"按钮返回"区域和语言"对话框，单击"确定"按钮退出设置。

（2）键盘和语言设置

【实例 10】 将微软拼音 ABC 输入法设置为词频调整，并将"语言栏"停靠于任务栏。

在"区域和语言选项"对话框中，选择"键盘和语言"选项卡，在此选项卡上可以查看和设置"键盘或其他输入语言"及"安装/卸载语言"。

具体操作过程如下。

① 在"区域和语言选项"对话框中，单击"键盘和语言"选项卡上的"更改键盘"按钮，弹出"文字服务和输入语言"对话框（见图 3-34）。

② 用户可以查看或设置默认的输入语言，选择"已安装的服务"列表框中的"微软拼音 ABC 输入风格"项，单击列表框右侧的"属性"按钮，弹出"微软拼音 ABC 输入风格选项设置"对话框，勾选"词频调整"复选框后单击"确定"按钮。

③ 在"文字服务和输入语言"对话框中，选择"语言栏"选项卡，选中"语言栏"区域中的"停靠于任务栏"单选按钮，如图 3-35 所示，最后单击"确定"按钮。

图 3-34　"文字服务和输入语言"对话框

图 3-35　"语言栏"选项卡

6．打印机的添加及参数的设置

（1）安装打印机

【实例 11】 安装 Epson LQ-1600K 打印机驱动程序。

安装打印机，首先将打印机正确连接到计算机的硬件端口上，然后安装打印机的驱动程序才能正常使用。Windows 7 附带了大多数打印机的驱动程序，安装完成后，打印机图标将在"打印机"窗口出现。如果打印测试成功，则说明已经正确地在系统中安装了打印机。

安装打印机驱动程序的操作步骤如下：

① 打开"控制面板"应用程序窗口，单击该窗口上的"设备和打印机"文字链接，打开"设备和打印机"窗口。

② 单击"设备和打印机"窗口"添加打印机"文字链接，或选择"文件"菜单中的"添加打印机"命令，启动添加打印机向导，进入"添加打印机"向导一（见图 3-36），在"要安装什么类型的打印机？"下单击"添加本地打印机"文字链接。

③ 在新打开的"添加打印机"向导二（见图 3-37）中单击"选择打印机端口"下的"使用现有的端口"单选按钮，并选择打印机端口（LPT1 或 LPT2 等），单击"下一步"按钮。

图 3-36　选择安装打印机类型对话框　　　　　图 3-37　选择打印机端口对话框

④ 在新打开的"添加打印机"向导三（见图 3-38）中的"安装打印机驱动程序"下"厂商"列表框中选择打印机牌子，在"打印机"列表框中选择打印机类型，然后单击"下一步"按钮。

⑤ 在新打开的"添加打印机"向导四（见图 3-39）中"打印机名称"后的文本框中输入打印机名称（默认名称为打印机型号，最好不要改名），再单击"下一步"按钮。

图 3-38　选择打印机驱动程序对话框　　　　　图 3-39　输入打印机名称对话框

⑥ 在新打开的"添加打印机"向导五（见图 3-40）中"打印机共享"下选中"不共享这台打印机"单选按钮，再单击"下一步"按钮。

⑦ 在新打开的"添加打印机"向导六（见图 3-41）中根据需要选择是否设置为默认打印机，如需测试打印机，请单击"打印测试页"按钮，最后单击"完成"按钮。至此，打印机驱动程序添加完成。

（2）默认打印机的设置

若在"打印机"窗口中添加了两台以上打印机，默认打印机是指当用户发出打印信号以后，不选择打印机，系统就能对信息进行打印的那台打印机。默认打印机的左上角有一个 ✔ 图形。

如果一个系统中安装有多个打印机驱动程序，设置默认打印机的方法有以下几种。

① 右击要设置的打印机图标，在弹出的快捷菜单中选择"设置为默认打印机"命令。

② 选择要设置的打印机图标，然后选择"文件"菜单中的"设置为默认打印机"命令。

③ 双击要设置的打印机图标，在出现的有关这台打印机的窗口中选择"打印机"菜单中的"设置为默认打印机"命令。

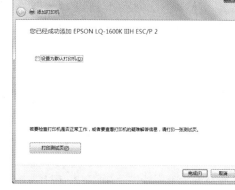

<table>
<tr><td>图 3-40　设置共享打印机对话框</td><td>图 3-41　设置默认打印机对话框</td></tr>
</table>

7. 用户账户管理

（1）创建用户账户

【实例 12】新建一个用户账户，名称为"Jack"，标准用户，用户密码为"123456"。

如果多个人共同使用一台计算机，可以为每个使用计算机的用户创建一个账户，以便每个用户按自己的使用习惯操作计算机。创建用户账户的操作过程如下。

① 在控制面板窗口中，单击"用户账户"选项，系统将进入"用户账户"窗口，单击"管理其他账户"文字链接，系统将进入"管理账户"窗口。

② 单击"管理账户"窗口上的"创建一个新账户"文字链接，系统进入"创建新账户"窗口（见图 3-42），在此窗口的"该名称将显示在欢迎屏幕和「开始」菜单上"下方的文本框中输入新账户的名称"Jack"。

③ 选择用户类型为"标准用户"，然后单击"创建账户"按钮。此时系统返回到"管理账户"窗口，并在该窗口上显示了新建的用户账户。

（2）设置密码

为了保障用户的安全，需要对其设置用户密码，其操作过程如下。

① 在"管理账户"窗口，单击账户图标，进入"更改账户"窗口。

② 单击"创建密码"文字链接，打开"创建密码"窗口，如图 3-43 所示。

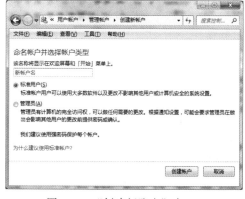

<table>
<tr><td>图 3-42　"创建新账户"窗口</td><td>图 3-43　"创建密码"窗口</td></tr>
</table>

③ 在"新密码""确认新密码"对应的文本框中输入具体的密码文本"123456"。

④ 单击"创建密码"按钮，完成操作。

实验任务

1. 清理硬盘上的垃圾文件。

2. 查看 D 盘信息：卷标、已使用空间、剩余空间以及磁盘的使用权限。

3. 分析硬盘，查看是否需要进行碎片的整理。

4. 设置屏幕保护程序为"三维文字"，文字内容为"学无止境"，文字格式为：字体"隶书"、大小"初号"，旋转类型为"滚动"，等待时间为 2 分钟。

5. 设置桌面背景为"风景（6）"图片，显示方式为"居中"，更改图片时间间隔为 5 分钟。

6. 设置窗口的颜色为"大海色"并"启用透明效果"。

7. 设置 Windows 的货币符号为"$"，货币正数格式为"$ 1.1"，货币负数格式为"$ –1.1"。

8. 设置 Windows 的时间样式为"hh:mm:ss"，上午符号为"AM"，下午符号为"PM"。

9. 设置 Windows 的数字格式为：小数位数为"3"，数字的分组符号为"；"，其余采用默认值。

10. 设置长日期字格式为："dddd yyyy'年'M'月'd'日'"。

11. 设置"语言栏"悬浮于桌面上。

12. 删除微软全拼输入法。

13. 在本地计算机上安装 Epson FX-2170 打印机，端口为 LPT1。

14. 删除系统中的微软全拼输入法。

15. 新建一个用户账户，名称为"Alice"，管理员用户，密码为"GLY123456"。

习　　题

一、选择题

1. 在 Windows 任务栏中除"开始"按钮外，还显示（　　　）。

　　A. 当前运行的程序名　　　　　　　B. 系统正在运行的所有程序

　　C. 已经打开的文件名　　　　　　　D. 系统中保存的所有程序

2. Windows 的"资源管理器"窗口分为（　　　）部分。

　　A. 2　　　　　　　　B. 4　　　　　　　　C. 1　　　　　　　　D. 3

3. 在选定文件夹后，下列（　　　）操作不能完成剪切操作。

　　A. 在"编辑"菜单中，选择"剪切"命令

　　B. 双击该文件夹

　　C. 单击工具栏上的"剪切"按钮

　　D. 在所选文件夹位置上右击，打开快捷菜单，选择"剪切"命令

4. 在 Windows 环境中，用户可以同时打开多个窗口，此时（　　　）。

　　A. 只能有一个窗口处于激活状态，它的标题栏的颜色与众不同

　　B. 只能有一个窗口的程序处于前台运行状态，而其余窗口的程序则处于停止运行状态

　　C. 所有窗口的程序都处于前台运行状态

　　D. 所有窗口的程序都处于后台运行状态

5. 在 Windows 环境下，（　　　　）。

    A. 不能进入 MS-DOS 方式

    B. 能进入 MS-DOS 方式，并能再返回 Windows 方式

    C. 能进入 MS-DOS 方式，但不能再返回 Windows 方式

    D. 能进入 MS-DOS 方式，但必须先退出 Windows 方式

6. 下列关于 Windows 对话框的描述中，（　　　　）是错误的。

    A. 对话框可以由用户选中菜单中带有省略号（…）的选项弹出来

    B. 对话框是由系统提供给用户输入信息或选择某项内容的矩形框

    C. 对话框的大小是可以调整改变的

    D. 对话框是可以在屏幕上移动的

7. 下面关于 Windows 窗口的描述中，（　　　　）是不正确的。

    A. Windows 窗口有两种类型：应用程序窗口和文档窗口

    B. 在 Windows 中启动一个应用程序，就打开了一个窗口

    C. 窗口在应用程序窗口中出现的其他窗口，称为文档窗口

    D. 每一个应用程序窗口都有自己的文档窗口

8. 在 Windows 环境中，每个窗口的"标题栏"的右边都有一个标有空心方框的方形按钮，用鼠标左键单击它，可以（　　　　）。

    A. 将该窗口最小化　　B. 关闭该窗口　　　　C. 将该窗口最大化　　D. 将该窗口还原

9. 在 Windows 中，允许用户将对话框（　　　　）。

    A. 最小化　　　　　　B. 最大化　　　　　　C. 移动到其他位置　　D. 改变其大小

10. 在 Windows 的"开始"菜单的"文档"菜单项中，包含最近使用的（　　　　）。

    A. 文本文件　　　　　B. 全部文档　　　　　C. 15 个图形文件　　D. 15 个 Word 文档

11. 在 Windows 中使用系统菜单时，只要移动鼠标到某个菜单项上单击，就可以选中该菜单项。如果某菜单项尾部出现（　　　　）标记，则说明该菜单项还有下级子菜单。

    A. 省略号（…）　　B. 向右箭头（→）　C. 组合键　　　　　D. 括号

12. 在 Windows 的各项对话框中，有些项目在文字说明的左边标有一个小方框，当小方框里有"√"时，表示（　　　　）。

    A. 这是一个单选按钮，且已被选中　　　　B. 这是一个单选按钮，且未被选中

    C. 这是一个复选按钮，且已被选中　　　　D. 这是一个多选按钮，且未被选中

13. Windows 中桌面指的是（　　　　）。

    A. 整个屏幕　　　　B. 当前窗口　　　　　C. 全部窗口　　　　　D. 某个窗口

14. 在 Windows 中，选中某一菜单后，其菜单项前有"√"符号表示（　　　　）。

    A. 可单选的　　　　B. 可复选的　　　　　C. 不可选的　　　　　D. 不起作用的

15. 下列操作中，（　　　　）能够更改任务栏的属性。

    A. 在"开始"菜单的"设置"子菜单中选择"任务栏"

    B. 在"开始"菜单的"查找"子菜单中选择"任务栏"

    C. 在"开始"菜单的"运行"子菜单中选择"任务栏"

    D. 右击"开始"按钮，在快捷菜单中选择"任务栏"

16. 当 Windows 正在运行某个应用程序时，若鼠标指针形状变为"沙漏"状，表明（   ）。
    A. 当前执行的程序出错，必须中止其执行
    B. 当前应用程序正在运行
    C. 提示用户注意某个事项，并不影响计算机继续工作
    D. 等待用户选择的下一步操作命令

17. 在 Windows 中，有关文件名的叙述不正确的是（   ）。
    A. 文件名中允许使用空格   B. 文件名中允许使用货币符号（$）
    C. 文件名中允许使用星号（*）   D. 文件名中允许使用汉字

18. 将运行中的应用程序窗口最小化以后，应用程序（   ）。
    A. 在后台运行   B. 停止运行   C. 暂时挂起来   D. 出错

19. 在 Windows 中，下列叙述正确的是（   ）。
    A. 只能打开一个窗口
    B. 应用程序窗口最小化成图标后，该应用程序将终止运行
    C. 关闭应用程序窗口意味着终止该应用程序的运行
    D. 代表应用程序的窗口大小不能改变

20. Windows 文件系统采用（   ）形式，替代了抽象的目录。
    A. 路径   B. 目录树   C. 文件夹   D. 小图标

21. Windows 能自动识别和配置硬件设备，此特点称为（   ）。
    A. 即插即用   B. 自动配置   C. 控制面板   D. 自动批处理

22. 鼠标的基本操作是（   ）、单击、双击和拖动。
    A. 右击   B. 指示   C. 左击   D. 滑动

23. 窗口内所有的区域空间称为（   ）。
    A. 工作区   B. 桌面   C. 界面   D. 前台

24. 在桌面上任何一点用鼠标右击，会弹出（   ）。
    A. 快捷菜单   B. 开始菜单   C. 主菜单   D. 窗口菜单

25. 在一般情况下，Windows 桌面的最下方是（   ）。
    A. 任务栏   B. 状态栏   C. 菜单栏   D. 标题栏

26. 资源管理器中选定单个文件的方法是（   ）。
    A. 空格键   B. Shift   C. Ctrl   D. 单击文件名

27. 资源管理器的工具栏按钮没有（   ）。
    A. 创建时间   B. 删除   C. 上一级   D. 粘贴

28. 资源管理器的工具栏按钮有（   ）。
    A. 存盘   B. 格式刷   C. 合并居中   D. 属性

29. 在同一磁盘上拖动文件或文件夹执行 （1） 命令，拖动时按 Ctrl 键，执行 （2） 命令。
    A.（1）删除（2）复制   B.（1）移动（2）删除
    C.（1）移动（2）复制   D.（1）复制（2）移动

30. 下列说法中错误的是（   ）。
    A. 计算机包含了资源管理器   B. 资源管理器可以查看磁盘内容
    C. 资源管理器包含了计算机   D. 计算机可以查看磁盘的内容

31. 菜单中浅色项（　　　）。

　　A. 可执行　　　　　　B. 可用　　　　　　　C. 不可用　　　　　　D. 不可执行

32. 下列（　　　）功能不能出现在对话框中。

　　A. 菜单　　　　　　　B. 单选　　　　　　　C. 复选　　　　　　　D. 命令按钮

33. Windows 中控制面板的作用是（　　　）。

　　A. 改变 Windows 的配置　　　　　　　　　　B. 编辑图像

　　C. 编辑文本　　　　　　　　　　　　　　　　D. 播放媒体

34. Windows 窗口的标题栏上没有（　　　）。

　　A. 打开按钮　　　　　B. 最大化按钮　　　　C. 最小化按钮　　　　D. 关闭按钮

35. 资源管理器窗口下方状态栏中不能显示（　　　）。

　　A. 文件路径　　　　　B. 磁盘空间　　　　　C. 选中文件数　　　　D. 剩余空间数

36. Windows 中用于管理磁盘上的文件和目录以及 Windows 内部的有关资源的是（　　　）。

　　A. 程序管理器　　　　B. 资源管理器　　　　C. 控制面板　　　　　D. 剪贴板

37. Windows 最重要的特点是（　　　）。

　　A. Windows 的操作既能用键盘也能用鼠标

　　B. Windows 中可以运行 DOS 应用程序

　　C. Windows 提供了友好方便的用户界面

　　D. Windows 是真正 32 位操作系统

38. Windows 是一种（　　　）。

　　A. 操作系统　　　　　B. 语言处理程序　　　C. 文字处理软件　　　D. 图形处理软件

39. Windows 适用于（　　　）。

　　A. 台式微型计算机　B. 笔记本式计算机　　C. 小型计算机系统　　D. A、B 都对

40. Windows 窗口式操作是为了（　　　）。

　　A. 方便用户　　　　　　　　　　　　　　　　B. 提高系统可靠性

　　C. 提高系统的响应速度　　　　　　　　　　　D. 保证用户数据信息的安全

41. 在 Windows 下，用户操作的最基本的工具是（　　　）。

　　A. 键盘　　　　　　　B. 鼠标　　　　　　　C. 键盘和鼠标　　　　D. A、B、C 都不对

42. 窗口最顶行是（　　　）。

　　A. 标题栏　　　　　　B. 状态栏　　　　　　C. 菜单栏　　　　　　D. 任务栏

43. 对话框中的文本框可以（　　　）。

　　A. 显示文本信息　　　　　　　　　　　　　　B. 输入文本信息

　　C. 编辑文本信息　　　　　　　　　　　　　　D. 显示、输入、编辑文本信息

44. 列表框中列出的各项内容，用户可（　　　）。

　　A. 追加新内容　　　　　　　　　　　　　　　B. 选定其中一项

　　C. 修改其中的一项内容　　　　　　　　　　　D. 删除其中一项内容

45. Windows 下，不正确的删除文件操作是（　　　）。

　　A. 选中文件后，按【Del】键　　　　　　　　B. 将文件拖到回收站

　　C. 选中文件后，用菜单中的删除命令项　　　　D. 选中文件后，用菜单中的剪切命令项

46. 关于"回收站"叙述正确的是（   ）。

    A. 暂存所有被删除的对象

    B. "回收站"中的内容不能恢复

    C. 清空"回收站"后，仍可用命令方式恢复

    D. "回收站"的内容不占硬盘空间

47. 下列为磁盘碎片整理工具不能实现的功能是（   ）。

    A. 整理文件碎片   B. 整理磁盘上的空闲空间

    C. 同时整理文件碎片和空闲碎片   D. 修复错误的文件碎片

48. "计算机"图标始终出现在桌面上，不属于"计算机"的内容有（   ）。

    A. 驱动器   B. 我的文档   C. 控制面板   D. 打印机

49. 当系统硬件发生故障或更换硬件设备时，为了避免系统意外崩溃，应采用的启动

    方式为（   ）。

    A. 通常方式   B. 登录方式   C. 安全方式   D. 命令提示方式

50. 从运行的 MS-DOS 返回到 Windows 的方法是（   ）。

    A. 按【Alt】键，并按【Enter】键   B. 键入 Quit，并按【Enter】键

    C. 键入 Exit，并按【Enter】键   D. 重新启动，进入 Windows

51. 资源管理器有两个小窗口，左边小窗口称为（   ）。

    A. 文件夹窗口   B. 资源窗口   C. 文件窗口   D. 计算机窗口

52. 资源管理器窗口的右边小窗口为（   ）。

    A. 文件窗口   B. 内容窗口   C. 详细窗口   D. 资源窗口

53. 为了在资源管理器中快速查找.EXE 文件，最快速且准确定位的显示方式是（   ）。

    A. 按名称   B. 按类型   C. 按大小   D. 按日期

54. 在 Windows 中，一个文件的属性包括（   ）。

    A. 只读，存档   B. 只读，隐藏

    C. 只读，隐藏，系统   D. 只读，隐藏，系统，存档

55. 在 Windows 中，为了防止无意修改某一文件，应设置该文件属性为（   ）。

    A. 只读   B. 隐藏   C. 存档   D. 系统

56. 文件管理器的功能包括对（   ）移动、复制和删除等操作。

    A. 分组窗口   B. 文件   C. 程序   D. 项目

57. 对 Windows，下列叙述中正确的是（   ）。

    A. Windows 的操作只能用鼠标

    B. Windows 为每一个任务自动建立一个显示窗口，其位置和大小不能改变

    C. 在不同的磁盘间不能用鼠标拖动文件名的方法实现文件的移动

    D. 用鼠标右击文件名，然后选择"重命名"，键入新文件名后按【Enter】键可更改文件名

二、填空题

1. 在 Windows 的菜单中，若某菜单项用灰色字符显示，则表示它当前_____选取。

2. 在 Windows 中，当用户打开多个窗口时只有一个窗口处于激活状态，该窗口称为_____窗口。

3. 在 Windows 环境中，若单击某个窗口标题栏右边的第二个按钮，则该窗口会放大到整个屏幕，而后此按钮就会变为_____按钮。

4. 在 Windows 的某些对话框中，按_____键与单击"确定"按钮的作用等效。

5. 在 Windows 的某些对话框中，按_____键与单击"取消"按钮的作用等效。

6. 在 Windows 中，无论是对复选框、单选框或命令按钮的选择，如果是使用鼠标选择，则均为_____。

7. 在 Windows 中，文档窗口是应用程序的_____窗口。

8. 在 Windows 中，可以直接使用鼠标拖动功能实现文件或文件夹的_____。

9. 在清空"回收站"之前，放在那里的文件_____从硬盘上删除。

10. Windows 是基于_____界面的操作系统。

11. Windows 中，文件是指存储在_____上的信息的集合，每个文件都有一个文件名。

12. 在 Windows 中，使用菜单进行文件或文件夹的移动需经过选择、_____、粘贴三个步骤。

13. 在 Windows 中，"_____"用于暂时存放从硬盘上删除的文件或文件夹。

14. 要改变 Windows 窗口的排列方式，只要用鼠标右击_____的空白处，在快捷菜单中做出相应选择即可。

15. Windows 的对话框其形状是一个矩形框，其大小是_____的。

16. 在 Windows 中，可以利用控制面板或桌面上_____最右边的时间指示器来修改系统的日期和时间。

17. 在 Windows 中，U 盘上所删除的文件_____从"回收站"中恢复。

18. 在 Windows 中，用鼠标_____单击所选对象可以弹出该对象的快捷菜单。

19. 在对话框中，用户最常用的命令按钮有_____、_____、应用、帮助等。

20. 在 Windows 中，文件和文件夹的管理可使用_____和_____。

21. 用户通过鼠标_____，可以展开菜单中的菜单项。

22. 用户通过鼠标_____窗口边框或窗口角，可以任意改变窗口的大小。

23. 用户通过鼠标_____，可以打开图标窗口。

24. 任务栏的最左端是_____菜单按钮。

25. 单击标签按钮，可查看对话框的不同_____。

26. 下拉框用于输入_____，用户既可直接在文本框中键入信息，也可单击右端带有的_____按钮打开下拉框，从中选取所需信息。

27. 用鼠标单击输入法状态窗口中的_____按钮，可以切换中英文输入方式。

28. 工具栏既可显示在窗口中，也可以隐藏起来。对它的显示与隐藏可单击_____菜单的_____命令选项后进行操作。

29. 在 Windows 中，被删除的文件或文件夹将存放在_____中。

30. 窗口最小化是将窗口缩为最小即缩为一个_____。

31. 控制面板是改变系统_____的应用程序，用来调整各种硬件和软件的选项。

32. 在 Windows 中可以用"回收站"恢复_____盘上被误删的文件。

33. 窗口操作主要包括还原、移动、改变大小、最小化、最大化、关闭和窗口_____。

34. 对话框元素有按钮、文本框、列表框、单选按钮、复选按钮、组合框和_____。

35. 在 Windows 中，进行系统硬件设置的程序组称为_____。

36. 在 Windows 的"资源管理器"或"计算机"窗口中，若想改变文件或文件夹的显示方式，应选择窗口中的_____菜单。

37. 在 Windows 桌面上用鼠标右击图标，在快捷菜单中单击_____项即可删除图标。

38. 在 Windows 桌面上将鼠标指向_____，拖动_____到所需位置，即可调整窗口的尺寸。

39. 鼠标移动和拖动的区别为_____。

40. 鼠标的操作主要有_____。

三、判断题

1. "网上邻居"系统文件夹用于快速访问当前 PC 所在局域网中的硬件和软件资源。   (   )

2. 对话框中没有最大化、最小化和还原按钮。   (   )

3. 窗口的最大化按钮和还原按钮不可能同时出现。   (   )

4. 窗口的最小化按钮和还原按钮不可能同时出现。   (   )

5. Windows 的"资源管理器"采用双窗口结构，左边窗口是系统目录，右边是选中目录中的具体内容。   (   )

6. 在不同磁盘之间拖放文件或文件夹执行移动命令。   (   )

7. 在"资源管理器"的左边窗口目录中文件夹左边方框中有"+"号表示下面还包含文件夹。
    (   )

8. Windows 是一个图形操作系统。   (   )

9. Windows 与 DOS 比较的特点是图形界面。   (   )

10. Windows 的图标是一个图形符号。   (   )

11. Windows 窗口还原是指将窗口还原到原来指定的图标。   (   )

12. Windows 窗口移动是将窗口移到指定的位置上。   (   )

13. Windows 窗口最小化是将窗口缩为最小即缩为一个图标。   (   )

14. Windows 窗口最大化是指窗口变成原来大小。   (   )

15. Windows 可以同时打开多个窗口，但只有一个处于激活状态。   (   )

16. 每一个窗口都包括菜单栏。   (   )

17. Windows 允许文件名中有空格。   (   )

18. Windows 允许文件名中有*和?。   (   )

四．操作题

1. 试在自己的计算机上查找一个文件。

2. 试在自己的计算机上的 C 盘上建立一个以自己姓名的拼音简写为名的文件夹，并在所创建的文件夹下创建 myfile.doc。

3. 试在自己的计算机桌面上，创建一个 Word 的快捷方式。

4. 试设置桌面背景和屏幕保护程序。

第 4 章 | 办公自动化软件应用学习指导

4.1 文字处理软件 Word 2010

4.1.1 本节要点

◆ 知识点 1：Word 2010 简介

1．Word 2010 的特点

Word 2010 是 Office 2010 软件中的文字处理组件，也是计算机办公应用使用最普及的软件之一。Word 2010 使用的是一种扩展名为".docx"的文档格式，以 XML 格式保存文件，将文档内容与其二进制（即过去低版本的".doc"格式）定义分开。该格式的文档短小且可靠，能同时与信息系统和外部数据源深入集成，文档的内容能够用于自动数据采集和其他用途。同时，也能够方便实现 Word 以外的其他进程搜索和修改。

2．Word 2010 的启动

Word 2010 的启动非常简单而且方法很多，常用的主要有以下几种。

① 选择"开始"→"程序"→"Microsoft Office"→"Microsoft Word"命令来启动 Word 2010。

② 双击桌面上的 Word 快捷图标，启动 Word 2010。

③ 打开一个 Word 文档，即可打开相应的 Word 应用程序。

3．Word 2010 的退出

Word 的退出主要有以下几种方法。

① 直接单击 Word 程序标题栏右侧的"▣"控制按钮。

② 选择"文件"→"退出"命令。

③ 单击 Word 程序标题栏左侧的 Word 图标，在下拉菜单中选择"关闭"。

④ 双击 Word 程序标题栏左侧的 Word 图标。

⑤ 按【Alt+F4】组合键。

⑥ 右击在任务栏上的要关闭的 Word 文档图标，在出现的快捷菜单中选择"关闭"。

> **提 示**
>
> 若退出 Word 时，文件未保存过或在原来保存的基础上做了修改，Word 将提示用户是否保存编辑或修改的内容，用户可以根据需要单击"是"或"否"按钮。

4．Word 2010 窗口组成

启动 Word 2010 后，出现如图 4-1 所示的窗口，包含了标题栏、快速访问工具栏、功能区、

文本编辑区、视图切换按钮、滚动条、缩放滑块和状态栏等。下面对部分元素做简单介绍。

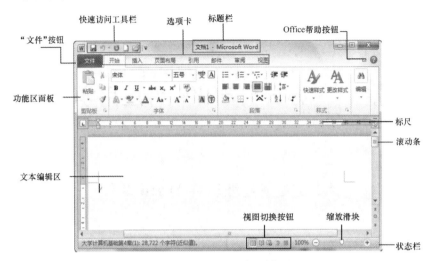

图 4-1　Word 2010 窗口界面

（1）标题栏

窗口最上面右侧是标题栏，标题栏的主要作用是显示所编辑的文档和程序名。标题栏包含了控制窗口的三个按钮（最小化按钮、还原按钮、关闭按钮）、程序名称"Microsoft Word"、正在编辑的文档名称以及最左侧的控制菜单图标等。

（2）快速访问工具栏

快速访问工具栏在默认情况下，位于标题栏左侧，主要放置一些常用的命令按钮。单击旁边的下三角按钮，可以添加或删除快速访问工具栏中的命令按钮。另外，用户还可以将快速访问工具栏放于功能区的下方。

（3）功能区

Word 2010 中的功能区位于标题栏的下方，相当于旧版本中的各项菜单。唯一不同的是功能区是通过选项卡与选项组来展示各级命令的，便于用户查找与使用。用户可以通过双击选项卡的方法展开或隐藏选项组，同时用户也可以使用访问键来操作功能区。

在 Word 2010 中，选项卡替代了旧版本中的菜单，选项组则替代了旧版本菜单中的各级命令。用户直接单击选项组中的命令按钮便可以实现对文档的编辑操作。Word 2010 为用户提供了访问键功能，在当前文档中按【Alt】键，即可显示选项卡访问键，如图 4-2 所示。按选项卡访问键进入选项卡之后，选项卡中的所有命令都将显示命令访问键。单击或再次按【Alt】键，将取消访问键。

在功能区中右击，通过"自定义功能区"命令，可以对功能区中的选项卡进行添加或删除，也可以对选项卡中的组和组中的具体按钮进行添加和删除。

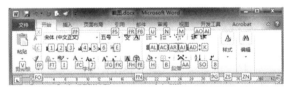

图 4-2　显示访问键

（4）文本编辑区

文本编辑区位于 Word 2010 窗口的中间位置，主要用来创建和编辑文档内容，例如输入文本、插入图片、编辑文本、设置图片格式等。

（5）视图切换按钮

视图切换按钮可用于更改正在编辑的文档的显示模式，以便符合用户的要求。在视图中，从左至右依次显示为页面视图、阅读版式视图、Web 版式视图、大纲视图与草稿视图。

① 页面视图可以显示 Word 2010 文档的打印结果外观，主要包括页眉、页脚、图形对象、分栏设置、页面边距等元素，是最接近打印结果的视图。

② 阅读版式视图以图书的分栏样式显示 Word 2010 文档，"文件"按钮、功能区等窗口元素被隐藏起来。在阅读版式视图中，用户还可以单击"工具"按钮选择各种阅读工具。

③ Web 版式视图以网页的形式显示 Word 2010 文档，Web 版式视图适用于发送电子邮件和创建网页。

④ 大纲视图主要用于设置 Word 2010 文档的设置和显示标题的层级结构，并可以方便地折叠和展开各种层级的文档。大纲视图广泛应用于 Word 2010 长文档的快速浏览和设置。

⑤ 草稿视图取消了页面边距、分栏、页眉页脚和图片等元素，仅显示标题和正文，是最节省计算机系统硬件资源的视图方式。当然现在计算机系统的硬件配置都比较高，基本上不存在由于硬件配置偏低而使 Word 2010 运行遇到障碍的问题。

（6）滚动条

滚动条位于编辑区的右侧与底侧，右侧的称为垂直滚动条，底部的称为水平滚动条，在编辑区中，可以拖动滚动条或单击上、下、左、右三角按钮来查看文档中的其他内容。另外，还可以单击"上一页"按钮 ⬆ 与"下一页"按钮 ⬇，查看前页与后页文档。

（7）缩放滑块

缩放滑块可用于更改正在编辑的文档的显示比例设置，其调整范围为 10%～500%。

（8）状态栏

状态栏主要显示正在编辑的文档的相关信息，如页数、字数、编辑状态等。用户可以通过单击编辑状态，在"插入"和"改写"两种状态之间进行转换。

◆ **知识点 2：文档的创建、打开和保存操作，文本的选定、删除、移动和复制操作**

1．创建新文档

在 Office 2010 的各个组件中，新建 Office 文档的方式都是相同的。新建 Word 文档的常见方式有 3 种，分别是使用快捷菜单命令创建新文档、通过启动 Word 2010 应用程序创建新文档、利用已有文档创建新的文档。

用户可以直接在桌面或者文件夹右侧窗口中右击，在弹出的快捷菜单中选择"新建"→"Microsoft Word 文档"命令。此时即可创建一个新的文档，然后为该文档指定文档名。

用户可以直接选择"开始"→"所有程序"→"Microsoft Office"→"Microsoft Word 2010"命令启动 Word 的应用程序，系统会自动新建一个名为"文档 1"的空白文档。

用户还可以通过已有的文档，从"文件"菜单下的"新建"命令创建空白文档。

2．文档的打开

常用的打开文档的方式有以下 3 种。

① 找到文件的文档，双击即可打开。这是一种通用的方法，所有的文件，无论是何种类型，都可以用这种方法打开，只要系统中安装了可支持的软件。

② 选择"文件"→"打开"命令。

③ 通过快速访问工具栏中的"打开"功能来实现。

3．文档的保存

文档保存的操作方法与其他 Office 文档的保存类似，可以使用快速访问工具栏的 🔒 按钮或者选择"文件"→"保存"命令，也可以使用【Ctrl+S】组合键，还可以在关闭窗口时，在 Word 出现的保存提示对话框中单击"是"按钮。

如果要把当前文档的内容以另外一个文件名存盘，只要选择"文件"→"另存为"命令，在弹出的对话框中输入新文件名即可。若新起的文件名与已经打开的某个文件名相同，系统将提示重新命名。在 Word 2010 中，还可以直接将 Word 文档另存为 PDF 文档，详见"文件"选项卡。

文档在编辑时可以设置自动保存时间间隔，每隔一段时间系统会自动保存文件，Word 2010 的默认状态是每 10 min 自动保存一次。

4．编辑文档

（1）文本的输入

在 Word 中输入文本，用户只要在需要输入文本的位置单击，出现光标（在工作区闪动的黑竖线）后输入即可。

① "插入"与"改写"：打开 Word 2010 文档窗口后，默认的文本输入状态为"插入"状态，即在原有文本的左边输入文本时，原有文本的内容将往后顺移。除此之外，还有一种文本输入状态为"改写"状态，即在原有文本的左边输入文本时，原有文本将被替换。用户可以根据需要在状态栏中直接单击"插入"或"改写"按钮，在两种状态之间切换。

② 插入日期和时间：插入日期和时间，是在功能区的"插入"选项卡上，单击"日期和时间"按钮，如图 4-3 所示。用户可以根据需要选择合适的格式，选择"自动更新"功能，则 Word 在打印文档时，将插入的时间和日期自动更新为与当前计算机的日期和时间一致。

图 4-3　"日期和时间"对话框

③ 插入符号：用户如需插入符号或编号等，可以在功能区"插入"选项卡中选择相应的按钮。

④ 插入其他 Word 文档内容：用户如果需要将其他 Word 文档的内容合并到当前正在编辑的文档中，可以通过功能区中的"插入"选项卡，单击"对象"按钮，选择"文件中的文字"命令，在弹出的对话框（见图 4-4）中选择要插入的文本对象。

图 4-4 "插入文件"对话框

（2）文本的选定

在 Word 中，有许多操作都是针对选择的对象进行工作的，它可以是一部分文本，也可以是图形、表格等。对文档进行编辑操作时，首先是要选择编辑的对象，对象被选定后会以蓝底显示。常用的选择对象的方法有以下几种。

① 利用鼠标在选定栏上单击、双击和三击，分别选择一行、一段和全文。

② 用鼠标拖动或【Shift】键与光标移动键连用选择任意一段连续文字。

③ 用【Alt】键和鼠标拖动连用选择列表块。

④ 用【Ctrl+A】组合键来选择全文。

当用户选择了某些文字或项目后，又想取消选择，可以用鼠标单击任意位置，或按任意一个光标移动键。

― 说 明 ―
　　若用户此时按键盘其他键，将删除被选择的内容，取而代之的是这个键的字符。

文本选定之后，可以对其进行编辑。编辑的基本操作包括复制、移动、剪切、删除、撤销或恢复等。

（3）文本的移动和复制

① 移动文本：短距离移动文本可以先选定要移动的文本，将鼠标指向所指定的文本，此时鼠标会变为指向左上方的箭头。按住左键拖动到任意位置松开鼠标，即完成了移动。长距离移动文本的操作步骤与前面章节中介绍的文件的移动方法类似，这里不再赘述。

② 复制文本：短距离复制文本也可以用鼠标拖动的方法，即在移动文本的同时按住【Ctrl】键；长距离复制文本的操作步骤与前面章节中介绍的文件复制的方法类似。

（4）删除文本

按【Backspace】键删除插入点左边的字符，按【Delete】键删除插入点右边的字符。若选中某一段文字后，按【Backspace】键或【Delete】键都可以将该段文字删除。

（5）撤销与恢复

撤销和恢复是相对应的，撤销是取消上一步的操作，而恢复就是把撤销操作再重复回来。使用撤销的方法可使用快速访问工具栏中的"撤销"命令；也可使用【Ctrl+Z】组合键。撤销操作是一个非常有用的操作，它可以撤销用户的误操作，甚至可以取消多步操作，回到原来的状态。使用恢复的方法可使用快速访问工具栏中的"恢复"命令。

◆ 知识点 3：查找和替换

1. 查找

用户在单击"开始"选项卡上"编辑"组中的"查找"按钮或者按【Ctrl+F】组合键后，在 Word 2010 文档窗口左侧会出现"导航"窗格，如图 4-5 所示。

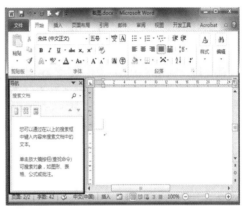

图 4-5 "导航"窗格

若要进行高级查找，在出现"导航"窗格后，直接单击"查找选项和其他搜索命令"按钮 🔎 ，选择"高级查找"，弹出如图 4-6 所示的对话框。在弹出的"查找和替换"对话框中单击"更多"按钮，以显示更多的查找选项，如图 4-7 所示。

图 4-6 "查找和替换"对话框"查找"选项卡

图 4-7 "查找"搜索选项

在"查找和替换"对话框中，可以根据具体需要，对所查找的对象进行设置。

2. 替换

替换操作用于搜索并替换指定的文字或格式，用户使用"编辑"菜单下的"替换"命令或按【Ctrl+H】组合键，弹出如图 4-8 所示的对话框。

操作时在"查找内容"文本框中输入要找的文字或字符串，在"替换为"文本框中输入要替换的新文字或字符串，单击"替换"按钮，出现第一个要替换的匹配串。用户也可以单击"全部替换"按钮，一次性将搜索范围内所有的匹配的字符串都替换成新字符。

图 4-8 "查找和替换"对话框"替换"选项卡

3．定位

对于较长的文档，使用定位功能可以很快地找到相应的节或页等。方法是单击"定位"选项，选择相应的行、节或页等选项并输入要查找的具体信息，选择"定位"命令即可。

◆ 知识点 4：字符格式化

字符格式的设置主要包括字体、字号、字形、颜色、字符间距以及文字特殊效果等几部分。Word 中正文默认的中文格式是宋体五号，默认的英文格式是 Times New Roman 字体。通过设置文字格式可以使文字的效果更加突出。

1．设置字符格式

用户可以通过"开始"选项卡中"字体"组中的按钮或通过"字体"对话框中的"字体"选项卡对字符的字体、字形、字号、颜色以及下画线和效果等进行设置，在"字体"对话框底部的"预览"选项中，可看见应用它们后的效果。用户在格式操作中可以使用格式刷。格式刷是一个非常有用的工具，是用来"刷"格式的，也就是复制选定对象的格式。在 Word 中，格式同文字一样，也是可以复制的。格式刷复制的对象主要是文本和段落标记。

2．设置字符间距

在通常情况下，文件是以标准间距显示的，这样的字符间距可适用于绝大多数文本，但有时为了创建一些特殊的文本效果，需要将文本的字符间距扩大或缩小。

3．设置首字下沉

所谓首字下沉，就是将文章段落开头的第一个或者前几个字符放大数倍，并以下沉或者悬挂的方式改变文档的版面样式。

Word 2010 提供了两种不同的方式来设置首字下沉，一个是普通的下沉，另一个是悬挂下沉。两种方式区别在于：普通"下沉"方式设置的下沉字符紧靠其他字符，而"悬挂下沉"方式设置的下沉字符可以随意地移动其位置。

4．更改文字方向

用户在编辑文档时，可随意更改文档中文字的方向，将文字由横排改为竖排，并且可以设置竖排的方式。单击"页面布局"选项卡的"页面设置"组中的"文字方向"按钮，在弹出来的下拉菜单中根据需要选择设置。

◆ 知识点 5：段落格式化

段落格式化包括段落对齐、段落缩进及段落间距的设置等。段落格式设置与字符格式的设置有所不同，除了可以对选定段落进行设置外，还可以直接将光标插入到要设置格式的段落中，随后进行操作即可。

1．设置段落对齐方式

段落对齐方式是指文档边缘的对齐方式，一般分为左对齐、右对齐、居中对齐、两端对齐和分散对齐，分别对应于"段落"组中的 这几个按钮，也可以在"段落"对话框中的"对齐方式"右侧的下拉列表框中选择各种对齐方式。

2．设置段落缩进

段落缩进有 6 种格式：首行缩进、悬挂缩进、左侧缩进、右侧缩进、内侧缩进和外侧缩进。首行缩进指第一行按缩进值缩进，其余行不变；悬挂缩进指除第一行外，其余行都按缩进值缩进；左侧缩进指所有行从左边缩进；右侧缩进指所有行从右边缩进；内侧缩进指所有行从靠近装订线的一侧缩进；外侧缩进指所有行从远离装订线的一侧缩进。

3．设置行距、段前和段后间距

行距是指从一行文字的底部到另一行文字顶部的间距。Word 2010 将自动调整行距以容纳该行中最大的字体和最高的图形。行距决定段落中各行文本之间的垂直距离。

段落间距是指前后相邻的段落之间的空白距离。

用户可以根据需要设置段落间距和行距，通过选中要改变间距的段落，然后在"段落"对话框中对相应属性值进行设置即可。

4．段落格式的复制

在 Word 中，段落格式也可以通过"格式刷"来复制。复制段落格式的方法是：先选择含有格式的段落标记（只选择段落标记，不要选择任何文字），单击格式刷，这时鼠标指针变成刷状，再单击需要获得格式的段落即可。若双击格式刷，则可以多次复制段落格式。

◆ 知识点 6：项目符号和编号

1．项目符号

项目符号的顺序不分先后，每一行都有相同的标志。添加项目符号的操作步骤如下。

① 将光标移到要添加项目符号的段落中，或选择要添加项目符号的段落。

② 选择"开始"选项卡上"段落"组中的"项目符号"按钮 ☰ ˅；或直接右击文本区，将鼠标指针指向快捷菜单中"项目符号"组。

③ 在"项目符号"组的选项上选择用户需要的项目符号。

2．编号

每一个不同段落，可以按顺序进行编号，在一些列举条件的地方会采用项目符号，而列举步骤时一般采用编号。用编号的好处是：当上一个编号被删除时，下一个自动相应变化，不用手动进行修改。

3．多级符号列表

多级符号列表是用于为列表或文档设置层次结构而创建的列表，它可以用不同的级别来显示不同的列表项，Word 2010 规定文档最多可以有 9 个级别。

◆ 知识点 7：边框和底纹

边框和底纹用于美化文档，同时也可以起到突出和醒目的作用，增加读者对文档不同部分的兴趣和注意。用户可以为页面、文本、表格和表格的单元格、图形对象、图片等设置边框。

1．文字边框

给文字加边框即是把用户认为重要的文本用边框围起来以起到提醒的作用。在 Word 文档打开时，可能"段落"组中显示的是下框线按钮 ▦ ˅，而非边框和底纹按钮 ▢ ˅，可以单击旁边的下拉三角进行选择切换。

2．页面边框

在 Word 2010 中不仅可以给文字或段落添加边框，而且可以给页面添加边框。若要给页面添加边框，其操作步骤前面部分与文字边框的添加相似，只是选择的是"页面边框"选项卡。

在页面边框添加过程中，单击"边框和底纹"对话框中的"选项"按钮，弹出"边框和底纹选项"对话框，在对话框里对页面边框距正文上、下、左、右的距离进行设置，单击"确定"按钮即可。

3．底纹添加

通过添加底纹的办法给一段文本或表格添加打印背景色。给文字或表格添加底纹的操作方法如下。

① 选定要添加底纹的文字或表格。

② 单击"开始"选项卡上"段落"组中的"边框和底纹"按钮□▾，弹出"边框和底纹"对话框，选中"底纹"选项卡。

③ 在"填充"选项组中，可以为底纹选择填充色；在"预览"区的"应用于"下拉列表框中可以选择底纹格式应用的范围，有"文字"和"段落"两个选项可以选择；在"图案"选项组中，可以选择底纹的样式和颜色。

④ 设置完毕，单击"确定"按钮即可。

◆　知识点 8：文档的高级排版

1．样式

样式是一套预先设置好的一系列格式的组合，可以是段落格式、字符格式、表格格式和列表格式等。应用样式时，可以在一段文本中应用，也可以在部分文本中应用，所有格式都是一次性完成的。使用样式最大的优点是更改某个样式时，整个文档中所有使用该样式的段落也会随之改变。

Word 2010 的一些模板中定义了一些自带样式可供用户使用，这些自带的样式称为内置样式。用户可以通过单击"开始"选项卡上"样式"组中的对话框启动器按钮□，弹出"样式"任务窗格，这些内置样式可以直接应用。

2．分节

当用户使用正常模板编辑一个文档时，是将整篇文档作为一节对待的，但有时操作起来相当不方便。如果把一个较长的文档分割成任意数量的节，就可以单独设置每节的格式和版式，从而使文档的排版和编辑更加灵活。用户可以使用分节符来进行分节，分节符是在节的结尾插入的标记。首先将鼠标定位在需要加入分节符的位置，单击"页面布局"选项卡上"页面设置"组中的"分隔符"按钮，弹出下拉菜单，在"分节符"选项组中选择一种分节符的类型。

3．分栏

创建版面的分栏，先选中需要分栏的文本，单击"页面布局"选项卡上"页面设置"组中的"分栏"按钮，弹出"分栏"下拉菜单，进行选择。如果需要进一步的设置，请选择"更多分栏"命令，弹出"分栏"对话框进行设置。

分栏后可能会出现页面各栏长度并不一致的情况，这样版面显得很不美观，其实只要把鼠标指针移到需要平衡栏的文档结尾处，在栏的最后一个字符后面插入一个连续的分节符就可以得到等长栏的效果。

如果要删除分栏，则可以选中已经被分栏的文档，单击"页面布局"选项卡上"页面设置"组中的"分栏"按钮，在下拉菜单中选择"一栏"即可。

4．脚注、尾注和题注

脚注和尾注用于为文档中的文本提供解释、批注以及相关的参考资料。一般地，脚注对文档内容进行注释说明，尾注说明引用的文献。题注是可以添加到表格、图表、公式或其他项目上的编号标签。

5．目录与图表目录

目录是长文档不可缺少的部分，它展示了文档内的信息，有了目录，读者就能很容易地知道文档中有什么内容，快捷查找内容。

（1）创建目录

因为要利用文档的标题或者大纲级别来创建目录，所以在创建目录之前，应保证出现在目录中的标题应用了内置的标题样式或者应用了包含大纲级别的样式及自定义的样式。

要创建目录，首先将光标移到要插入目录的位置，通常是文档的开始处。单击"引用"选项卡上"目录"组中的"目录"按钮，在弹出的菜单中选择"插入目录"命令，弹出"目录"对话框，用户可以对目录的格式和显示的级别进行设置。

（2）更新目录

Word 2010 所创建的目录是以文档的内容为依据的，如果文档的内容发生了变化，如页码或者标题发生了变化，就需要更新目录，使目录与文档的内容保持一致。要更新目录，可以在目录上右击，在弹出的快捷菜单中选择"更新域"命令即可。

（3）创建图表目录

图表目录也是一种常用的目录，可以在其中列出图片、图表、图形等对象的说明，以及它们出现的页码。在建立图表目录时，用户可以根据图表的题注标签或者自定义样式的图表标签来创建。

6．交叉引用

交叉引用就是在文档的一个位置引用文档中另一个位置的内容，它类似于超链接，只不过一般仅在同一文档中相互引用而已。交叉引用常常用于需要相互引用内容的地方，交叉引用可以使读者能够尽快地找到想要找的内容，也能使整个文档的结构更加有条理。

在创建交叉引用后，有时需要修改其内容，如因为章节的更改等。在修改时只要选定文档中的交叉引用部分，不要选择介绍性的文字，打开"交叉引用"对话框后，在"引用内容"下拉列表框中重新选择要更新引用的项目即可，其他操作同创建交叉引用一样。

7．邮件合并

在日常工作中，我们经常会碰到这种情况：处理的文件主要内容基本都是相同的，只是具体数据有变化。在填写大量格式相同，只修改少数相关内容，其他文档内容不变的情况时，可以灵活运用 Word 的邮件合并功能，不仅操作简单，而且还可以设置各种格式，可以满足不同用户的不同需求。

通过"邮件合并"功能可以生成多份类似的文件。

8．宏和域的使用

在文档的编辑过程中，可能某一个同样的工作要重复做很多次，利用 Word 的自动化技术（比如宏），可以帮助用户提高工作效率。

宏可用来使任务自动化执行，它是一系列计算机指令的集合，宏在 VBA 编程语言中录制。

域是指 Word 用来在文档中自动插入文字、图形、页码和其他资料的一组代码。

9．特殊格式的设置

在 Word 中输入一些简单的符号，就可以自动生成一些特殊的符号或标记，可以使用在平时的文档编辑中。

① 输入两个等号再输入大于号，就成了粗箭头➡。

② 输入两个连字符（－）再输入大于号，就成了细箭头➔。

③ 输入冒号和括号的半边就成了一个或生气或高兴的小脸☺和⊗。

④ 在一空行内连续输三个以上的连字符（－）按【Enter】键，就可以生成一条横线。

⑤ 在一空行内连续输三个以上的下画线（＿）按【Enter】键，就可以生成一条粗横线。

⑥ 在一空行内连续输三个以上的波浪号（～）按【Enter】键，就可以生成一条波浪线。

⑦ 在一空行内连续输三个以上的等号（＝）按【Enter】键，就可以生成一条双横线。

⑧ 在一空行内连续输三个以上的星号（＊）按【Enter】键，就可以生成一条粗虚线。

⑨ 在一空行内连续输三个以上的井号（#）按【Enter】键，就可以生成由两条细线和一条粗线组成的线。

◆ **知识点 9：表格制作**

Word 2010 中提供了非常完善的表格处理功能，使用它提供的用来创建和格式化表格的工具，可以很容易地制作出满足用户需求的表格。

1．表格的建立

Word 2010 提供了多种建立表格的方法，切换到"插入"选项卡，单击"表格"按钮▦，弹出下拉列表，它提供了创建表格的六种方式。

① 使用单元格选择面板创建。

② 使用"插入表格"命令创建。

③ 使用"绘制表格"创建。

④ 插入 Excel 电子表格。

⑤ 使用"文本转换成表格"命令创建。

⑥ 使用"快速表格"命令。

2．表格的编辑

表格初步制作完成后，可以对表格进行插入或删除行、列和单元格等操作，具体参照 Excel 章节。

（1）表格格式化

表格如同文档一样，在进行操作前要先选取后再操作。选取的方法有很多，常用的选取方法有如下几种。

- 选取一个单元格。
- 选取一行或多行。
- 选取一列或多列。
- 选取整个表格。
- 表格的格式化，用户可以使用自动套用格式和手动制作两种方法。
- 将鼠标定位到表格中，原来功能区选项卡中增加了"表格工具"选项卡，其中包括"设计"和"布局"两个子选项卡。

① 自动套用格式：用户可以使用"设计"选项卡选择合适的格式与工具进行自动套用格式的操作。

② 手动制作：用户可以使用"布局"选项卡上的工具对表格和单元格的属性进行设置。

- 设置单元格的大小。
- 平均分布行和列。
- 拆分单元格。
- 插入行列。

表格中文字的插入、修改、删除等操作与表格外文字的操作相似。

（2）表格的边框和底纹设置

Word 2010 可以为整个表格或表格中的某个单元格添加边框或填充底纹，提供了两种不同的设置方法。

① 使用"设计"选项卡设置。

② 使用"边框和底纹"对话框设置。

（3）表格的分页设置

处理大型表格时，它常常会被分割成几页来显示。可以对表格进行设置，使得表格标题能显示在每页上。具体操作过程如下。

① 选择一行或多行标题。注意选取内容必须包括表格的第一行。

② 单击"布局"选项卡上"数据"组中的"重复标题行"按钮。

◆ **知识点 10：表格和文本之间的转换**

Word 2010 中允许文本和表格进行相互转换。当用户需要将文本转换为表格时，首先应将需要进行转换的文本格式化，即把文本中的每一行用段落标记隔开，每一列用分隔符（如逗号、空格、制表符等）分开，否则系统将不能正确识别表格的行、列，从而导致不能正确地进行转换。

① 将表格转换为文本。

② 将文本转换为表格。

◆ **知识点 11：绘图及图文混排**

1. 图片的插入

Word 2010 允许以六种方式插入图片，插入来自文件中的图片、插入剪贴画、插入形状、插入 SmartArt 图形、插入图表和插入屏幕截图。使用"插入"选项卡上"插图"组中的六个功能按钮即可方便地插入图片。

（1）插入图片

用户在文档中除了插入 Word 2010 附带的剪贴画之外，还可以从磁盘等辅助外设中选择要插入的图片。

在默认情况下，在 Word 2010 文档中可以直接嵌入图片，但如果插入的图片过多，会使文档尺寸变得很大，此时用户可以通过使用链接图片的方法来减小文档尺寸。在"插入图片"对话框中，单击"插入"按钮旁边的箭头，在弹出的下拉菜单中选择"链接到文件"选项。

（2）插入屏幕截图

Word 2010 提供了使用非常方便的"屏幕截图"功能，该功能可以将任何最小化后收藏到任务栏的程序屏幕视图等插入到文档中。这也是 Word 2010 新增的功能，具体操作过程如下。

① 将光标置于要插入图片的位置，单击"插图"组中的"屏幕截图"按钮，弹出"可用视窗"窗口，其中存放了除当前屏幕外的其他最小化程序的屏幕视图。

② 若要插入程序窗口，则单击所要插入的程序的屏幕视图即可。

③ 若要插入屏幕剪辑图，则在"可用视窗"窗口中，选择"屏幕剪辑"选项，此时"可用视窗"窗口中的第一个屏幕被激活且成模糊状，鼠标形状亦改变。

④ 将光标移到需要剪辑的位置，按鼠标左键剪辑图片的大小，剪辑完毕后放开鼠标左键即可完成插入操作。

插入剪贴画、插入 SmartArt 图形、插入图表的相关操作不是太难，有些与插入图片操作类似，编者考虑到篇幅，在此不作介绍，请读者查阅其他相关书籍。

2．图文混排

图片放在文档中后，为了使图片和文档能更好地结合，往往要对图片的大小、位置和文字环绕方式等进行调整设置。要设置图片的格式，首先必须选中该图片，功能区会出现如图 4-9 所示的"格式"选项卡，里面包含了一些图像处理工具。

图 4-9　图片工具"格式"选项卡

① 设置图片或图形对象的版式。图片默认以"嵌入"方式插入文档中，不能随意移动位置，且不能在周围环绕文字。为了更好地进行排版，需要更改图片的位置以及与文字间的关系。设置图片或图形对象的版式主要有以下两种。

- 更改图片或图形对象的文字环绕类型。
- 相对于页面、文字或其他基准定位图形对象。

② 设置图片的大小。

③ 设置图片属性。

④ 修改图片的样式。

3．绘制自选图形

用户有时候需要绘制一些图形来说明要讲述的内容，比如流程图等，这样有助于更好地说明问题，Word 2010 提供了强大的绘图功能。

① 绘制自选图形。

② 编辑图形。

③ 设置图形效果。

4．其他图形对象

（1）添加公式

添加公式通过公式编辑器进行。使用公式编辑器，用户可以通过从工具栏中挑选符号并键入变量和数字来建立复杂的公式。建立公式时，"公式编辑器"会根据数学方面的排版惯例自动调整字体大小、间距和格式。

（2）插入艺术字

艺术字是以 Microsoft Office 图形对象形式创建的特殊的文字效果，为了使它更加美观，可以对其应用其他格式效果。

单击"插入"选项卡上"文本"组中的"艺术字"按钮，可以插入装饰文字，可以创建带阴影的、扭曲的、旋转的或拉伸的文字，也可以按预定义的形状创建文字。因为特殊的文字效果是图形对象，因此可以使用"格式"选项卡上的其他按钮来改变其效果。

◆ 知识点 12：页面设置及打印

1．页面设置

页面设置用于为当前文档设置页边距、纸张来源、纸张大小、页面方向和其他版式选项。

单击"页面布局"选项卡，在"页面设置"组中，单击"页边距"按钮，可以对文档的页边距进行设置，在弹出的菜单中预设了"普通""窄""适中"和"宽"四个选项，若对预设的方案不满意，可以选择"自定义页边距"命令，在弹出的"页面设置"对话框中进行设置，如图 4-10 所示。在"页面设置"窗口中，还包括了纸张、版式和文档网格等选项卡，对于文档的纸张大小、来源、方向、页眉页脚边距、奇偶页设置等多个参数进行设置。当然，也可以直接通过"页面设置"组中的相应按钮进行设置。

图 4-10 "页面设置"对话框

2．页眉和页脚

（1）设置页眉和页脚

设置页眉和页脚，只要单击"插入"选项卡上"页眉和页脚"组中的"页眉"或"页脚"按钮，就会在下拉菜单中给出几种页眉、页脚的样式供用户选择；若不满意，则可选择"编辑页眉"或"编辑页脚"菜单命令。此时无论文档视图在哪种模式下，都将自动转换到"页面视图"模式，同时功能区将出现页眉和页脚"设计"选项卡，文档中出现一个页眉、页脚编辑区。

（2）编辑、删除页眉和页脚

在文档中插入页眉或页脚后，若用户要对页眉或页脚进行编辑，可以双击页眉区域，切换到页眉、页脚编辑模式。用户不仅可以对页眉、页脚的内容进行修改，也可以对字体等进行设置，还可以对页眉和页脚水平位置与垂直位置、文本和页眉或页脚之间的距离进行修改，通过"设计"选项卡中的"位置"组即可以完成。

要删除页眉和页脚，只要单击"插入"选项卡上"页眉和页脚"组中的"页眉"或"页脚"按钮，在弹出的下拉菜单中选择"删除页眉"或"删除页脚"命令即可。

3. 分页与页码设置

（1）分页符

在编辑文档时，Word 会自动对文档分页，当一页的信息输入完后，会自动转到下一页。此时 Word 会插入一个"自动"分页符，又称分页符。分页符在普通视图中显示成一条横穿窗口的单虚线。

强行分页的操作步骤是：确定强制分页的位置，单击"页面布局"选项卡上"页面设置"组中的"分隔符"按钮 ，在弹出的菜单中选择"分页符"命令即可。

（2）页码

页码就是给文档每页所编的号码，以便于读者阅读和查找。页码一般放在页眉或页脚中，当然也可以放到文档的其他地方。

插入页码的操作过程为：单击"插入"选项卡上"页眉和页脚"组中的"页码"按钮，在弹出的下拉菜单中，根据希望页码在文档中显示的位置，进行相应的选择，并对页码的样式进行选择。用户也可以通过插入域的方式进行页码的插入。

4. 打印预览及打印

打印预览：显示的效果和打印输出的实际效果完全一致，即具有"所见即所得"的功能。在对文档进行打印之前，应当使用打印预览功能检查文档的所有页面，以便将文档调整到最佳状态再打印输出。

用户对文档预览满意后，可以开始打印。可以全文打印或者部分打印，可以自行选择打印的份数，若是多份打印，还可以对打印的顺序进行调整，打印时的方向、纸张和边距等都可以直接在这个窗口中调整。

4.1.2　典型例题精解

【例 1】文档分 2 节，第 1 节与第 2 节的页边距不同，删除分节符后（　　）。

    A. 原页边距不变　　　　　　　　　B. 全文页边距改为原第 1 节的页边距

    C. 全文页边距改为原第 2 节的页边距　D. 全文页边距改为系统默认的页边距

【分析】节是格式排版中的重要概念，是可单独设置页面格式的最小单位，即同一节内页面格式是相同的，同一文档中要包含不同的页面格式，必将不同格式放入不同节中。例如：给文字分栏，Word 自动分节；不同页面设置不同的页边距，必须先分节，再为各节设置页边距；不同页面设置不同的页眉和页脚，也必须先分节，再分别为不同节设置页眉和页脚。

普通视图下可见分节符。如果将分节符删除，上一节的页面格式将自动沿用下一节的页面格式。页边距是页面格式设置，因此选择 B。

【答案】B。

【例 2】修改某一页的页眉，则（　　）。

    A. 同一节的所有页面的页眉都被修改

B．文档的所有页面的页眉都被修改

C．只修改本页，其余页的页眉不变

D．出现错误提示，因为页眉创建后不能被修改或删除

【分析】同一节必须使用同样的页眉，所以，修改某一页的页眉，同一节的所有页页眉都被修改。一篇文档可能有很多节，修改某一页的页眉，该页所属节中的所有页面的页眉被修改，而其余节的页眉不变。当然，如果文档没有分节（默认整篇文档为一节），文档的所有页面的页眉将被修改。页眉创建后，双击页眉区，即可进行页眉的修改或删除。

【答案】A。

【例3】在 Word 中，利用（　　　）视图可快速定位文档的编辑位置。

　　　　A．普通　　　　　　B．页面　　　　　　C．大纲　　　　　　D．主控文档

【分析】大纲视图可以快速查看文档的位置，编辑文档和修改文档的结构。

【答案】C。

【例4】把插入点置于文档的某文本行中，按【Delete】键将删除（　　　　）

　　　　A．插入点所在的行　　　　　　　　B．插入点所在的段落

　　　　C．插入点左边的一个字符　　　　　D．插入点右边的一个字符

【分析】要删除一行或一个段落，应先选定该行或该段，再按【Delete】键或【Backspace】键，而按【Space】键是用空格字符替换选定的文本块，客观上起到删除选定文本块的效果；要删除插入点左边的字符应按【Backspace】键。

【答案】D。

【例5】在 Word 中，下述关于分栏操作的说法，正确的是（　　　　）。

　　　　A．可以将指定的段落分成指定宽度的两栏

　　　　B．任何视图下均可看到分栏效果

　　　　C．设置的各栏宽度和间距与页面宽度无关

　　　　D．栏与栏之间不可以设置分隔线

【分析】分栏操作必须要在页面视图下，分栏操作不仅可以对全文操作，还能够对某个段落来完成。栏宽是可以设置的，栏与栏之间可以设置分隔线。分栏也是经常用到的操作，要熟练掌握。

【答案】A。

【例6】页边距、段落缩进、首行缩进、悬挂缩进之间的关系如何？

【分析】图 4-11 表示它们之间的关系。图中所设的页面左边距 3.17 cm，右边距 3.17 cm；两个段落左缩进 4 个字符，右缩进 5.26 个字符；第一段首行缩进 4 个字符，第二段悬挂缩进 5 个字符。

【答案】页边距设置纸张四边留白空间，即文字与纸边的距离。页边距在"页面设置"时设定。

段落左边与纸边的距离=页面左边距+段落左缩进；段落右边与纸边的距离=页面右边距+段落右缩进。在段落格式化时设置段落缩进，默认段落左右缩进为 0。

段落首行与纸左边的距离=页面左边距+左缩进+首行缩进。默认首行缩进两个"五号"字距离。

段落首行外其他行与纸左边的距离=页面左边距+左缩进+悬挂缩进。默认悬挂缩进为 0。

【例7】当在 Word 2010 中插入自选图形和文本框时，会出现一个矩形虚框，内写"在此创建图形"，该功能有何作用？

【答案】在 Word 2010 中创建自选图形和文本框时，出现的矩形虚框称为"画布"。"画布"是

一个图形区域，可在该区域上绘制多个图形和文本框。包含在"画布"内多个图形和文本框可作为一个整体移动和调整大小，这就是"画布"的作用。"画布"的功能并不总是需要，如果只是绘制单个图形，使用"画布"反而会感到不方便，可以取消 Word 2010 自动创建画布的功能。

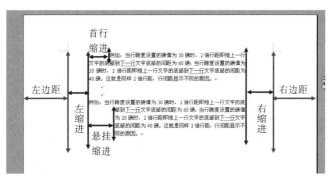

图 4-11　页边距与缩进示例

4.1.3　实验操作题

实验一　Word 2010 格式编辑与排版

实验目的与要求

① 熟悉 Word 2010 窗口界面。

② 掌握对 Word 文档新建、输入文字、保存、关闭、打开等基本操作。

③ 掌握在 Word 文档中进行查找、替换、复制等编辑操作。

④ 熟练掌握 Word 文档中字体、段落、页面布局的设置。

实验内容

（1）新建 Word 文档，认识 Word 2010 窗口。

选择"开始"→"所有程序"→"Microsoft Office"→"Microsoft Word 2010"命令打开 Word 2010，标题栏中显示的默认文件名为"文档1"，通过"文档1"窗口认识 Word 2010 界面，如图 4-12 所示。

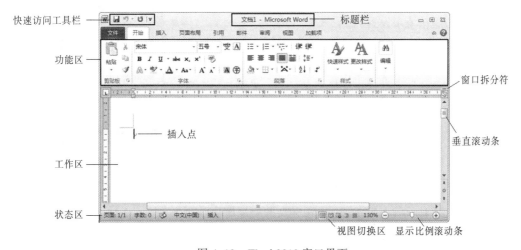

图 4-12　Word 2010 窗口界面

（2）在新建的"文档1"工作区的"插入点"输入以下8段文字（第1段为标题）。

负重才不会被打翻

一艘货轮卸货后返航，在浩渺的大海上，突然遭遇巨大风暴，老船长果断下令："打开所有货舱，立刻往里面灌水。"

水手们担忧："往船里灌水是险上加险，这不是自找死路吗？"

船长镇定地说："大家见过根深干粗的树被暴风刮倒过吗？被刮倒的是没有根基的小树。"

水手们半信半疑地照着做了。虽然暴风巨浪依旧那么猛烈，但随着货舱里的水位越来越高，货轮渐渐地平稳了。

船长告诉那些松了一口气的水手："一只空木桶，是很容易被风打翻的，如果装满水负重了，风是吹不倒的。船在负重的时候，是最安全的；空船时，才是最危险的时候。"

人何尝不是呢？那些胸怀大志的人，沉重的责任感时刻压在心头，砥砺着人生的坚稳脚步，从岁月和历史的风雨中坚定地走了出来。而那些得过且过的空耗时光的人，像一个没有盛水的空水桶，往往一场人生的风雨便把他们彻底地打翻了。

给我们自己加满"水"，使我们负重，这样才不会被打翻。

（3）保存文档到"我的文档"，文档命名为"负重才不会被打翻"，保存后关闭文档。

① 单击快速访问工具栏中的"保存"按钮 💾，在弹出的"文件另存为"对话框中，"保存位置"选择"我的文档"，"文件名"输入"负重才不会被打翻"。

② 单击"确定"按钮，文档保存。

③ 再单击文档"关闭"按钮，关闭文档"负重才不会被打翻"。

（4）打开"负重才不会被打翻"文档，将最后两段合并成一段。

删除倒数第二段后的回车符。

（5）设置整篇文档字体。要求标题文字"负重才不会被打翻"字体设置为：宋体、四号、加粗、深蓝色、字间距加宽2磅。正文文字字体设置：宋体、小四号、颜色为自定义的RGB颜色（红色27、绿色10、蓝色152）。

① 先选择标题文字，单击"开始"→"字体"组右下角 ⌐ 按钮，弹出"字体"对话框，在该对话框中的"字体"选项卡和"高级"选项卡相应位置按要求设置。

② 再选择正文所有文字，直接在"开始"→"字体"组的功能命令中设置字体、字号，颜色 **A** ▾ 下拉列表中选择"其他颜色"命令，在弹出的"颜色"对话框中选择"自定义"选项卡，按要求设置自定义字体色，如图4-13所示。

（6）查找文档中所有的"水"字，并将"水"字字体改为"隶书""浅蓝色""加着重号"格式。

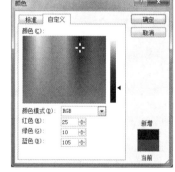

图4-13　自定义字体颜色

查找方法一：从文档中选择一个"水"字，单击"开始"选项卡中"编辑"组的"查找"命令，文档中所有"水"字用黄色底纹标出。

查找方法二：选择"视图"选项卡"显示"组"导航窗格"命令，在文档窗口左侧显示"导航"窗格，在"搜索文档"文本框中输入"水"后，单击"查找"命令。

　　替换"水"字字体格式的方法：单击"开始"→"编辑"→"替换"命令，在弹出的"查找与替换"对话框中，"查找内容"文本框输入"水"，"替换为"文本框输入"水"，并单击"更多"按钮，在展开的"更多"选项中单击"格式"按钮（应注意，此时光标在"替换为"文本框中），选择"字体"命令进行设置，如图 4-14 所示。

图 4-14　替换字体

　　（7）设置文档段落格式。标题段距正文 16 磅、居中对齐、行距为 3 倍行距、无特殊格式。正文所有段落首行缩进 2 字符、段后 0.5 行、行距最小为 25 磅。

　　① 先选择标题段文字，单击"开始"→"段落"组中 按钮，在弹出的"段落"对话框中进行如图 4-15 所示的设置。

　　② 再选择正文所有段落，单击"开始"→"段落"组中 按钮，在弹出的"段落"对话框中进行如图 4-16 所示的设置。

图 4-15　标题段段落设置

图 4-16　正文各段段落设置

　　（8）为标题段文字添加浅蓝色双细线边框。

　　选择标题段文字，单击"开始"→"段落"组中 的下拉三角，在弹出的菜单中选择最后一个"边框和底纹"命令，在弹出的"边框和底纹"对话框的"边框"选项卡中做如图 4-17 所示的设置。

图 4-17　设置文字的边框

━━ 注 意 ━━━━━━━━━━━━━━━━━━━━━━━━━━━━━━━━━━━━━━

　　若要设置标题段的边框，则在图 4-17 所示的对话框"应用于"选框中应选择"段落"。若要设置文字或段落的底纹色，则在图 4-17 中"底纹"选项卡进行设置。若要取消边框或底纹设置，则选定已经设置了边框和底纹的文字，打开"边框和底纹"对话框，选择"边框"选项卡中"设置"栏的"无"选项命令；底纹色的取消则选择"底纹"选项卡中的"无颜色"命令。

（9）将正文最后一段分成两栏，要求有分隔线，栏宽 18.76 字符，并设置最后一段首字下沉 2 行。

① 选择正文最后一段，选择"页面布局"→"页面设置"组中"分栏"下拉列表中的"更多分栏"命令，打开"分栏"对话框，做如图 4-18 所示的设置。

② 光标定位于已经分栏的段落，选择"插入"→"文本"组中"首字下沉"下拉列表中的"首字下沉选项"命令，弹出"首字下沉"对话框，做如图 4-19 所示的设置。

（10）对文档进行页面设置。要求添加一种艺术型页面边框；页眉中输入"小故事大智慧"，文字居中对齐，添加一条下边框；页脚处插入页码，右对齐显示；页面纸张为 A4，上、下、左、右页边距分别为 3 cm、3 cm、3.17 cm、3.17 cm。

① 选择"页面布局"→"页面背景"组"页面边框"命令，在弹出的"边框和底纹"对话框"页面边框"选项卡中选择一种"艺术型"边框，宽度为"12 磅"，应用于整篇文档。

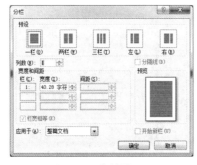

图 4-18　分栏设置

图 4-19　首字下沉设置

② 单击"插入"→"页眉和页脚"组中"页眉"下拉三角，选择"空白"页眉，输入文字"小故事大智慧"，选中所输入的文字段，单击"开始"→"段落"组中"边框和底纹"下拉按钮，

设置"下边框"。再单击"页眉和页脚工具"→"设计"选项卡的"页眉和页脚"组"页码"下拉三角，选择"页面底端"命令的"普通数字 3"选项，设置右对齐页码。设置完成后，单击"页眉和页脚工具-设计"选项卡中的"关闭"按钮。

③ 单击"页面布局"→"页面设置"组"页边距"下拉三角，选择"自定义边距"命令，在弹出的"页面设置"对话框的"页边距"选项卡中设置边距。

④ 最后的整体效果如图 4-20 所示。

（11）添加项目符号。为正文四段内容添加自定义的项目符号☺，符号代码为 74。

选择需要添加项目符号的四段文字，单击"开始"→"段落"组中的☰▾下拉三角，选择"定义新项目符号"命令，在弹出的"定义新项目符号"对话框中单击"符号"按钮，在弹出的"符号"对话框中，"字体"下拉列表中选择"Windings"，单击☺符号，再单击"确定"按钮，效果如图 4-21 所示。

图 4-20　文档格式设置效果

图 4-21　添加项目符号

实验任务

1. 从百度中搜索文字"老狼之死-寓言故事"，复制寓言故事的内容到新建的 Word 文档中，并删除多余的空行，在所有复制的文字前输入一段文字"老狼之死-寓言故事"作为文章的标题，保存文件，文件命名为"实验 5 任务"。

2. 对保存的文档做如下格式设置，其最终效果如图 4-22 所示。

（1）标题段居中，标题段文字字体为幼圆、二号、黄色底纹、三维边框，边框线为双细线、深红色、1.5 磅。

（2）设置正文字号为 15 磅，字体颜色为茶色-深色 50%。

（3）将整篇文档字符间距设置为加宽 0.5 磅。

（4）设置标题与正文间距离为 15 磅；正文各段落，段后间距 0.25 行，且各段落左右各缩进 1 cm，并设置各段首行缩进 2 字符，行距为 1.25 倍行距。

（5）设置整篇文档的页面边框为方框，框线为蓝色。页面上下左右边距分别为 2.5 cm、2.5 cm、1 cm、1 cm，页面垂直对齐方式为两端对齐。纸张大小自定义，高度为 22 cm、宽度为 30 cm。

（6）将最后一段分成两栏，加分隔线，栏宽 18.5 字符，间距 2.55 字符，并设置该段首字下沉

2 行、隶书、距正文 0.2 cm。

（7）设置整篇文档的背景色为"羊皮纸"纹理。页眉输入"小故事大道理"，并居中显示，在页面底端（页脚）插入页码，起始页码为 Ⅱ，右对齐显示。

（8）将正文第二段文字"大家都认为这是一个好主意"添加红色双波浪下画线。

（9）将正文（标题除外）中"老狼"的字体格式更改为加粗、小三号、颜色自定义 RGB 模式，红色 10、绿色 22、蓝色 148。

（10）为标题段文字插入脚注，脚注内容为"团队合作需要信任"，并将其字体设置为小五号宋体。

图 4-22　实验任务结果图

实验二　Word 2010 图文混排

实验目的与要求

① 掌握 Word 中图片、剪贴画、形状、文本框、艺术字等非纯文本对象的插入方法。

② 掌握图片、文本框等图形的格式设置。

③ 学会利用 Word 提供的形状设计图形。

④ 学会排版图形与文字共存的文档。

实验内容

1. 图片插入与格式设置

单击 Word"插入"选项卡，在插入功能区中可插入表格、插图、文本、符号等特殊格式的对象。其中"图片"是来自本机中存储的文件。

如图 4-23 所示，设计一张运动会宣传报。其操作过程如下。

（1）从网上（如百度图片）搜索与体育赛事相关的图片保存到本地磁盘中（一般保存在"图片收藏"中），本例中选用的图片保存在"我的文档\图片收藏\运动会"文件夹中，如图 4-24 所示。

（2）创建 Word 文档，并将"页面布局"的"纸张方向"改为"横向"，上下左右边距分别设置为 0.1 cm。

图 4-23　运动会宣传广告

（3）打开如图 4-24 所示的文件夹，复制前 10 张图片，粘贴到新建的 Word 文档中。或者在新建的空白文档中，单击"插入"选项卡中"插图"组的"图片"命令，在弹出的"插入图片"对话框中找到图片所在位置，并按住【Ctrl】键或者【Shift】键选择前 10 张图片，单击对话框中的"插入"按钮。

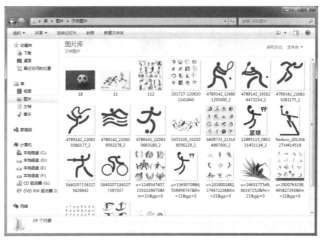

图 4-24　下载图片并给图片命名

（4）对各张图片进行一定的格式设置。选择一张图片，菜单选项卡自动切换到"图片工具-格式"选项卡，单击"调整"组中"颜色"下拉三角，选择"设置透明色"命令将图片中白色填充处变成透明，再选择"大小"组中的裁剪工具，将图片多余的地方隐藏。再单击"排列"组中"自动换行"下拉三角，选择"紧密型环绕"或"浮于文字上方"命令，所有 10 张图片均需要设置"排列方式"。

（5）插入背景图片，即图 4-24 中的"11.jpg"，其"排列"组中"自动换行"命令选择"衬于文字下方"，若该图仍在其他图片上方，则右击该图片，在弹出的快捷菜单命令中选择"叠放次序"→"置于底层"命令调整放大图片使其布满整个页面，并将该图片左下角的红色设置成透明色。还可右击图片，在快捷菜单中选择"设置图片格式"命令，弹出如图 4-25 所示的对话框，设置图片的填充色、线条色、艺术效果等。此时，图片格式设置完成。

图 4-25　设置图片格式

2．艺术字插入与格式设置

如图 4-23 的运动会宣传报，其中的文字即为艺术字效果，要求与整个文档不过分冲突即可。艺术字可理解为"文字型图片"。单击"插入"→"文本"组中"艺术字"按钮，选择一种艺术字样式，此时，自动切换到"图片工具-格式"选项卡，如图 4-26 所示。在艺术字占位符中输入文字，然后选择艺术字的边框后，对文字进行调整。艺术字默认位置为"浮于文字上方"，符合设计要求，单击"艺术字样式"组中"文本效果"下拉三角，选择最后一个"转换"命令，可改变文本的弯曲度，单击"形状样式"组中命令可改变艺术字作为图片的整体效果。

图 4-26　"艺术字样式"组

3．插入剪贴画

剪贴画是 Office 安装过程中自带的图片，单击"插入"→"插图"组中"剪贴画"按钮，窗口右边会自动出现"剪贴画"窗格，在窗格"搜索文字"文本框中输入主题文字，单击"搜索"按钮，在列出的与搜索文字相关的剪贴画中单击任意选中的图画，则选中的剪贴画自动插入到文档中，如图 4-27 所示。

4．插入形状、设计图形

若插入单一的形状，则单击"插入"选项卡中"形状"下拉三角中的图形后，在文档任意位置拖动鼠标，即可画出所选中的形状，且该形状的默认位置是"浮于文字上方"，此时，自动切换到"绘图工具-格式"选项卡，以便设置形状的格式。

若是使用 Word 提供的各种形状绘制新的图形，则最好在画布上绘制形状。如画一支红烛，如图 4-28 所示。操作方法如下。

图 4-27　搜索剪贴画

图 4-28　绘制形状

（1）单击"插入"→"插图"组中"形状"下拉三角，选择最后一个"新建绘图画布"命令，此时菜单选项卡跳转到"绘图工具-格式"选项卡。

（2）单击"插入形状"组中选择"流程图：磁盘"（圆柱形），在画布中拖放出适当大小，并填充"红色"，三个形状的"形状轮廓"设置成"无"。

（3）选择形状"曲线"，在画布中画出火焰形状的闭合图，按下【Esc】键退出曲线绘制，设置其"形状填充"为自定义的渐变填充效果，三个形状的"形状轮廓"设置成"无"。

（4）再选择"矩形"图在画布中绘制出"引芯"，设置其"形状效果"为"柔化边缘"，三个形状的"形状轮廓"设置成"无"。

（5）同时选中三个设置好的形状，右击已经选择的图形，在弹出的快捷菜单中选择"组合"命令。

5．文本框

单击"插入"→"文本"组中"文本框"下拉三角，可使用内置的文本框在文档中输入文字，这些内置的文本框样式设定了默认的位置。

也可在"文本框"下拉三角选择"绘制文本框"或"绘制竖排文本框"，在文档任意位置绘制文字，且绘制的文本框默认位置是"浮于文字上方"。

6．插入公式

单击"插入"→"符号"组中"公式"下拉三角，即可选择内置的几种数学公式，若欲插入的公式非内置公式可以设计，则单击"插入新公式"命令，选项卡自动切换到"公式工具-设计"选项卡，如图 4-29 所示，单击"公式"下拉三角，在展开的列表中可选择需要的公式插入到公式编辑框内，如图 4-30 所示。

图 4-29　"公式工具-设计"选项卡

$$f(x) = a_0 + \sum_{n=1}^{\infty} \left(a_n \cos \frac{n\pi x}{L} + b_n \sin \frac{n\pi x}{L} \right)$$

图 4-30   公式编辑框

实验任务

1. 新建一个 Word 文档，输入文字"流程图"，在第二行上新建画布，在画布中绘制如图 4-31 所示的程序流程图，所有图形必须组合。

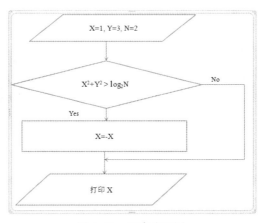

图 4-31   程序流程图

2. 请设计一份宣传报，宣传报内容可以是名人、名师的作品宣传、某课程宣传、优秀团队宣传等，或一切你认为值得宣传的内容。要求有正常文本、图片、艺术字等，做到图文混排效果自然。

实验三   Word 文档的图表混排与邮件合并技术

实验目的与要求

① 掌握 Word 中建立表格的几种方法。

② 掌握 Word 表格的设计与布局操作。

③ 掌握 Word 表格中数据的处理方法。

④ 掌握 Word 中的邮件合并技术。

实验内容

1. 创建规则表格

方法一：使用"插入表格"按钮快速插入表格。

单击"插入"→"表格"下拉三角，在弹出的表格规格选取框中按住鼠标左键移动指针，确定表格的行、列数后释放鼠标左键，如图 4-32 所示。

方法二：使用表格菜单插入表格。

选择"插入"→"表格"→"插入表格"命令，弹出如图 4-33 所示的"插入表格"对话框，选择所需的行数与列数，单击"确定"按钮。

方法三：使用"绘图笔"绘制表格。

选择"插入"→"表格"→"绘制表格"命令，打开如图 4-34 所示的"表格工具"选项卡，单击"绘制表格"按钮 ，鼠标指针变成"绘图笔"形状，利用"绘图笔"绘制表格。

图 4-32　快速插入表格　图 4-33　"插入表格"对话框　　　图 4-34　"表格工具"选项卡

例如：在 Word 文档中插入一个如表 4-1 所示的 4 行 5 列的表格。

表 4-1　样表一

操作步骤如下：

选择"插入"→"表格"→"插入表格"命令，弹出如图 4-33 所示的"插入表格"对话框，选择所需的列数为"5"，行数为"4"，然后单击"确定"按钮。

2．单元格、行、列或表格的选定

方法一：使用鼠标拖动。

在表格中按下左键拖动可选取多行、多列或整个表格。

方法二：使用选定区选择。

（1）选定单元格

将光标移至单元格的左边，当出现斜向上的黑色箭头时单击可选中单元格。

（2）选定行

将指针移至一行的最左边，出现斜向上的空心箭头时单击可选中一行，再按住左键向上或向下拖动可选择多行。若要选定不连续的多行，则在按下【Ctrl】键的同时单击各行。

（3）选定列

将指针移至一列的顶端边线，出现向下的黑色箭头时单击可选中一列，再按住左键不放向左或右拖动可选择多列。若要选定不连续的多列，则在按下【Ctrl】键的同时单击各列。

（4）选定整个表格

将鼠标指针移至表格区域，此时表格左上角出现"全选"按钮 ，单击"全选"按钮可选中整个表格。

此外，将光标定位于某个单元格中，再选择"表格工具–布局"→"选择"命令，在"选择"子菜单中作出选择，如图 4-35 所示。

图 4-35　"选择"子菜单

3．合并、拆分单元格

例如：将"样表一"中的第一列前三行的单元格合并成一个单元格。

操作方法为：选定第一列前三行的单元格区域，选择"表格工具–布局"→"合并单元格"命令，得到如表 4-2 所示的表格。

表 4-2　样表二

例如：将"样表二"中经过合并的单元格拆分成"一行两列"的单元格。

操作步骤如下：将光标定位于需要拆分的单元格，选择"表格工具–布局"→"拆分单元格"命令，弹出如图 4-36 所示的"拆分单元格"对话框，选择列数为"2"、行数为"1"，单击"确定"按钮。

图 4-36　"拆分单元格"对话框

拆分后的表格如表 4-3 所示。

表 4-3　样表三

4．调整表格行、列的高度与宽度

（1）用鼠标拖动表格线调整

将光标移至行或列的表格线处，当指针变成双箭头时，按住左键拖动鼠标可改变行高和列宽。

（2）使用"自动调整"菜单进行调整

选择"表格工具–布局"→"自动调整"命令，在如图 4-37 所示的"自动调整"子菜单下选择"根据内容自动调整表格""根据窗口自动调整表格"或"固定列宽"命令，可对行高、列宽作相应调整。

5．创建不规则表格

方法一：直接利用"绘图笔"绘制出各种形状的表格。

方法二：先创建一个规则的表格，再利用"表格工具"对话框中的"绘制表格"按钮和"擦除"按钮添加、删除表格线条，或对表格单元格进行"合并""拆分"处理，将规则的表格修改为不规则的表格。

例如：创建如表 4-4 所示的表格。

图 4-37　"自动调整"子菜单

表 4-4　样表四

个人简历						照片
姓名		性别		年龄		
通信地址						
学习经历						

操作步骤如下：

（1）创建一个 7 列 4 行的规则表格

按照创建规则表格的方法创建。

（2）合并单元格

选定第一行前 6 列的单元格区域，再选择"表格工具–布局"→"合并单元格"命令。以同样的方法合并第 3 行第 2 至 6 列的单元格，以及合并第 7 列前 3 行的单元格。

（3）调整第 4 行的宽度

将鼠标指针移至最后一行表格线上，指针变成上下方向的双箭头时，按下鼠标左键向下拖动至合适的位置松手。

（4）在单元格中输入文字

6．绘制斜线表头

例如：在表 4-2 中绘制如表 4-5 所示的斜线表头。

表 4-5　样表五

列标　行标				

操作步骤如下：

① 将光标定位于表格左上角的第一个单元格，再在"表格工具-设计"→"边框"下拉菜单中，选择"斜下框线"命令，即可添加斜线，如图 4-38 所示。

② 插入两个文本框并添加文字，将文本框的"线条颜色"设置成"无线条"，放在合适的位置并组合。

7．格式化表格

（1）表格对齐方式

将光标定位于表格中，单击"表格工具–布局"→"表"→"属性"按钮，弹出如图 4-39 所示的"表格属性"对话框，在"表格"选项卡下，可选择表格在文档中的对齐方式，也可选择表格与表格外文字的环绕方式。

图 4-38　"边框"下拉列表　　图 4-39　"表格属性"对话框的"表格"选项卡

（2）表格行列设置

在"表格属性"对话框的"行""列"选项卡下，可以对表格的行高、列宽等作精确的调整。

（3）表格单元格设置

在"表格属性"对话框的"单元格"选项卡下，可选择单元格中文字的对齐方式，如图 4-40 所示，也可以选择单元格中的文字，右击在弹出的快捷菜单中选择"单元格对齐方式"命令，在子菜单中选择一种合适的对齐方式。

（4）给单元格加边框和底纹

单击"表格属性"对话框中的"边框和底纹"按钮，弹出"边框和底纹"对话框，可为选定的单元格添加边框和底纹。

例如：将表 4-1 的外框线改为 1.5 磅的双细线，第一行下框线改为 1.5 磅单实线，如表 4-6 所示。

图 4-40　"表格属性"对话框的"单元格"选项卡

表 4-6　样表六

操作步骤如下：

① 选中整张表格，单击"表格工具-设计"→"绘图边框"→"笔样式"下拉三角，选择"双细线"，"笔画粗细"下拉三角选择"1.5 磅"，再单击"表格工具-设计"→"表格样式"的 边框▾ 下拉三角，选择"外侧框线"。

② 选择表的第一行，单击"表格工具-设计"→"绘图边框"→"笔样式"下拉三角，选择"单细线"，"笔画粗细"下拉三角选择"1.5 磅"，再单击"表格工具-设计"→"表格样式"的 边框▾ 下拉三角，选择"下框线"。

8. 插入行、列或单元格

将光标定位于单元格，在"表格工具–布局"→"行和列"组中，选择一种插入方式，如图 4-41 所示。

9. 删除行、列、单元格或表格

将光标定位于单元格，单击"表格工具–布局"→"行和列"→"删除"按钮，在如图 4-42 所示的"删除"子菜单中选择要删除的项目即可。

图 4-41　插入方式

图 4-42　"删除"子菜单

10. 表格中的数值计算和数据排序

创建"高考成绩表"，要求各行高度 1 cm，第 5 列宽度 2.68 cm，其他列宽度 2 cm，表格居中，表格内所有文字水平方向居中，垂直方向居中对齐。按表 4-7 输入数据，并计算总分列的值，按总分列数据由小到大排序。

表 4-7　高考成绩表

姓名	语文	数学	外语	文（理）综合	总分
张杰	102	109	118	223	
申雪	112	143	100	240	
李金	136	98	94	216	
赵六	141	89	132	198	

操作步骤如下：

① 单击"插入"→"表格"下拉三角，选择"6×5 表格"，输入表格标题"高考成绩表"。

② 选中整张表格，在"表格工具–布局"→"单元格大小"组中，"高度"文本框中输入"1"，"宽度"文本框中输入"2"。

③ 光标定位于第 5 列，将宽度改为"2.68"cm。

④ 选中整张表格，右击，在弹出的快捷菜单中选择"单元格对齐方式"命令，并在其子菜单中选择"水平居中"命令 ▤，文字在单元格内水平和垂直方向都居中。

⑤ 将表 4-7 中内容输入到设计好的表格中。

⑥ 光标定位于第 2 行最后一格，单击"表格工具–布局"→"数据"组中公式命令 𝑓ₓ，在弹出的"公式"对话框，如

图 4-43　"公式"对话框

图 4-43 所示的"公式"文本框中输入"=SUM(LEFT)"，即对光标所在单元格左边数字求和。

── 注　意 ──

公式必须以"="开头，函数名（例如 SUM）后面带一对"（ ）"，括号内为参数（可理解为"需要计算的数据"）。

若需使用其他函数，可单击"粘贴函数"栏下拉列表来选择函数，如图 4-43 所示。常用函数及其功能如下所示。

- ABS( ) 求绝对值。
- AVERAGE( ) 求平均值。
- PRODUCT( ) 返回一组值的乘积。
- COUNT( ) 返回列表中的项目个数。
- DEFINED(x) 如果表达式 x 是合法的，则返回值为 1，如果无法计算表达式，则返回值为 0。
- INT(x) 返回数值或公式 x 中小数点左边的数值，即整数。
- MIN( ) 返回一列数中的最小值。
- MAX( ) 返回一列数中的最大值。
- MOD(x,y) 返回数值 x 被 y 除得的余数。
- ROUND(x,y) 返回数值 x 保留指定的 y 位小数后的数值，x 可以是数值或公式的结果。
- SIGN(x) 如果 x 是正数，则返回值为 1，如果 x 是负值，则返回值为 –1。
- TRUE 返回数值 1。
- FALSE 返回 0。
- OR(x,y) 如果逻辑表达式 x 和 y 中的一个为真或两个同时为真，则返回 1（真），如果表达式全部为假，则返回 0（假）。
- NOT(x) 如果逻辑表达式 x 为真，则返回 0（假），如果表达式为假，则返回 1（真）。
- AND(x,y) 如果逻辑表达式 x 和 y 同时为真，则返回值为 1，如果有一个表达式为假则返回 0。

⑦ 光标定位于第 2 行最后一格，选择"表格工具–布局"→"数据"组中的排序命令，在弹出的"排序"对话框中做如图 4-44 所示的设置。

11．邮件合并

可以通过"邮件合并"来处理的文件主要内容基本都是相同的，只是具体数据有变化。通过"邮件合并"功能可以生成多份类似的文件。

操作步骤如下：

① 在 Excel 文档中录入数据，建立"数据源.xlsx"文档。

② 按照模板制作要求，制作一份入学录取通知书模板"录取通知书.docx"，并进行格式设置。

③ 打开"录取通知书"，单击"邮件"选项卡上"开始邮件合并"组中的"选择收件人"按钮，在弹出的菜单中选择"使用现有列表"命令。

④ 在弹出的"选择数据源"窗口中选择"数据源.xlsx"并导入，在弹出的"选择表格"对话框（见图 4-45）中确定数据所在表，单击"确定"按钮。

图 4-44　"排序"对话框

图 4-45　"选择表格"对话框

⑤ 将光标定位到"同学"前面，单击"邮件"选项卡上"编写和插入域"组中的"插入合并域"按钮，在弹出的选项中选择"姓名"。

⑥ 同样操作，在"专业"前和"身份证"后的括号中插入对应的对象，完成后效果图如图 4-46 所示。

⑦ 单击"完成"组中的"完成并合并"按钮，在弹出的菜单中选择"编辑单个文档"命令，在"合并到新文档"窗口中选择"全部"并单击"确定"按钮完成，效果如图 4-47 所示。

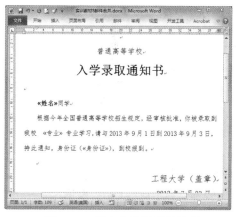

图 4-46　插入合并域后的效果

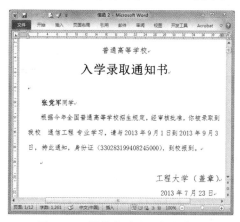

图 4-47　最终的录取通知书效果

实验任务

1. 新建 Word 文档，命名为"销售清单.docx"，页面布局为"横向"，绘制表格如图 4-48 所示，要求如下。

（1）标题：蓝色，楷体，二号，加粗，居中。

（2）表格布局格式：

① 表格居中。

② 表格文字格式：水平居中，垂直居中，宋体，黑色，五号。

③ 标题行行高 2 cm，其他行行高 1 cm。

④ 标题列列宽 5 cm，其他列列宽 3 cm。

（3）行标题和列标题格式：

① 字体：蓝色，楷体，小三，加粗，居中。

② 标题行设置 15%白色底纹。

（4）总计行：为每季度的销量总计，用函数计算，计算结果保留整数。

（5）平均列：为每类图书的季度平均销量，用函数计算，计算结果保留一位小数。

（6）总计行和平均列的字体颜色设置为深红色。

（7）表格外边框：三线式、3 磅、蓝色，内部线条：单线、1 磅、黑色。

（8）表头：

① 字体：宋体，小三，加粗，黑色。

② 斜线：3 磅、蓝色、单线线型。

（9）制表人及日期格式设置：宋体，小四，右对齐。

表格标题：天宝公司图书销售清单（2010年）

季度 类别	一季度 （元）	二季度 （元）	三季度 （元）	四季度 （元）	各季度平 均（元）
教材类	123	346	928	349	436.5
文学类	354	357	942	127	445.0
儿童文学类	532	890	466	833	680.3
经济类	645	541	765	611	640.5
艺术类	231	378	242	341	298.0
等级考试类	867	888	764	985	876.0
总计	2752	3400	4107	3246	13505

制表人：×××
日期：2010.12.31

图 4-48　任务 1 效果图

2．新建一个 Word 文档，命名为"任务 2"，复制"销售清单.docx"文档中的表格，并进行如下操作，完成后的整体效果如图 4-49 所示。

（1）"页边距"改为"窄（上、下、左、右边距分别为 1.27 cm）"。

（2）删除表格最后一行（总计行），将表格所有框线都改为单线、1 磅、黑色。

（3）让表格大小根据内容自动调整。

（4）清单中内容按各季度平均销售额降序排列。

（5）设置默认单元格边距的上、下、左、右边距分别为：0.1 cm、0.1 cm、0.19 cm、0.19 cm。

表格标题：天宝公司图书销售清单（2010年）

季度 类别	一季度 （元）	二季度 （元）	三季度 （元）	四季度 （元）	各季度平均（元）
等级考试类	867	888	764	985	876.0
儿童文学类	532	890	466	833	680.3
经济类	645	541	765	611	640.5
文学类	354	357	942	127	445.0
教材类	123	346	928	349	436.5
艺术类	231	378	242	341	298.0

制表人：×××
日期：2010.12.31

图 4-49　任务 2 效果图

习　　题

选择题

1．打开 Word 2010 文档一般是指（　　　）。

　　A．显示并打印出指定文档的内容

　　B．把文档的内容从内存中读入，并显示出来

　　C．把文档的内容从磁盘调入内存，并显示出来

　　D．为指定文档开设一个新的、空的文档窗口

2. Word 与 Windows 的"写字板""记事本"软件相比，叙述正确的是（　　　）。

    A. 它们都是文字处理软件，其中 Word 功能最强

    B. Word 创建的 DOC 文档，"记事本"也可以看

    C. 用"写字板"可以浏览 Word 创建的任何内容

    D. 用"写字板"创建的 DOC 文档，"记事本"也可以处理

3. 在编辑 Word 文档时，为便于排版，输入文字时应（　　　）。

    A. 每行结束键入【Enter】　　　　　　　　B. 整篇文档结束键入【Enter】

    C. 每段结束键入【Enter】　　　　　　　　D. 每句结束键入【Enter】

4. 在 Word 文档中，要把多处相同的错误一起更正，正确的方法是（　　　）。

    A. 使用"撤销"和"恢复"命令　　　　　B. 使用"编辑"菜单中的"替换"命令

    C. 使用"编辑"菜单中的"定位"命令　　D. 使用"编辑"菜单中的"查找"命令

5. 在 Word 文档中，段落缩进后文本相对打印纸边界的距离等于（　　　）。

    A. 页边距　　　　　　　　　　　　　　　B. 页边距+段落缩进距离

    C. 段落缩进距离　　　　　　　　　　　　D. 由打印机控制

6. 如果一篇 Word 文档内有 3 种不同的页边距，则该文档至少有（　　　）。

    A. 3 页　　　　　　　B. 3 节　　　　　　　C. 3 栏　　　　　　　D. 3 段

7. 有关页眉和页脚的叙述（　　　）是正确的。

    A. 页眉与纸张上边的距离不可改变

    B. 修改某页的页眉，则同一节所有页的页眉都被修改

    C. 不能删除已编辑的页眉和页脚中的文字

    D. 页眉和页脚具有固定的字符和段落格式，用户不能改变

8. 关于分栏的叙述，正确的是（　　　）。

    A. 页面最多可分为 4 栏　　　　　　　　　B. 各栏的宽度必须相同

    C. 各栏之间的距离是固定的　　　　　　　D. 不同的段落可以有不同的分栏数

9. 在 Word 中，设置（　　　）选项后，可在保存文档时，既保存修改后的新文档，又保存修改前的旧文档。

    A. 快速保存　　　　　B. 自动保存　　　　　C. 备份保存　　　　　D. 后台保存

10. 在 Word 中，关于文本框的叙述，（　　　）是错误的。

    A. 利用文本框可以使文档中部分文字竖排

    B. 文本框中既能放文字，也能放图片

    C. 通过文本框，可以用处理图片的方法处理文字

    D. 文本框中文字的大小会随文本框大小的变化而变化

11. 关于 Word 视图的叙述，（　　　）是错误的。

    A. 文档中原有图形，但再次打开文档时图形不见了，可能是采用了普通视图

    B. 在页面视图中所见即打印所得

    C. 大纲视图中可以查看文档的标题，但不能查看文档的正文

    D. 全屏显示无法使用菜单和工具栏按钮

12. 如果文档已经设置过页眉和页脚，只有在（　　）方式才能显示出来。

　　A. 普通视图　　　　　B. 页面视图　　　　　C. 大纲视图　　　　　D. 全屏显示

13. 在表格操作中，如果输入的内容超过了单元格的宽度，其结果是（　　）。

　　A. 超过宽度的文字将被放入下一个单元格

　　B. 超过宽度的文字无法输入

　　C. 单元格自动加宽，以保证文字的输入

　　D. 单元格自动加高并自动换行，以保证文字的输入

14. 在文档编辑过程中，如果出现了误操作，最佳的补救方法是（　　）。

　　A. 单击工具栏的"撤销"按钮

　　B. 按键盘的【Delete】键

　　C. 放弃存盘并关闭文档，然后再打开文档

　　D. 单击工具栏的"恢复"按钮

15. 在文档的编辑过程中，当选定一个句子后，继续输入文字，输入的文字（　　）。

　　A. 插入到选定的句子之前　　　　　B. 插入到选定的句子之后

　　C. 插入到插入点之后　　　　　　　D. 代替选定的句子

16. 若要对文档中的图片或表格进行处理，应选择（　　）视图。

　　A. 普通视图　　　B. 全屏显示视图　　　C. 页面视图　　　D. 打印预览视图

4.2　电子表格处理软件 Excel 2010

4.2.1　本节要点

◆ 知识点 1：认识 Excel 2010 工作界面

1. Excel 2010 的启动与退出

Excel 2010 的启动与退出与 Word 2010 的启动与退出完全相似，在此不再赘述。

2. Excel 2010 窗口组成

启动 Excel 2010 后，将出现如图 4-50 所示的窗口，整体界面与 Word 2010 有点类似，界面主要包含以下组成部分：标题栏、选项卡、快速访问工具栏、控制和功能区域、名称框和编辑栏、工作表编辑区域及状态栏。其中标题栏、选项卡、快速访问工具栏、控制和功能区域的使用方法与 Word 2010 相似，在此不再赘述。其他部件的功能介绍如下。

（1）名称框和编辑栏

名称框和编辑栏如图 4-50 所示，主要用于显示和编辑活动单元格中的数据或公式。它由两部分组成：名称框和编辑栏。

① 名称框：用于显示当前活动单元格的地址或名称。在该框中输入新单元格地址可快速定位单元格。

② 编辑栏：可用于输入、显示并修改当前活动单元格中的数据和公式。

（2）工作表编辑区域

它是 Excel 操作的主要工作区域，在此区域内的单元格中可对数据进行输入、编辑、计算等

操作。该区域包括"全选"按钮、行标、列标、单元格、工作表标签，其中工作表标签用于显示工作表名称及当前工作表在工作簿中的位置。

（3）状态栏区域

状态栏区域主要包括状态标识、视图切换按钮和显示比例。

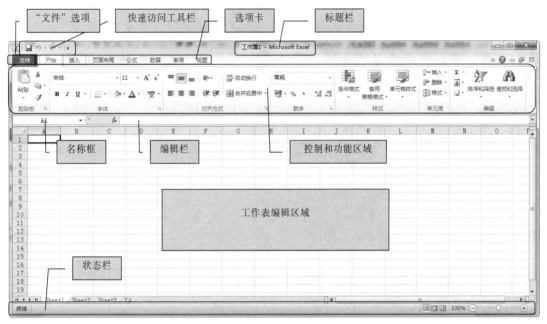

图 4-50　Excel 2010 应用程序窗口

◆ **知识点 2：工作簿、工作表和单元格**

1. 工作簿

工作簿是 Excel 环境中用来存储并处理数据的文件（其扩展名为.xlsx），是 Excel 储存数据的基本单位。一个工作簿最多可以有 255 个工作表，可以将相同的数据存在一个工作簿中的不同工作表中。

打开一个工作簿文件后，通过鼠标或键盘操作可以在各个工作表之间进行切换，因而可在一个文件中管理各种类型的相关信息。一个工作簿刚打开时，系统默认由 3 个工作表构成，且分别以 Sheet1，Sheet2，Sheet3 为工作表命名。在工作簿中可自行增加、删除工作表，最多可包含 255 个工作表，还可以用"重命名"的方法，改变系统默认工作表的标签名。在启动 Excel 2010 后，系统将自动创建一个新的工作簿。

2. 工作表

① 工作表是一张二维电子表格，是组成工作簿的基本单元，可以输入数据、公式，编辑格式，每一张工作表最大可有 1 048 576 行，16 384 列。工作表由单元格组成，单元格是由行和列构成的矩形块。用来存储字符、数字、日期、公式等信息。在使用工作表时，当前正在对其进行操作的工作表称为活动工作表。

② 工作表的选择：打开工作表所在的工作簿。在工作簿底端的工作表标签栏中，单击要选择的工作表标签，即可将其选中；如果所要选择的多个工作表是连续的或间隔的，则同 Word 选

取文本方法一样。在工作簿底部任意一个工作表标签上右击，在弹出的快捷菜单中选择"选定全部工作表"选项，即可将工作簿中所有表选中。

3．单元格

单元格是组成工作表的最小单位。工作表中每一个行列交叉处即为一个单元格。在单元格内可以输入并保存由文字、字符串、数字、公式等组成的数据。每个单元格由所在列号和行号来标识，以指明单元格在工作表中所处的位置。如 A2 单元格，表示位于表中第 A 列、第 2 行。

◆ 知识点 3：Excel 2010 基础操作

1．创建工作簿

在 Excel 2010 中，用户可以通过以下三种方法来创建工作簿。

（1）使用模板

单击"文件"选项卡下的"新建"命令，在弹出的"可用模板"列表中选择"空白工作簿"选项，单击"创建"按钮即可。

（2）使用"快速访问工具栏"

在"快速访问工具栏"的下拉列表中选择"新建"命令，然后单击"快速访问工具栏"中的"新建"按钮 ，即可创建一个新的工作簿。

（3）使用组合键

使用【Ctrl+N】组合键，可以快速创建空白工作簿。

2．保存工作簿

在 Excel 2010 中，保存工作簿的方法大体可以分为手动保存和自动保存两种方法。

（1）手动保存

单击"文件"选项卡上的"保存"命令或者单击"快速访问工具栏"中的"保存"按钮 ，在弹出的"另存为"对话框中，设置文件要保存的位置与名称，选择"保存类型"下拉列表中相应的选项，单击"保存"按钮。用户也可以使用【Ctrl+S】组合键或者【F12】键，弹出"另存为"对话框，完成保存。

（2）自动保存

单击"文件"选项卡上的"选项"命令，在弹出的"Excel 选项"对话框中，选择"保存"选项卡，在右侧的"保存工作簿"选项组中进行相应的设置，单击"确定"按钮。

3．加密工作簿

为了保护工作簿中的数据而为工作簿设置密码。在"另存为"对话框中，选择"工具"下拉列表中的"常规选项"命令，在弹出的"常规选项"对话框中的"打开权限密码"与"修改权限密码"文本框中输入密码，单击"确定"按钮，在弹出的"确认密码"对话框中重新输入密码，单击"确定"按钮。

4．打开/关闭工作簿

（1）打开工作簿

用户需要编辑工作簿，首先必须打开工作簿。打开工作簿的方法主要有三种。

① 找到需要打开的工作簿，双击该工作簿的名称。

② 在"文件"选项卡上单击"最近使用文件"命令，单击最近使用过的或者打开过的工作簿。

③ 在"文件"选项卡上单击"打开"命令，在弹出的"打开"对话框中选择要打开的工作簿。

（2）关闭工作簿

工作簿使用结束以后，必须将其关闭。Excel 2010 中，关闭工作簿的方法有以下五种。

① 单击工作簿右上角的"关闭"按钮 。

② 在"文件"选项卡上单击"退出"命令。

③ 双击左上角的"Excel"图标。

④ 按【Ctrl+F4】或【Alt+F4】组合键

⑤ 右击任务栏中的工作簿图标，选择"关闭窗口"命令。

◆ **知识点 4：Excel 工作表的基本操作**

1．工作表的选定

选定是进行任何其他操作的前提，Excel 中工作表的选定方式如表 4-8 所示。

表 4-8　工作表的选定方法

选定项目	方　　法
单张工作表	用鼠标单击所需选定的工作表标签
多张相邻的工作表	先单击第一张工作表标签，按住【Shift】键后单击要选的最后一张工作表标签
多张不相邻的表	先单击第一张工作表标签，再按住【Ctrl】键后单击每张需要选定的工作表标签
所有工作表	右击任意一张工作表标签，在弹出的菜单中选择"选定全部工作表"命令

2．工作表的更名

工作表的更名主要有如下两种方法。

① 双击要更名的工作表标签，输入新的工作表名。

② 右击要更名的工作表标签，在快捷菜单中选定"重命名"命令，并输入新工作表名。

3．工作表的插入

工作簿中可以包含多张工作表，在工作簿中插入工作表的方法有以下两种。

① 单击"开始"选项卡上"单元格"组中的"插入"按钮，在弹出的下拉列表中选择"插入工作表"命令，即可在当前工作表前插入一张新的工作表。

② 在工作表标签栏，右击某一张工作表标签，在弹出的快捷菜单中选择"插入"命令，在"插入"对话框中选择"工作表"，即可完成新工作表的插入工作。

4．工作表的删除

如果一张工作表已失去存在的必要，用户可以删除工作表。工作表的删除有以下两种方法。

① 单击"开始"选项卡上"单元格"组中的"删除"按钮，在弹出的下拉列表中选择"删除工作表"命令。

② 在工作表标签栏，右击要删除的工作表标签，在弹出的快捷菜单中选择"删除"命令。

5．工作表的移动或复制

在实际使用过程中，用户经常需要对工作表进行移动、复制操作。工作表的移动或复制有如下几种方法。

① 选择要移动的工作表，直接拖动鼠标至相应位置后松开鼠标左键即可完成工作表的移动操作；若要选择复制，采用以上操作的同时必须按住【Ctrl】键。

② 在工作表标签栏，右击某一张工作表标签，在弹出的快捷菜单中选择"移动或复制工作表"命令，在"移动或复制工作表"对话框中选择移动到某个工作簿的某张工作表前，如果是复制操作必须选中"建立副本"复选框，最后单击"确定"按钮。

③ 单击"开始"选项卡上"单元格"组中的"格式"按钮，在弹出的下拉列表中选择"移动或复制工作表"命令，接下来的操作与上一种方法相同。

◆ 知识点 5：工作表中数据输入

对 Excel 的大体结构和基本操作有一定的了解之后我们开始进入真正的电子表格制作，而表格制作中最基本的是数据的输入。

1. 单元格的选定

Excel 中，选定操作是任何操作的前提条件，工作表中的基本元素是单元格，在此我们先来介绍一下单元格的选择，具体操作方法如表 4-9 所示。

表 4-9   单元格的选定方法

选定项目	方 法
一个单元格	单击要选择的单元格；或在名称框中输入单元格地址后按【Enter】键；或使用键盘上的光标移动键
矩形区域	选择矩形区域最左上角的单元格，然后沿对角线拖动鼠标；或选择矩形区域最左上角的单元格，然后按住【Shift】键再单击最右下角单元格；或在名称框中输入矩形区域的地址，按【Enter】键
多个不相邻单元格	先选择第一个单元格，然后按住【Ctrl】键并单击其他要选择的单元格
一行或一列	直接单击行号或列标
相邻的行或列	单击第一个行号或列标后，拖动鼠标至最后一行或列；或单击第一个行号或列标后，再按住【Shift】键单击最后一行号或列标
不相邻的行或列	单击第一个行号或列标后，按住【Ctrl】键再分别单击其他要选择的行号或列标

2. 工作表中数据的输入

Excel 工作表中数据的输入是指将数据输入到指定的单元格中，单元格可存储数字、文本、日期、时间、图形、公式等数据。用户可以利用 Excel 2010 中的数据有效性功能限制数据的输入。常用的输入数据类型有以下几种。

（1）数值数据及其输入

（2）文本数据及其输入

① 同一单元格中多行信息的输入。

② 数字文本的输入。

（3）日期、时间数据及其输入

（4）输入批注

◆ 知识点 6：工作表的编辑

创建完一个工作表后，用户就可以根据需要对表中的数据进行适当编辑。这里的编辑主要包括数据的修改、移动与复制，行列的插入与删除，查找与替换等。

1．数据的修改

（1）重新输入数据

（2）在单元格中编辑修改

（3）在编辑栏中编辑修改

2．数据的移动和复制

（1）同一工作表中移动或复制数据

① 移动数据。

② 复制数据。

（2）不同工作表、工作簿间移动或复制数据

（3）填充

① 填充柄填充：

- 复制单元格：选择该选项表示复制单元格中的全部内容，包括单元格数据以及格式等。
- 仅填充格式：选择该选项表示只填充单元格的格式。
- 不带格式填充：选择该选项表示只填充单元格中的数据，不复制单元格的格式。

② "填充"命令：在 Excel 2010 中用户不仅可以利用填充柄实现自动填充，还可以利用填充命令实现多方位的填充。选择需要填充的单元格或单元格区域，单击"开始"选项卡上"编辑"组中的"填充"命令 ，在下拉列表中选择相应的命令。

- 向下：选择该选项表示向下填充数据。
- 向右：选择该选项表示向右填充数据。
- 向上：选择该选项表示向上填充数据。
- 向左：选择该选项表示向左填充数据。
- 成组工作表：选择该选项可以在不同的工作表中填充数据。
- 系列：选择该选项可以在弹出的"序列"对话框中，控制填充的序列类型和步长值等。
- 两端对齐：选择该选项可以在单元格内容过长时进行换行，以便重排单元格中的内容。

3．行、列、单元格的插入

（1）插入单元格

在工作表中插入单元格步骤如下：

图 4-51　"插入"对话框

① 选择一个或多个单元格，单击"开始"选项卡上"单元格"组中的"插入"按钮，在弹出的下拉菜单中选择"插入单元格"命令，此时弹出如图 4-51 所示的"插入"对话框，选中"活动单元格下移"单选按钮，然后单击"确定"按钮。

② 在该对话框中用户可通过选择"活动单元格右移"或"活动单元格下移"在固定位置插入单元格；还可以通过选择"整行"或"整列"来插入整行或整列。

③ 选择完毕后单击"确定"按钮。

（2）插入行或列

在工作表中插入行或列的操作方法与上一问题相同，具体的操作步骤如下。

① 选择单元格、单行（列）或若干行（列）。

② 单击"开始"选项卡上"单元格"组中的"插入"按钮下的下三角按钮，在弹出的下拉菜单中选择"插入工作表行（列）"命令，即可在已选行（列）的上方（左侧）插入与选定区相同的行（列）。

4．数据的清除和删除

清除和删除操作对所选择的单元格、矩形区域、行或列都可以进行，但是它们有本质的区别。清除操作只是清除单元格中的信息，不删除单元格本身；而删除操作是在删除信息的同时将单元格本身一并删除。

（1）清除操作

选定需清除区域的单元格，单击"开始"选项卡中"编辑"组中的"清除"按钮，在下拉菜单中选择相应的命令。

① 全部：清除选择对象所有内容和格式，包括批注和超链接。

② 格式：只删除选择对象的格式，不删除内容和批注。

③ 内容：删除所选对象内容，不影响单元格格式，也不删除批注。

④ 批注：只删除所选对象的批注。

⑤ 超链接：只删除所选对象的超链接。

其实一般我们所谓的清除操作常指清除所选对象的内容，而清除内容的另一种更为便捷的操作方式就是选择对象后直接按【Delete】键即可。

（2）删除操作

删除单元格：选择需删除的单元格，单击"开始"选项卡上"单元格"组中的"删除"按钮，在下拉菜单中选择"删除单元格"命令，此时弹出"删除"对话框。根据需要选择后单击"确定"按钮。同样此对话框也可用来删除整行或整列。

删除行（列）：选中需要删除的行（列），单击"开始"选项卡上"单元格"组中的"删除"按钮，在下拉菜单中选择"删除工作表行（列）"命令。

5．查找与替换

查找和替换是编辑中最常用的操作之一，使用查找和替换可迅速在表格中定位查找内容，并根据需要对其进行修改或替换。鉴于此操作与 Word 类似，在此就不多加介绍了。

6．操作的撤销与恢复

恢复与撤销是在编辑中很实用的两项操作，具体操作步骤如下：单击"快速访问工具栏"上的"撤销" 按钮或按【Ctrl+Z】组合键，可连续逐次撤销前面的操作。恢复操作与撤销类似。

◆ **知识点 7：公式的组成**

公式是对工作表中数据进行计算和操作的等式，一般以等号"="开始，其一般的语法格式为："=表达式"。通常一个公式中的元素由运算符、单元格引用、值或常量、工作表函数与参数以及括号组成。

1．运算符

公式中的运算符号主要有：算术运算符、文本运算符、比较运算符和引用运算符等。

（1）算术运算符

算术运算符有负号（–）、百分数（％），乘幂（^）、乘（*）、除（/）、加（+）、减（–）七个运算符。其运算优先级分别是从左至右逐渐降低。

（2）文本运算符

文本运算符只有一个，就是"&"，其作用将两个文本值连接起来产生一个连续的文本值。例如：="Ex"&"cel"，值为 Excel。

（3）比较运算符

比较运算符有等于（=）、小于（<）、大于（>）、小于或等于（<=）、大于或等于（>=）、不等于（<>）六个运算符。比较运算符用来比较两个值，其结果只有 True 或 False。

（4）引用运算符

引用运算符的功能是产生一个区域的引用。引用运算符有冒号（:）、逗号（,）、空格和感叹号（!）四个运算符。在公式中引用单元格的输入方法：当公式中需要引用某单元格地址时，可直接使用键盘输入或采用鼠标动作来选择单元格区域。

2．单元格引用

Excel 中的引用可分为三种：相对引用、绝对引用和混合引用。

① 相对引用：直接用行号或列标表示的引用称为相对引用。当公式引用时，单元格地址会发生相应的变化。

② 绝对引用：在行号和列标前加一个"$"符号，如单元格 B3 的绝对地址为$B$3。在复制包含绝对引用的公式时，单元格地址不会发生变化。

③ 混合引用：只在行号或列标前加"$"符号，这样就构成只对行或列的绝对引用。

3．出错信息

当公式无法正确计算出结果时，单元格内将显示错误信息以提示用户，错误值的含义如表 4-10 所示。

表 4-10　错误信息

错　误　值	原　　因
######	结果太长，单元格无法容下，增加单元格宽度可解决
#DIV/0!	除数为零
#VALUE!	参数或运算对象类型不正确
#NAME?	在公式中使用不能识别的文本
#N/A	函数或公式中没有可用的数值
#REF!	在公式中引用了无效的单元格
#NUM!	在数学函数中使用了不适当的参数
#NULL!	指定的两个区域不相交

◆ **知识点 8：快速计算**

Excel 中为用户提供了不少使用公式的快速计算方法。一种是显示在状态栏上的自动计算；另一种是显示在工作表中的自动求和。

1．自动计算

Excel 窗口的状态栏中右部是自动计算显示框。当用户选定两个或两个以上的数据单元格区域时，显示框中将自动显示计算结果。系统默认有求平均值、计数和求和运算，我们可通过在该显示框处右击，在弹出的快捷菜单中来选择其他运算命令。

2．自动求和

用户可利用"开始"选项卡上"编辑"组中的自动求和按钮 Σ 来为单行（列）或某个单元格区域进行求和。

（1）单行或单列数据求和

选定该行（或列）数据计算结果需存放的活动单元格，双击自动求和按钮 Σ；或选择该行（或列）的数据区域，单击自动求和按钮 Σ 均可得到求和结果。

（2）矩形单元格区域求和

选择该矩形数据区域，若在该数据区域下方或右方均有空行（或列），则当用户单击自动求和按钮 Σ 后，求和结果将自动填入该空行（空列）中。

◆ 知识点 9：函数

函数是 Excel 中一些预定义的公式，主要包括财务、日期与时间、数学与三角函数、统计、查找与引用、数据库、文本、逻辑、信息、工程、用户自定义函数共 11 大类，每类中又有若干个函数。各类别函数的功能及常用函数如表 4-11 所示。

表 4-11　Excel 2010 中的函数类型

类 别 名 称	功　　能	常 见 函 数
数据库函数	当需要分析数据清单中的数值是否符合特定的条件时，可以使用数据库工作表函数	DCOUNT、DAVERAGE、DMAX
日期与时间函数	通过日期与时间函数，可以在公式中分析和处理日期与时间值	DATE、DAY、MONTH
工程函数	主要用于工程分析，如对复数进行处理、在不同的数值系统间进行转换等	BESSELI、DELTA
财务函数	用于进行一般的财务计算，如确定贷款的支付额、投资未来值等	PV、NPV、PMT
信息函数	使用该类函数确定存储在单元格中数据的类型	ISERR、INFO
逻辑函数	用于进行真假判断，或者进行复合检验	IF、AND、NOT、OR
查找与引用函数	当需要在数据清单或表格中查找特定的数值，或者需要查找某一单元格的引用时使用	VLOOKUP、INDEX、MATCH
数学与三角函数	用于进行数学和三角运算	ABS、EXP、SIN、ASIN
统计函数	用于对数据区域进行统计分析	COUNT、MAX、COUNTIF
文本函数	通过此函数可在公式中处理字符串	CHAR、CODE
用户自定义函数	如果要在公式或计算中使用特别复杂的计算，而工作表函数又无法满足需要，则需要创建用户自定义函数	

1．函数基本知识

Excel 中的函数由函数名和一系列的参数构成。其基本的语法为：函数名（参数，参数，…），这些参数可以是数字、文本、逻辑值、单元格引用、公式、名称或其他函数等，给定的参数必须能产生有效的值。

在 Excel 2010 中，用户可以通过直接输入、"插入函数"对话框与"函数库"选项组三种方法输入函数。

（1）直接输入

直接输入函数有两种方法，分别介绍如下。

① 单元格输入。单击单元格，然后用键盘输入等号（=），再输入函数名与参数，按【Enter】键即可。

②"编辑栏"输入。选定单元格，在"编辑栏"中直接输入"="，然后输入函数名与参数，单击"输入按钮" ✔ 即可。

（2）使用"插入函数"对话框

对于复杂的函数，用户可以单击"公式"选项卡上"函数库"组中的"插入函数"按钮，在弹出的"插入函数"对话框（见图 4-52）中选择函数。在该对话框中，单击"或选择类别"下拉列表框的三角按钮，可以弹出下拉列表选择函数类别，在"选择函数"列表框中选择相应的函数，单击"确定"按钮。在弹出的"函数参数"对话框中输入参数或单击"选择数据"按钮选择参数。

图 4-52　"插入函数"对话框

（3）使用"函数库"选项组

用户可以直接单击"公式"选项卡上"函数库"组中的各类按钮，选择相应的函数，在弹出的"函数参数"对话框中输入参数。操作过程与上一种方法相同。

2. 常用函数介绍

用户在日常工作中经常会使用一些固定函数进行数据计算，从而简化数据的计算，例如求和函数 SUM()、平均函数 AVERAGE()、求最大值函数 MAX()等。在使用常用函数时，用户只需在"输入函数"对话框中单击"或选择类别"下三角按钮，选择"常用函数"选项即可。

（1）求和函数

① 求和函数。

格式：SUM(Number1,Number2,…)。

功能：返回参数所对应的数值之和。

举例：= SUM(A2:A4)表示求 A2 至 A4 单元格区域中的数值之和；=SUM(3,6,9)的值为 18。

② 条件求和函数。

格式：SUMIF(Range,Criteria,Sum_Range)。

功能：计算符合指定条件的单元格区域内的数值之和。Range 代表条件判断的单元格区域；Criteria 为指定条件表达式；Sum_Range 代表需要计算的数值所在的单元格区域。

举例：=SUMIF($A$2:$A$10,A14,$B$2:$B$10)表示在 A2 到 A10 单元格中满足 A14 条件的所对应 B 列的值求和。

（2）求平均值函数

格式：AVERAGE(Number1,Number2,…)。

功能：返回参数所对应值的算术平均数。

举例：= AVERAGE(E2:E10)表示求 E2 至 E10 单元格区域中的平均值；AVERAGE(10,20,30)的值为 20。

（3）求最大值和最小值函数

格式：MAX(Number1,Number2,…)；MIN(Number1,Number2,…)。

功能：返回参数表中对应数值的最大值和最小值。

举例：= MAX(F3:F15)表示求 F3 至 F15 单元格区域中的最大值；MIN(32,20,76)的值为 20。

（4）统计函数

① 计数函数。

格式：COUNT(Value1,Value2,…)。

功能：返回参数所对应区域数值的个数。

举例：=COUNT(85,95,80)的值为 3；COUNT(85,杭州,NO)的值为 1。

② 条件计数函数。

格式：COUNTIF(Range,Criteria)。

功能：统计给定区域内满足特定条件的单元格的数目。

举例：=COUNTIF(E3:E9, ">85")表示统计 E3 至 E9 区域数值在 85 以上的单元格的数目。

（5）逻辑函数

① 条件函数。

格式：IF(Logical_test,Value_if_true,Value_if_false)。

功能：根据条件 Logical_test 的真假值，返回不同的结果。若 Logical_test 的值为真则返回 Value_if_true，否则返回 Value_if_false。

② 非、与、或函数。

格式：NOT(Logical)；AND(Logical1,Logical2,…)；OR(Logical1,Logical2,…)。

功能：NOT 是对参数值求反；AND 是当所有参数值均为真时返回 TRUE，否则返回 FALSE；OR 是所有参数中只要有一个值为真时返回 TRUE，否则返回 FALSE。

举例：=NOT(30>20)的值为假；A1、B1、C1 为三科的成绩，若各科均在 85 分以上则为优秀，公式为=IF(AND(A1>85,B1>85,C1>85), " 优秀 " , " ")。

（6）查找与引用函数

① 纵向查找函数。

格式：VLOOKUP(Lookup_value,Table_array,Col_index_num,Range_lookup)。

功能：在表格或数值数组的首列查找指定的数值，并由此返回表格或数组当前行中指定列处的位置。Lookup_value 表示需要在数组第一列中查找的数值；Table_array 表示需要在其中查找数据的数据表；Col_index_num 表示 Table_array 中待返回匹配值的序列号；Range_lookup 用于指明函数查找时是精确匹配还是近似匹配。

举例：在 B10 单元格内自动返回"吴红"员工的毕业学校。操作步骤如下。

a. 在单元格 B9 中输入要查找的员工姓名"吴红"。

b. 单元格 B10 中输入查找公式："=VLOOKUP(B9,B2:E6,4)"。

c. 按【Enter】键后，单元格中显示的毕业学校为"中国人民大学"，如图 4–53 所示。

② 排位函数。

格式：RANK(Number,Ref,Order)。

功能：返回指定数字在一列数字中的排位。Number 为需排位数据，通常使用单元格的相对引用；Ref 为 Number 所在的一组数据，通常使用单元格区域的绝对引用；Order 为指定排位的方式，0 或省略为降序，大于 0 为升序。

举例：= RANK(F5,$F$5:$F$25,0)，求 F5 在$F$5:$F$25 单元格区域按降序排列的名次。

B10	▼	fx	=VLOOKUP(B9,B2:E6,4)	
	A	B	C	D	E
1	编号	姓名	电话	年龄	毕业学校
2	JS-0001	张三	13598200010	20	华中师范大学
3	JS-0002	李兵	13598200011	25	安徽大学
4	JS-0003	刘艳	13598200012	26	四川大学
5	JS-0004	吴红	13598200013	32	中国人民大学
6	JS-0005	梦丽	13598200014	18	浙江大学
7					
8					
9	输入姓名：	吴红			
10	返回毕业学校	中国人民大学			

图 4-53　使用 VLOOKUP 函数查找值

③ 索引函数。

格式：INDEX(Array,Row_num[,Column_num])。

功能：返回列表或数组中的元素值，此元素由行序号和列序号的索引值进行确定。Array 表示单元格区域或数组常量；Row_num 表示指定的行序号；Column_num 表示指定的列序号。

④ 匹配函数。

格式：MATCH(Lookup_value,Lookup_array,Match_type)。

功能：返回在指定方式下与指定数值匹配的数组中元素的相应位置。Lookup_value 表示需要在数据表中查找的数值；Lookup_array 表示可能包含所要查找的数值的连续单元格区域；Match_type 表示查找方式的值（-1、0 或 1）。

（7）文本函数

① 截取字符串子串函数。

格式：MID(Text,Start_num,Num_chars)；Left(Text,Num_chars)；Right(Text, Num_chars)。

功能：MID 函数从一个文本字符串的指定位置开始，截取指定数目的字符；Left 从一个文本字符串的左边截取指定数目的字符；Right 从一个文本字符串的右边截取指定数目的字符。Text 代表一个文本字符串；Start_num 表示指定的起始位置；Num_chars 表示要截取的数目。

举例：=MID("浙江经济职业技术学院",3,2)，即返回"经济"二字。

② 替换函数。

格式：REPLACE(Old_text,Start_num, Num_chars,New_text)

功能：使用其他文本串并根据所指定的字符数替换另一文本串中的部分文本。Old_text 表示要替换其部分字符的文本；Start_num 表示要用 new_text 替换的 old_text 中字符的位置；Num_chars 是希望 REPLACE 使用 new_text 替换 old_text 中字符的个数；Num_bytes 是希望 REPLACE 使用 new_text 替换 old_text 的字节数；New_text 是要用于替换 old_text 中字符的文本。

③ 字符串长度函数。

格式：LEN(Text)。

功能：统计文本字符串中的字符数目。

（8）日期与时间函数

① 年份/月份/天数函数。

格式：YEAR/MONTH/DAY(Serial_number)。

功能：分别返回一个日期数据对应的年份、月份和一个月中第几天的数值。

② 当前日期函数。

格式：TODAY()。

功能：返回系统当前日期。

③ 小时和分钟函数。

格式：HOUR/MINUTE(time)。

功能：返回对应时间的小时/分钟数值。

（9）数学函数

① 求余函数。

格式：MOD(Number,Divisor)。

功能：返回 Number 除以 Divisor 的余数。

② 取整函数。

格式：INT（Number）。

功能：返回一个小于 Number 的最大整数。

举例：=INT（15.95）的值为 15；=INT（-18.66）的值为-19。

③ 按位取值函数。

格式：ROUND(Number,Num_digits)。

功能：返回数字 Number 按指定位数 Num_digits 保留小数位数后的数字。

举例：=ROUND(123.456,2)的值为 123.45。

（10）选择性粘贴数据

在 Excel 中选择了单元格或区域进行了"复制"操作后，除了经常进行的"粘贴"操作外，还可以单击"开始"选项卡上"剪贴板"组中的"粘贴"按钮下的下三角按钮，在下拉列表中单击"选择性粘贴"命令，弹出"选择性粘贴"对话框，通过对话框可以选择粘贴数据源的全部或仅粘贴数据源的部分内容（如公式、格式、数值等）。

◆ 知识点 10：工作表的格式化

1．改变行高和列宽

新建工作表后，每一行高和列宽都是一致的，用户可根据需要来进行调整，调整行高和列宽的方法有如下几种。

- 将鼠标指向需调整行或列的分割线处，鼠标呈现左右箭头，拖动进行调整。
- 选中需调整的行或列，单击"开始"选项卡上"单元格"组中的"格式"按钮，在下拉列表中选择"行高"（或"列宽"）命令项，在弹出的对话框中进行精确调整。
- 如果用户希望行高或列宽与单元格的内容相适应，可单击"开始"选项卡上"单元格"组中的"格式"按钮，选择下拉列表中的"自动调整行高"（或"自动调整列宽"）命令项。

2．设置数据格式

用户设置数据格式可通过"开始"选项卡上"单元格"组中的"格式"按钮，在弹出的下拉菜单中选择"设置单元格格式"命令项；或右击选定单元格，在快捷菜单中选择"设置单元格格式"命令，弹出"设置单元格格式"对话框，利用该对话框设置单元格的数据格式、对齐格式、字体、边框、图案等项目。鉴于字体、边框、图案的设置与 Word 类似，因此以下着重介绍数字和对齐选项卡。

（1）设置数字格式

设置数据格式使用"数字"选项卡，单元格默认的数据格式是"常规"格式，常规格式不包含任何特定的数字格式。

① 数值格式；② 货币格式；③ 日期、时间和分数格式。

（2）设置文本对齐方式

Excel 默认的对齐方式为在水平方向，文字左对齐、数值和日期右对齐；在垂直方向，文字和数值均靠下对齐。用户可根据需要重新设置水平或垂直对齐方式，具体操作方法如下。

① 利用"对齐方式"组设置：选定单元格区域，单击"开始"选项卡上"对齐方式"组中的"左对齐""居中""右对齐""合并后居中"按钮，如图 4-54 所示，可设置对齐格式。

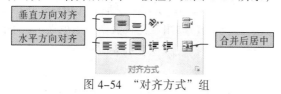

图 4-54　"对齐方式"组

② 使用菜单命令设置：使用菜单命令的操作过程如下。

a．选定单元格。

b．单击"开始"选项卡上"单元格"组中的"格式"按钮，在下拉菜单中选择"设置单元格格式"命令；或右击选定单元格，在快捷菜单中选择"设置单元格格式"命令。

c．在弹出的"设置单元格格式"对话框中选择"对齐"选项卡，用户可根据需要进行对齐格式的设置。

（3）设置字体、边框和底纹

Excel 2010 中，字体、边框和底纹的设置可在"设置单元格格式"对话框中选择"字体""边框"和"填充"选项卡进行，其操作过程与 Word 2010 中的操作方法相似。

3．设置条件格式

在编辑数据时，用户可以运用条件格式功能，按指定的条件筛选工作表中的数据，并利用颜色突出显示所筛选的数据。

选择要设置格式的单元格区域，单击"开始"选项卡上"样式"组中的"条件格式"按钮，在弹出的下拉菜单中选择相应的选项即可。"条件格式"的命令主要包括以下几种选项。

（1）突出显示单元格规则

主要适用于查找单元格区域中的特定单元格，是基于比较运算符来设置这些特定的单元格格式的。该选项包括大于、小于、介于、等于、文本包含、发生日期与重复值 7 种规则。当用户选择某种规则时，系统会自动弹出相应的对话框，在该对话框中主要设置指定值的单元格背景色，如图 4-55 所示。

（2）项目选取规则

项目选取规则是根据指定的截止值查找单元格区域中的最高值或最低值，或查找高于、低于平均值或标准偏差的值。该选项中主要包括值最大的 10 项、值最大的 10%项、最小的 10 项、值最小的 10%项、高于平均值与低于平均值 6 种规则。当用户选择某种规则时，系统会自动弹出相应的对话框，在该对话框中主要设置指定值的单元格背景色，如图 4-56 所示。

图 4-55　"大于"对话框　　　　　　　图 4-56　"10 个最大的项"对话框

（3）数据条

数据条可以帮助用户查看某个单元格相对于其他单元格中的值，数据条的长度代表单元格中值的大小，值越大数据条就越长。该选项主要包括蓝色数据条、绿色数据条、红色数据条、橙色数据条、浅蓝色数据条与紫色数据条 6 种样式。

（4）色阶

色阶作为一种直观的指示，可以帮助用户了解数据的变化情况，可分为双色刻度与三色刻度。其中双色刻度表示使用两种颜色的渐变帮助用户比较数据，颜色表示数值的高低；而三色刻度表示使用 3 种颜色的渐变帮助用户比较数据，颜色表示数值的高、中、低。

（5）图标集

图标集可以对数据进行注释，并可以按阈值将数据分为 3～5 个类别。每个图标代表一个值的范围。例如，在三向箭头图标中，绿色的上箭头表示较高值，黄色的横向箭头表示中间值，红色的下箭头表示较低值。

> **提　示**
> 单击"条件格式"下的"清除规则"命令，可以清除单元格或工作表中的所有条件格式。

4. 套用表格格式

Excel 提供了多种表格样式，用户可直接套用所需样式，达到快速设置表格的目的。套用表格格式时，用户不仅可以应用预定义的表格格式，而且还可以创建新的表格格式。

（1）应用表格格式

Excel 2010 为用户提供了浅色、中等深浅与深色 3 种类型共 60 种表格格式。其操作过程如下。

① 选择需要套用格式的单元格区域。

② 单击"开始"选项卡上"样式"组中的"套用表格格式"按钮，在下拉列表中选择相应的格式。

③ 在弹出的"套用表格式"对话框（见图 4-57）中选择数据来源后单击"确定"按钮完成操作。

（2）新建表格格式

单击"开始"选项卡上"样式"组中的"套用表格格式"按钮，在下拉菜单中单击"新建表样式"命令，在弹出的"新建表快速样式"对话框（见图 4-58）中设置各项选项，设置结束后单击"确定"按钮。

"新建表快速样式"对话框主要包括如下选项。

① 名称：在该文本框中可以输入新表格样式的名称。

② 表元素：该列表包含了 13 种表格元素，用户根据表格内容选择相应的元素。

③ 格式：选择表元素之后，单击该按钮，可以在弹出的"设置单元格格式"对话框中设置该元素格式。

图 4-57 "套用表格式"对话框　　　　图 4-58 "新建表快速样式"对话框

④ 清除：设置元素格式之后，单击该按钮可以清除所设置的元素格式。

⑤ 设为此文档的默认表快速样式：选中该复选框，可以在当前工作簿中使用新表样式作为默认的表样式。

5．工作簿与工作表的保护

Excel 的另一主要功能是对数据的安全管理，即指对单元格、工作表和工作簿的保护，主要包括锁定与隐藏选定区域的设置；工作表的隐藏与撤销、工作表的保护与撤销以及工作簿保护与撤销设置等操作。

（1）锁定和隐藏选定区域

"锁定"是对数据而言，被锁定的数据成为只读型数据。"隐藏"是对公式而言，被隐藏的公式不论是在单元格中还是在编辑栏内都不会显示。锁定和隐藏选定区域的操作步骤如下。

① 选定要保护的单元格或单元格区域，单击"开始"选项卡上"单元格"组中的"格式"按钮，在下拉菜单中选择"设置单元格格式"命令，弹出"设置单元格格式"对话框。

② 在"设置单元格格式"对话框中选择"保护"选项卡，勾选其中的"锁定"或"隐藏"复选框，即可对对象进行保护。

━━ 提　示 ━━
　　锁定和隐藏只有在工作表被保护的前提下才起作用。
━━

（2）工作表的隐藏与撤销

隐藏工作表：选择需要隐藏的工作表，单击"开始"选项卡上"单元格"组中的"格式"按钮，在下拉菜单中选择"隐藏和取消隐藏"级联菜单中的"隐藏工作表"命令项，被隐藏的工作表标签从标签栏上消失。

撤销隐藏工作表：单击"开始"选项卡上"单元格"组中的"格式"按钮，在下拉菜单中选择"隐藏和取消隐藏"级联菜单中的"取消隐藏工作表"命令项，在"取消隐藏"对话框中选择要重新显示的工作表。

（3）工作表的保护与撤销

保护工作表是指限制对单张工作表的访问权限。首先要切换到要保护的工作表，单击"审阅"选项卡上"更改"组中的"保护工作表"命令，在弹出的"保护工作表"对话框中选择要保护的项目，如图 4-59 所示。用户还可以在该对话框中设置密码，最后单击"确定"按钮。

撤销工作表保护，只需要切换到已经被保护的工作表，选择"审阅"选项卡上"更改"组中的"撤销保护工作表"命令即可。

（4）工作簿的保护与撤销

保护工作簿是指限制对工作簿的访问权限。其保护与撤销保护的方式与工作表类似，在此不再加以叙述。

图 4-59 "保护工作表"对话框

◆ **知识点 11：图表的建立**

图表是以图形的形式来表示工作表中的数据、数据间的关系及数据变化的趋势，使用户了解得更直观、更形象。

1．图表的基本概念与结构

（1）数据点和数据系列

数据清单中每个数据在图表中用一个图形表示称为数据点。同类型的数据点为一个数据系列，数据系列可产生在行也可产生在列。

（2）坐标轴标志

在含坐标轴的图表中，图表中坐标轴上表示数据意义的文字称为坐标轴标志，如图 4-60 所示，图中的"产品"与"销量"即为"分类 X 轴标题"和"分类 Y 轴标题"。

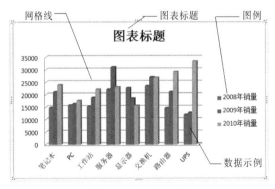

图 4-60 图表示例

（3）分类

分类是数据系列的类属标志，当系列数据产生在行（或列）时，该首行（或首列）文字即为分类标志。如图 4-60 中的"笔记本""PC""工作站"等称为"分类 X 轴标志"。

（4）图例

图例是表示数据点图形意义的文字。

（5）图表

图表包括图表标题、数据系列、分类轴标题、分类轴标志、图例等内容。详见图 4-60 所示。

2．图表的建立

Excel 中可建立两种类型的图表，内嵌式图表和独立式图表。内嵌式图表是与数据清单共存于同一工作表中；而独立式图表是单独存于一张工作表中。Excel 2010 为用户提供了 11 种标准的图表类型，每种图表类型又包含可若干个子类型，每种图表类型的功能和子类型如表 4-12 所示。

表 4-12 图表类型

类　　型	功　　能	子类型
柱形图	为 Excel 2010 默认的图表类型，以长条显示数据点的值，适用于比较或显示数据之间的差异	二维柱形图、三维柱形图、圆柱图、圆锥图、棱锥图
折线图	可以将一系列的数据组图表表示成点并用直线连接起来，适用于显示某段时间内数据的变化及变化趋势	折线图、带数据标记的折线图、三维折线图
条形图	类似于柱形图，主要强调各个数据项之间的差别情况，适用于比较或显示数据之间的差异	二维条形图、三维条形图、圆柱图、圆锥图、棱锥图
饼图	可以将一个圆面划分为若干个扇形面，每个扇面代表一项数据值，适用于显示各项的大小与各项总和比例的数值	二维饼图、三维饼图
XY 散点图	用于比较几个数据系列中的数值，或者将两组数值显示为 XY 坐标系中的一个系列	仅带数据标记的散点图、带平滑线及数据标记的散点图等
面积图	将每一系列数据用直线连接起来，并将每条线以下的区域用不同颜色填充。面积图强调数量随时间而变化的程度，还可以引起人们对总值趋势的注意	面积图、堆积面积图、百分比堆积面积图、三维面积图、三维堆积面积图等类型
圆环图	与饼图类似，用来显示部分与整体的关系，但圆环图可以含有多个数据系列，它的每一环代表一个数据系列	圆环图、分离型圆环图
雷达图	由一个中心向四周辐射出多条数值坐标轴，每个分类都拥有自己的数值坐标轴	雷达图、带数据标记的雷达图
曲面图	类似于拓扑图形，常用于寻找两组数据之间的最佳组合	三维曲面图、曲面图等类型
气泡图	是一种特殊的 XY 散点图，其中气泡的大小可以表示数据组中数据的值，气泡越大，数据值就越大	气泡图、三维气泡图
股价图	常用来描绘股价走势，也可以用于处理其他数据	盘高-盘低-收盘图等类型

在 Excel 2010 中，用户可以通过"插入"选项卡上"图表"组中的按钮和"插入图表"对话框两种方法，根据表格数据类型建立相应类型的图表。

（1）利用"图表"选项组

下面我们根据图 4-61 提供的"产品销量清单"来创建图 4-60 所示的图表，具体操作过程如下。

① 选定数据区域：在"产品销量清单"中选定 A1：D9 区域，选定区域最好包括字段名行或具有说明意义的最左列。当然用户若未在此处做数据选定，仍可在下面操作中重新选定。

② 单击"插入"选项卡上"图表"组中的"柱形图"按钮，在下拉菜单中选择"三维簇状柱形图"。

（2）利用"插入图表"对话框

利用"插入图表"对话框插入图表的具体操作过程如下。

① 选择需要创建图表的单元格区域。

② 单击"插入"选项卡上"图表"组中的对话框启动器 ，在弹出的"插入图表"对话框（见图 4-62）中选择相应的图表类型。该对话框中，除了包括各种图表类型和子类型外，还包括管理模板与设置为默认图表两种选项。

	A	B	C	D
1	产品	2012	2013	2014
2	笔记本	14900	21200	23998
3	PC	15900	16400	17674
4	工作站	15400	18900	22190
5	服务器	22200	31100	23127
6	显示器	22800	18600	15705
7	交换机	23600	27100	26932
8	路由器	14700	21200	29223
9	UPS	12000	12800	33454

图 4-61　产品销量清单　　　　　　　图 4-62　"插入图表"对话框

3．图表的编辑

创建完图表之后，为了使图表具有美观的效果，用户可根据需要对图表进行编辑，例如更改图表类型、添加和删除图表的数据区域、更改图表布局及调整图表大小和位置等操作。当我们单击激活图表后，选项栏中多了"设计""布局"和"格式"选项卡。下面从编辑图表的几种不同方式出发来介绍图表的编辑操作。

（1）调整图表

根据工作表的内容与整体布局，调整图表的位置及大小，调整的方法有两种：鼠标拖动和使用功能组调整。

① 鼠标拖动：鼠标指针指向图表的任意一个角上，当鼠标指针变为双向箭头形状时，可以放大或缩小图表。当鼠标指针变为十字箭头形状时，拖动图表即可移动图表。

② 使用功能区更改图表大小：选中图表，在"图表工具-格式"选项卡上"大小"组中的"高度"和"宽度"栏中，直接输入相应的度量值。也可以单击"大小"组中的对话框启动器按钮，弹出"设置图表区域格式"对话框并自动定位在"大小"选项卡中，输入高度和宽度值，也可以按照比例缩放。

③ 使用功能区移动图表位置：选择要移动位置的图表，单击"图表工具-设计"选项卡上"位置"组中的"移动图表"按钮，在弹出的"移动图表"对话框中，选择已有的工作表，也可以选择新建工作表，单击确定即可。此功能主要用于图表中不同工作表间移动，同一工作表中的移动建议用鼠标操作。

④ 删除图表：选中图表，按【Delete】键操作。

（2）更改图表类型、数据区域、图表布局

① 更改图表类型：选择图表后，单击"图表工具-设计"选项卡上"类型"组中的"更改图表类型"按钮，在"更改图表类型"对话框中，选择要更改的图表类型和图表子类型，单击"确定"按钮。

② 更改数据区域：选择图表后，单击"图表工具-设计"选项卡上"数据"组中的"选择数据"按钮，在弹出的"选择数据源"对话框中，重新选择图表数据区域，单击"确定"按钮。

③ 更改图表布局：图表布局是指图表及组成元素，如图表标题、图例、坐标轴、数据系列的显示方式。用户可以根据实际需要更改图表布局。选定图表后，单击"图表工具-设计"选项卡上"图表布局"组右侧"其他"按钮，在下拉列表中选择适当的布局样式。

（3）为图表添加标签

图表标签通常包括图表标题、坐标轴标题、图例、数据标签及模拟运算表等。用户可以设置是否在图表中显示这些标签，以及设置它们的格式。在 Excel 2010 中，设置标签的命令按钮位于"图表工具–布局"选项卡上"标签"组中，如图 4-63 所示。

图 4-63　"图表工具–布局"
选项卡的"标签"组

（4）设置坐标轴和网格线

一张专业的图表还包括坐标轴和网格线，根据图表的需要设置最恰当的坐标轴和网格线。设置坐标轴和网格线的命令按钮位于"图表工具–布局"选项卡上"坐标轴"组中。

4．迷你图的使用

为了让用户方便呈现关键信息，Excel 2010 中加入了一种全新的图表制作工具——迷你图。迷你图是指适用于单元格的微型图表，以单元格为绘图区域，简单、便捷地为用户绘制出简明的数据小图表，方便地把数据以小图形式呈现在用户面前。迷你图的类型通常包括三种：折线类型的迷你图、柱形图类型的迷你图、盈亏迷你图。

选中数据区域后，在"插入"选项卡上"迷你图"组中单击要创建图形的按钮，在弹出的"创建迷你图"对话框中，选择数据区域和迷你图所放置的单元格位置，单击"确定"按钮。

单击迷你图，就可以激活，在"迷你图工具–设计"选项卡中，可以重新编辑数据源，更改迷你图类型，更改数据范围，显示迷你图数据点和美化迷你图。

◆ 知识点 12：数据清单与数据库的概念

1．数据库

数据库是以二维表格的形式组织在一起的相关信息的集合，其特点为每列数据类型相同，称为"字段"；字段名以下的各行数据称为"记录"。

2．数据清单

数据清单是包含相关数据的一系列工作表的数据行，实际就是工作表中的一个区域，它和数据库中的表存在一一对应的关系。

创建数据清单应遵循如下规则。

① 避免在同一工作表中建立多个数据清单。

② 数据清单应存放在工作表的一个连续区域中，同一工作表中，数据清单与其他数据间至少留出一空行和空列。

③ 数据清单中的第一行创建标题，每一列需具有相同的数据类型。

④ 单元格的前后不要键入多余的空格，以免影响排序等操作。

◆ 知识点 13：排序

排序是将工作表中的数据按照一定的规律进行显示。在 Excel 2010 中用户可以使用默认的排序命令，对文本、数字、时间、日期等数据进行排序，也可以根据排序需要对数据进行自定义排序。排序的方式有升序和降序两种，升序即递增排序，降序即递减排序。

1．单项数据排序

若只根据数据清单中某一字段进行排序，则可单击该字段中任一单元格，单击"开始"选项卡上"编辑"组中的"排序和筛选"下的"升序" 或"降序" 按钮即可。

2. 多项数据排序

若要对多列数据进行排序，则需要使用"开始"选项卡上"编辑"组中的"排序和筛选"下拉菜单中的"自定义排序"命令，具体操作过程如下。

① 将鼠标定位到数据清单中的任意一个单元格，单击"开始"选项卡上"编辑"组中的"排序和筛选"按钮，在下拉菜单中选择"自定义排序"命令，弹出如图 4-64 所示的"排序"对话框。

② 在"主要关键字"列表框中选择字段名，在"次序"列表框中选择"升序""降序"或"自定义序列"的排序方式；同样还可以通过单击"添加条件"按钮来增加"次要关键字"以及设置排序序列。

③ 选中"排序"对话框右上方的"数据包含标题"复选框可将含列标题的第一行从排序区中排除；若有需要还可以单击"选项"按钮来进行相关设置，最后单击"确定"按钮。在"排序"对话框中的"选项"按钮可以用来设置排序方法和排序方向，如图 4-65 所示。

图 4-64 "排序"对话框   图 4-65 "排序选项"对话框

◆ 知识点 14：筛选

数据筛选的实质是只显示符合条件的信息行，隐藏不符合条件的信息行。Excel 2010 提供了自动筛选和高级筛选两种功能。

1. 自动筛选

（1）建立自动筛选

筛选数据最简单的方法是使用"自动筛选"命令，具体操作过程如下。

① 选定数据清单中的任一单元格，单击"开始"选项卡上"编辑"组中的"排序和筛选"按钮，在下拉列表中选择"筛选"命令项，此时在每个列标题的右侧出现一个向下的箭头。

② 单击想要查找的字段名右侧下拉箭头，弹出"筛选"列表框，用户可从中选择筛选选项即可按要求实现筛选功能。

其中，"全选"表示不对当前字段筛选，显示全部记录；"文本筛选"下的级联菜单有 7 种，当用户执行"文本筛选"级联菜单中的命令时，系统会弹出"自定义自动筛选方式"对话框，如图 4-66 所示，用户可设置两

图 4-66 "自定义自动筛选方式"对话框

个筛选条件，此两条件之间的关系可选择"与"和"或"；"数字筛选"下的级联菜单有 11 种数字筛选，方法与文本筛选基本相同。

③ 用户若有多个筛选条件，可重复步骤②。

（2）显示所有数据行

用户若要取消所有筛选，显示全部数据行，可单击"开始"选项卡上"编辑"组中的"排序和筛选"按钮，在下拉菜单中单击"清除"命令项。若只是想取消某个字段上的筛选，则直接单击该字段的筛选下拉箭头，选择"从数据清单中的字段名中清除筛选"选项。

（3）删除自动筛选

删除自动筛选与其建立过程一样，即选择"开始"选项卡上"编辑"组中的"排序和筛选"下的"筛选"命令项。

2．高级筛选

使用高级筛选，可以设置复杂的筛选条件，因此功能更加强大。譬如条件或的关系问题，使用自动筛选就无能为力了。要使用高级筛选对数据清单进行筛选，很重要的一个工作就是筛选条件的设置。不同于自动筛选，高级筛选需要设置一个条件区域，用来指定筛选数据必须满足的条件。

（1）设置条件区域

条件区域和筛选条件的设置应满足以下要求。

① 条件区域必须与数据清单至少要留一个空行或空列。

② 条件区域的首行必须是列标题（但不需要所有的列标题，只要包含那些条件中使用的列标题），并且要与数据清单中的列标题在名称上保证一致。

③ 在条件区域列标题下方的若干行中，键入所要匹配的条件，条件可以是一个，也可以是多个。在条件区域中输入多个条件时，同一行输入条件，它们之间是"与"的关系；不同行输入条件，它们之间是"或"的关系。

（2）执行高级筛选

条件区域设置完成以后，就可以对数据清单使用高级筛选操作，操作过程如下。

① 单击数据清单中的任意一个单元格。

② 单击"数据"选项卡上"排序和筛选"组中的"高级"按钮，弹出"高级筛选"对话框，如图 4-67 所示。

③ 如果要通过隐藏不符合条件的数据行来筛选数据清单，可选择"在原有区域显示筛选结果"单选按钮。如果要通过将符合条件的数据行复制到工作表的其他位置来筛选数据清单，选择"将筛选结果复制到其他位置"单选按钮。

图 4-67　"高级筛选"对话框

④ 在"列表区域"文本框中输入数据区域的引用；在"条件区域"文本框中输入条件区域的引用。输入时也可以通过选择区域的方式进行。

⑤ 若在第③步骤中选择了"将筛选结果复制到其他位置"单选按钮，则在"复制到"文本框中单击，然后单击工作表中粘贴区域的左上角单元格。否则这一步骤无需操作。

⑥ 单击对话框中的"确定"按钮。

如果要更改筛选数据的方式，可更改条件区域中的值并再次筛选数据。

（3）显示所有数据行

对数据清单进行高级筛选，且在筛选时选择了"在原有区域显示筛选结果"单选按钮，如果要想取消高级筛选以显示全部记录，可选择"数据"选项的"排序和筛选"组中的"清除"命令。

◆　知识点 15：分类汇总

图 4-68　"分类汇总"对话框

分类汇总是对数据清单按某一字段进行分类，然后对各类记录的数据进行统计汇总。需要注意的是，用户在分类汇总前必须先对数据清单中要分类汇总的字段进行排序。

分类汇总的具体操作过程如下。

① 对分类字段进行排序，使相同的字段值集中在一起。例如，要为每位销售员进行分类汇总，可先按销售员的姓名进行排序。

② 选择数据清单中任一单元格，选择"数据"选项卡上"分级显示"组中的"分类汇总"命令项，弹出如图 4-68 所示的"分类汇总"对话框。

③ 单击"分类字段"下拉列表框可选择一个字段作为分类汇总字段，如选择"联系人"字段；单击"汇总方式"下拉列表框可选择一种汇总方式，如选择"求和"；在"选定汇总项"列表框中可指定对哪些字段进行汇总，如选择"订货金额"。

④ 单击"确定"按钮，得到如图 4-69 所示的汇总结果。

		订单编号	订货日期	订货金额	联系人	地址	城市	地区
	659			￥2,154,660.00	王先生 汇总			
	670			￥93,950.00	王炫皓 汇总			
	678			￥35,148.00	吴小姐 汇总			
	684			￥61,328.00	谢丽秋 汇总			
	735			￥652,026.00	谢小姐 汇总			
	746			￥172,548.00	徐文彬 汇总			
	787			￥263,052.00	徐先生 汇总			
	817			￥361,010.00	余小姐 汇总			
	823			￥72,972.00	镨彩瑜 汇总			
	840			￥156,006.00	镨小姐 汇总			
	873			￥570,932.00	周先生 汇总			
	974			￥12,722,440.00	总计			
	875							
	876							

图 4-69　分类汇总后结果

若要进一步进行分类汇总，可以在上一分类汇总的基础上，再次进行分类汇总，其操作过程与上面说明的操作步骤基本相同，不过应将"分类汇总"对话框中的"替换当前分类汇总"复选框取消选中状态。

在分类汇总表的左侧，可看到分级显示符号，如 1 2 3 分别表示 3 个级别，用户可利用此分级显示符号来显示和隐藏细节数据；若用户要显示或隐藏某一级别下的细节行可单击级别按钮下的 + 或 − 分级显示符号。

用户若对分类汇总结果不满意可撤销之，撤销分类汇总的方法是：打开"分类汇总"对话框，单击"全部删除"按钮。

◆　知识点 16：数据透视表

Excel 电子表格除了以上介绍的数据排序、筛选、分类汇总等数据管理功能以外，还具有强大的数据分析功能，数据透视表是其中最负盛名的功能之一。

数据透视表是一种交互工作表，用于对已有数据清单中的数据进行分类汇总和分析，概括出有用的统计数据。

1. 创建数据透视表

下面以统计"销售表"中不同员工不同类别产品的销售额为例，介绍数据透视表的具体创建步骤。

① 选择数据清单中的某一单元格，单击"插入"选项卡上"表格"组中的"数据透视表"按钮，在下拉列表中选择"数据透视表"命令项，弹出如图 4-70 所示的"创建数据透视表"对话框。

② 在上述对话框中，选择数据区域，单击"确定"按钮。

在打开的如图 4-71 所示的"数据透视表字段列表"任务窗格中，将"姓名"拖动到"行标签"处，将"类别名称"拖动到"列标签"处，将"销售额"拖动到"数值"处，其默认汇总方式是求和，可双击数据区域字段改变汇总方式，此处我们采用默认。即生成了一张数据透视表。

图 4-70　"创建数据透视表"对话框

图 4-71　"数据透视表字段列表"任务窗格

2. 编辑数据透视表

创建数据透视表之后，为了适应分析数据的需求，需要编辑数据透视表，主要包括更改数据的计算类型、筛选数据等内容。

（1）更改计算类型

在"数据透视表字段列表"任务窗格中的"数值"列表框中，单击数值类型选择"值字段设置"选项，在弹出的"值字段设置"对话框中的"计算类型"列表框中选择计算类型。

（2）设置数据透视表样式

Excel 2010 为用户提供了浅色、中等深浅、深色 3 种类型共 85 种样式。选择数据透视表，单击"数据透视表工具-设计"选项卡上"数据透视表样式"组中的"其他"按钮，在下拉列表中选择一种样式。

（3）筛选数据

选择数据透视表，在"数据透视表字段列表"任务窗格中，将需要筛选数据的字段名称拖动到"报表筛选"列表框中。此时在数据透视表上方将显示筛选列表，用户可单击"筛选"按钮对数据进行筛选。

3．删除数据透视表

删除数据透视表的操作过程如下。

① 单击数据透视表报表，单击"数据透视表工具–选项"选项卡上"操作"组下的"选择"按钮，在下拉列表中选择"选择整个数据透视表"命令项，此时将选择整张数据透视表。

② 按【Delete】键，就删除了数据透视表。

4．切片器

切片器是 Excel 2010 中新增功能，它是易于使用的筛选组件，其中包含一组按钮，使用户能够快速地筛选数据透视表中的数据，而无需打开下拉列表查找要筛选的项目。与传统的使用报表页字段筛选数据不同的是，使用切片器进行筛选，除了可以快速筛选数据以外，还可以指示当前的筛选状态，从而便于用户轻松、准确地了解已筛选的数据透视表中显示的内容。

具体的操作过程是：单击"数据透视表工具–选项"选项卡的"排序和筛选"组中"插入切片器"按钮，在下拉列表中选择"插入切片器"命令，在弹出的"插入切片器"对话框中勾选需要筛选的内容即可。

◆ 知识点 17：页面设置

页面设置功能用于设置工作表的打印输出版面，可以设置打印的页面、选择输出数据到打印机、打印机中的打印格式及文件格式等。"页面设置"按钮位于"页面布局"选项卡上"页面设置"组中，如图 4–72 所示。当单击"页面布局"选项的"页面设置"对话框启动按钮时，弹出"页面设置"对话框，可分别对页面、页边距、页眉/页脚、工作表进行设置。

图 4–72 "页面布局"选项的"页面设置"组

1．设置纸张方向

在实际工作中，多数文件都是按照默认的"纵向"方向打印的。在"页面布局"选项"页面设置"组中的"纸张方向"的下拉列表中，提供了"纵向"和"横向"两个命令，用户可以根据实际需要选择纸张方向。

2．设置纸张大小

打印纸的规格也有很多种，用户可以根据电子表格的实际大小选择适合的纸张。同样，设置纸张的大小也有两种方法，即使用功能区设置和使用对话框设置。

3．设置页边距

页边距，就是页面边框距离打印内容的距离，用户可以根据文档的装订需求、视觉美观效果等设置适当的页边距。在 Excel 2010 中，既可以直接在"页面设置"组中的"页边距"下拉列表框中选择适当的页边距，也可以自定义页边距。自定义页边距可单击"页面设置"的对话框启动按钮，在"页面设置"对话框中的"页边距"选项卡中进行设置，如图 4–73 所示。用户若选择了下方"水平居中"或"垂直居中"复选框，则可设置打印内容在打印页上的对齐方式。

4．设置页眉/页脚

"页面设置"对话框中的"页眉/页脚"选项卡用于设置"页眉"和"页脚"，如图 4-74 所示。"自定义页眉"或"自定义页脚"对话框是由十个功能按钮和三个表示位置的输入框组成的。十个功能按钮分别是字体、页码、总页数、日期、时间、文件名、工作簿文件名、工作表标签名、图片、图片格式。鼠标选择位置输入框，选择插入点后即可直接输入页眉或页脚。

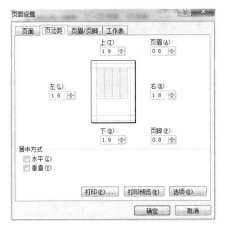 

图 4-73 "页面设置"对话框之"页边距"选项卡　图 4-74 "页面设置"对话框之"页眉/页脚"选项卡

◆ **知识点 18：打印区域和顺序**

1．设置打印区域

系统默认的打印范围是全部工作表的内容，如果用户要打印部分内容就需要设置打印范围。只需要在工作表中使用鼠标拖动选取要打印的单元格区域，然后单击"页面布局"选项卡上"页面设置"组中的"打印区域"按钮，在下拉列表中选择"设置打印区域"命令项即可。

取消打印区域，只需要使用"页面布局"选项卡上"页面设置"组中的"打印区域"下拉列表中的"取消打印区域"命令项。

2．设置打印顺序

用户可以自行设置打印文档时，是先打印列，还是先打印行，用户只要打开"页面设置"对话框，单击"工作表"标签，在"打印顺序"区域内选择需要的打印顺序，单击"确定"按钮。

3．设置打印标题

一个表格无法在一页完全打印出来，转至后面打印的几页，若没有表格标题和列名称，可读性非常差。在"页面设置"组中单击"打印标题"按钮，在弹出的"页面设置"对话框中，选择希望在每页重复出现的行，单击"确定"按钮即可。

◆ **知识点 19：打印**

对于要打印的工作表，经过上述页面设置等一系列操作后即可进行打印。单击"文件"下拉菜单中的"打印"按钮，可弹出如图 4-75 所示的"打印"界面，与 Word 打印文档一样，用户可以在此界面中设置打印机、打印范围和打印份数等选项，同时会自动显示打印预览效果，单击"打印"按钮即可打印。

图 4-75 "打印"界面

4.2.2 典型例题精解

【例 1】下列软件中，与 Excel 的功能相差最远的是（   ）。

　　　A．FoxBase　　　B．Visal FoxPro　　　C．PowerPoint　　　　D．Access

【分析】FoxBase、Visal FoxPro 和 Access 都是关系型数据库管理系统，它们都是以二维表作为基本处理对象。另一方面，Excel 也具有简单的数据处理功能，如排序、筛选、分类汇总等。所有说它们的功能比较相近。PowerPoint 是文稿制作和演示软件。

【答案】C。

【例 2】下面关于工作簿和工作表的叙述中，错误的是（   ）。

　　　A．工作簿是一个独立的 Excel 文档　　B．工作表是一个独立的 Excel 文档

　　　C．一个工作簿可以包含多个工作表　　D．工作簿中的工作表数量可增减

【分析】Excel 以工作簿作为独立的文档文件，一个工作簿可以包含多个工作表，工作簿中的工作表数量可根据问题的需要增减。工作表并不是独立的文档，即使问题只包含一个工作表，也得建立一个工作簿。

【答案】B。

【例 3】在 Excel 工作表中，可以选择一个或一组单元格，其中活动单元格的数目是（   ）。

　　　A．一个　　　　　　　　　　　B．一行

　　　C．一列　　　　　　　　　　　D．所选中的单元格数目

【分析】在 Excel 工作表中，可以选择一个或一组单元格，但活动单元格只有一个。如果选择了一组连续的单元格区域，则区域的左上角单元格是活动单元格；如果选择了一组非连续的单元格区域，则最后选择的单元格是活动单元格。

从键盘上输入或从剪贴板上粘贴的数据和公式，被填入活动单元格。活动单元格也是键盘光标所在的单元格。

【答案】A。

【例 4】在 Excel 主窗口，按【Ctrl+PgUp】组合键的作用是（   ）。

　　　A．显示当前工作表的前一页内容　　B．将光标移到当前工作表的开始处

　　　C．打开另一个 Excel 文件　　　　　D．将前一个工作表选定为当前工作表

【分析】选定工作簿中的工作表或选定工作表中的单元格，一般都使用鼠标单击，但有时也使用键盘的功能键。翻页键【PgUp】、【PgDn】及翻页键的组合键可用于活动单元格的选定。其中【PgUp】键将活动单元格移至上一页；【PgDn】键将活动单元格移至下一页；【Ctrl+PgUp】组合键的作用是将前一个工作表选定为当前工作表，既将活动单元格移至前一工作表；【Ctrl+PgDn】组合键的作用是将后一个工作表选定为当前工作表。

【答案】D。

【例5】在 Excel 工作表中，如果 A2 单元格闪烁边框，则单击 B5 单元格，再按【Ctrl+V】组合键的作用是（　　）。

  A．对 A2:B5 单元格区域求平均值

  B．将闪烁边框转移 B5 单元格

  C．将 A2 单元格的格式刷到 B5 单元格

  D．将 A2 单元格的内容复制到 B5 单元格

【分析】单元格边框闪烁表示该单元格区域的内容已经被"剪切"或被"复制"，而【Ctrl+V】组合键的作用是"粘贴"，故应选答案 D。选择项 C 属于"选择性粘贴"命令中的"格式"复制，只有通过"编辑"菜单才能进行选择性粘贴。

【答案】D。

【例6】在 Excel 活动单元格中输入 2+3+4 并单击√按钮，单元格显示的是（　　）。

  A．10   B．2+3+4   C．true   D．出错

【分析】活动单元格中只能输入数据和计算公式，而计算公式必须以"="开头。本例输入的内容不是以"="开头，所以输入的内容只能是数据。又因为输入的数据不能组成数值、日期或时间，所以输入的内容只能当作字符。

【答案】B。

【例7】在 Excel 活动单元格中输入=sum(2，3，4)>1 并单击√按钮，单元格显示的是（　　）。

  A．10   B．4   C．true   D．出错

【分析】本例输入的内容是计算公式。其中函数 sum(2,3,4)是对参数 2、3 、4 求和，其值是 9；关系表达式 9>1 的运算结果是逻辑值 true。

【答案】C。

【例8】下面有关单元格的描述，正确的是（　　）。

  A．默认状态下，单元格中的文本均右对齐，数值均左对齐

  B．选择单元格后，按【Delete】键，就可以将选择的单元格删除

  C．在单元格中输入 1/2 后按【Enter】键，系统就把它转化成日期形式的数值

  D．只能使用固有的数据序列进行自动填充

【分析】默认状态下（没有进行对齐方式设置），单元格中的文本左对齐，数值（包括以时间或日期形式显示的数值）右对齐，逻辑值（true 或 false）居中对齐。

选择单元格后，按【Delete】键的功能是删除单元格中的内容，即对单元格进行清除。在 Excel 中，单元格的删除和清除是两种性质不同的操作，清除操作只是删除单元格的内容，而删除操作是把单元格及其内容一起删除。

日期和时间是特殊显示形式的数值型数据。日期的输入方法有多种，其中 1/2 和 1-2 是比较

常用的输入方法，它们都表示 1 月 2 日。

Excel 除了提供一些固定的数据序列供用户进行自动填充外，还允许用户通过"工具"菜单的"选项"对话框添加或删除数据序列。

【答案】C。

【例 9】当单元格中出现"####"符号时，表示（　　　　）。

　　　　A．引用到无效的单元格　　　　　　B．列宽不够

　　　　C．计算公式以零作除数　　　　　　D．计算公式中存在无法辨别的函数

【分析】当单元格的列宽太小时，单元格中的数值（包括时间和日期）和逻辑值以"####"符号显示，但内存中的原数据不变，只要加大单元格列宽就能正确地显示数据。

引用到无效的单元格或公式中存在无法辨别函数的提示符号是："#NAME?"。

计算公式以零作除数的提示符号是："#DIV/0"。

无法计算的表达式的提示符号是："#VALUE!"。

【答案】B。

【例 10】如果将 B2 单元格中的公式"=$A2"复制到 C3 单元格，则 C3 单元格中的公式为（　　　　）。

　　　　A．$A2　　　　　B．$A3　　　　　C．$B2　　　　　D．$B3

【分析】公式中的单元格属于混合引用。其中列标 A 前面加$符号表示绝对地址，不管把公式复制到哪一个单元格列标都不变；行号 2 是相对地址，公式中单元格的行号会随着公式所在的单元格的行号变化而变化。相对地址的计算公式为：新公式中单元格行号=旧公式中单元格行号+（新公式所在单元格行号−旧公式所在单元格行号）

【答案】B。

【例 11】将鼠标指向活动单元格 D3 右下角的小方块，使鼠标符号变成十字，然后拖动鼠标至 D5 单元格，则（　　　　）。

　　　　A．选中 D3:D5 单元格区域

　　　　B．将 D3 单元格的内容移动到 D5 单元格

　　　　C．将 D3 单元格的内容复制到 D5 单元格

　　　　D．将 D3 单元格的内容分别复制到 D4 和 D5 单元格

【分析】活动单元格右下角的小方块称为填充柄，当用鼠标拖动填充柄，活动单元格的内容被复制到鼠标所经过的所有单元格。

如果 D3 单元格的内容是一般的数据，则 D4、D5 单元格的内容和 D3 单元格的内容相同。例如当 D3 单元格的值为 2，则 D4 和 D5 单元格的值也分别为 2；当 D3 单元格的值是"计算机"，则 D4 和 D5 单元格的值也分别是"计算机"。

如果 D3 单元格中是计算公式，则 D4、D5 单元格的内容也是公式，但公式中包含的单元格相对引用地址会发生相应的变化。例如当 D3 单元格是公式"=A3+B3"时，则 D4 和 D5 单元格分别是公式"=A4+B4"和"=A5+B5"。

如果 D3 单元格中是"数据序列"中的数据，则 D4、D5 单元格的内容也是"数据序列"中的数据。例如当 D3 单元格是"一月"，则 D4 和 D5 单元格分别是"二月"和"三月"。

等差数列的复制：设 D2 单元格的值为 1，D3 单元格的值为 4，选择 D2 和 D3，鼠标拖动 D3 单元格的填充柄至 D5 单元格，则 D4 和 D5 单元格的值分别为 7 和 11。

【答案】D。

【例 12】假设单元格 A1、A2、A3 的值分别为 12、1 月 2 日和 ab，下列计算公式中错误的是(　　)。

  A．=A1+2 B．=A2+2 C．=A3+2   D．=A3&2

【分析】在 Excel 中，数据常量包括文本（或称为字符串）、数值（包括日期和时间）和逻辑值。数值之间可以进行算术运算（+，−，*，/，%，^），文本之间可以进行连接运算（&），同类型的数据之间可以进行比较运算（=，<，>，<=，>=，<>），比较运算的结果是逻辑值。

  公式=A1+2 的运算结果为数值 14；公式=A2+2 的运算结果为日期 1 月 4 日；公式=A3+2 是错误的，文本和数值之间不能进行算术运算；公式=A3&2 的运算结果为文本 ab2。

【答案】C。

【例 13】有一学生成绩表格，执行"自动筛选"命令不能筛选出满足（　　）条件的记录。

  A．英语>80 或者英语<60   B．英语前 3 名

  C．英语>80 并且数学>80   D．英语>80 或者数学>80

【分析】可以对"英语"字段设定"自定义"条件"大于 80 或小于 60"得到答案 A；对"英语"字段设定"前 3 个"得到答案 B；对"英语"字段设定"自定义"条件"大于 80"和对"数学"字段设定"自定义"条件"大于 80"得到答案 C。在自动筛选中，可以对多个字段设定条件，各条件之间是"并且"关系。要获得答案 D 的条件，应使用"高级筛选"。

【答案】D。

【例 14】要输入学生学号 040111101，正确的输入是（　　）。

  A．04010123 B．'04010123 C．'04010123' D．[04010123]

【分析】Excel 自动对输入的数据进行类型判断，如果输入的数据能构成数值（包括日期和时间），则按数值型存储；否则如果输入的数据能构成逻辑值（true 或 false），则按逻辑型存储，否则按字符型存储。答案 A 是数值型，系统舍去有效位之前的 0 后保存，即保存为 4010123。如果学生学号要按 8 位存储（0 不能舍去），就要把它看作是字符型。答案 B 是字符型数据的输入格式，输入结果是 04010123；答案 C 的输入结果是 04010123'；答案 D 的输入结果是[04010123]。可以先选择单元格区域，通过"设置单元格格式"命令把单元格区域设置成文本型，然后再按答案 A 的形式输入学号。

【答案】B。

4.2.3　实验操作题

实验四　Excel 2010 基本操作

实验目的与要求

① 掌握建立 Excel 2010 工作簿文件的方法。

② 掌握在工作表中输入和编辑数据的方法，并掌握文字、数字的填充和自动填充。

③ 熟悉单元格格式的设置、页面设置和打印设置。

实验内容

1. 输入数据

创建工作簿"学生信息管理.xlsx"，输入相关信息，如图 4-76 所示。

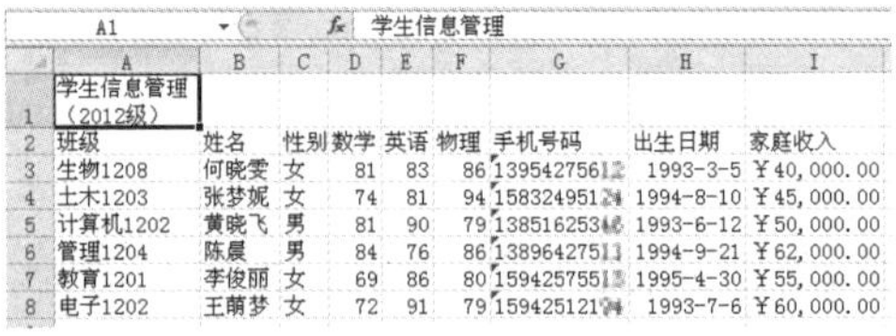

图 4-76　学生信息管理

（1）输入文本型数据

文本型数据可以是汉字、英文字母、具有文本性质的数字、空格以及其他通过键盘输入的符号。默认情况下，文本在单元格左侧对齐，每个单元格最多可包含 32 000 个字符。在工作表中输入文本型数据的具体操作步骤如下。

① 选中要输入文本的单元格 A1，在编辑栏中输入文本"学生信息管理（2012 级）"。运用同样的方法输入其他的文本内容。

② 若要将某个数字作为文本来处理，则在输入这个数字之前先输入一个单撇号。Excel 就会把数字作为文本处理，并自动地与单元格左侧对齐。运用同样的方法，将手机号码一列的数字作为文本输入。

③ 若要在某个单元格中输入硬回车，则先把光标定位到要回车的位置，然后按下【Alt+Enter】组合键即可。将 A1 单元格中的"（2012 级）"设置到该单元格中的第二行，如图 4-76 所示。

（2）输入数字

在 Excel 单元格中输入数字，默认情况下，Excel 会自动将数据在单元格中右侧对齐。在输入分数时，应在输入分数之前先输入 0 或空格，最后才输入相应的数据，否则会将输入的分数视作日期。若输入负数，直接在数值前面输入"减号"。将成绩录入到工作簿中。

（3）输入货币型数据

若要在工作表中输入货币型数据，需要先输入数字，再设置单元格格式。具体操作步骤如下。

① 在单元格区域 I3:I8 中，输入相应的家庭收入数据。

② 选定单元格区域 I3:I8，右击在弹出的快捷菜单中选择"设置单元格格式"，在弹出的对话框中选择"数字"选项卡分类中的"货币"，选择相应的货币选项，单击确定，即可完成货币型数据的输入操作。

（4）输入日期和时间

在工作簿"学生信息管理"中输入出生日期的方法是：直接输入"1993/3/5"即可。

若要在单元格中输入当前系统的日期，按下【Ctrl+；（分号）】，若要输入当前的系统时间，按下【Ctrl+Shift+:（冒号）】。若要在一个单元格中既输入日期又输入时间，则在输入的日期和时间之间输入空格。若要在一个单元格中输入十二小时制的时间，则在时间和 AM（PM）之间输入空格。

（5）输入特殊符号

选择"插入"选项卡上"符号"组中的"符号"命令完成插入。

2．编辑数据

（1）修改数据

方法一：双击要修改数据的单元格，按下【Backspace】或【Delete】键可以删除光标前面或后面的内容，输入正确的数据，然后单击其他单元格即可完成修改操作。

方法二：单击要修改数据的单元格，再单击编辑栏，在编辑栏中对数据进行修改操作。

（2）移动数据

在图 4-76 中将 I5 单元格中的数据移动到 I9。

方法一：单击 I5 单元格，按下鼠标左键拖动 I5 单元格的黑色边框到 I9 单元格。

方法二：右击 I5 单元格，在弹出的快捷菜单中选择"剪切"命令，在 I9 单元格中右击选择"粘贴"命令。剪切和粘贴也可以通过"开始"选项卡"剪贴板"功能区中的相应命令实现。

（3）复制数据

同移动数据的方法一类似，只需要在拖动的过程中同时按下【Ctrl】键。在移动数据的方法二中，将"剪切"替换成"复制"命令即可。

（4）删除单元格数据格式

单击"开始"选项卡上"编辑"组中的"清除"按钮，从弹出的菜单中选择"清除格式"选项，即可将单元格中的数据恢复到 Excel 默认格式。如图 4-77 所示的 I8 单元格。

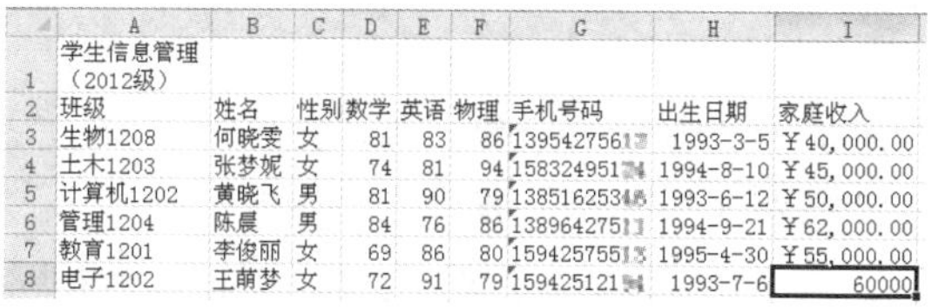

图 4-77　删除单元格数据格式

（5）删除单元格内容

上述 I8 单元格中的格式已经删除，内容还在，若要删除内容，保留格式，在上述的"清除"按钮弹出的菜单中选择"清除内容"选项即可。若选择"全部清除"选项，则将单元格中的数据格式及内容全部删除。

3. 单元格的基本操作

（1）选择单元格

选择单个单元格，只要单击该单元格即可。选择多个连续的单元格，单击第一个单元格，按下【Shift】的同时按下最后一个单元格。选择多个不连续的单元格，单击第一个单元格，按下【Ctrl】的同时依次单击要选择的单元格。

（2）插入和删除单元格

选择要更改位置的单元格，单击"开始"选项卡上"单元格"组中的"插入"按钮，在弹出的菜单中选择"插入工作表列"或"插入工作表行"命令，即可在该单元格的左边或上面插入一列或行。若选择"插入单元格"命令，则弹出"插入"对话框，选择相应的单选按钮即可。删除单元格，先选定该单元格，右击选择"删除"命令，在"删除"对话框中选择相应的单选按钮即可。

（3）合并和拆分单元格

选中需要合并的单元格区域 A1:I1 并右击，从快捷菜单中选择"设置单元格格式"选项，弹出"设置单元格格式"对话框。选择"对齐"选项卡，在其中设置文本对齐方式为水平居中，并勾选"合并单元格"复选框，单击"确定"按钮，即可完成合并操作，如图 4-78 所示。也可以通过"开始"选项卡上"对齐方式"组中的"合并后居中"命令，则合并后的单元格中的文字将水平垂直居中。若要实现拆分操作，则将"合并单元格"勾掉，或者在"开始"选项卡中选择"取消单元格合并"命令。

图 4-78　设置单元格格式

4．单元格格式的设置

（1）字体格式和对齐方式设置

选择 A1 单元格，单击"字体"功能区中的 ▣ 按钮，弹出"设置单元格格式"对话框，选择"字体"选项卡，在其中设置字体为"宋体"，字形为"加粗"，字号为"12"，单击"颜色"下拉按钮，从弹出的菜单中选择"深蓝"，单击"确定"按钮。若设置对齐方式，则在"设置单元格格式"对话框中选择"对齐"选项卡或在"开始"选项卡"对齐方式"功能区中设置。

（2）边框和底纹

选择要设置边框和底纹的单元格区域 A1:I8，右击选择"设置单元格格式"命令，在弹出的对话框中选择"边框"选项卡，在"样式"列表框中选择边框样式，在"预置"列表框中选择相应的内容。选择"填充"选项卡，在"背景色"面板中选择"图案颜色"为"橄榄色"，"图案样式"为"6.25%灰色"，如图 4-79 所示，单击"确定"按钮。

图 4-79　边框和底纹设置

（3）添加批注

选择要插入批注的单元格 I2，右击菜单中选择"插入批注"选项，即可在选中的单元格右侧打开批注编辑框，如图 4-80 所示。输入相应的批注内容，单击批注编辑框外的任何区域，添加的批注将被隐藏起来，只在批注所在的单元格右上角显示一个红色的三角形标志。将光标移动到添加批注的单元格上，即可显示其中批注的内容。

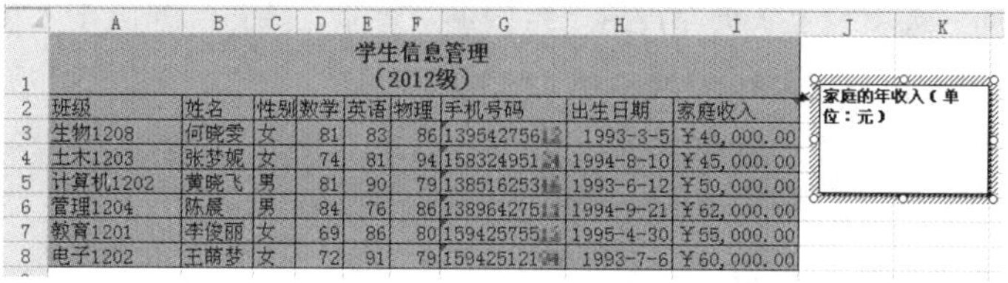

图 4-80 批注的添加

5. 页面设置和打印设置

（1）设置页面

单击"页面布局"选项卡上"页面设置"组中的 按钮，弹出"页面设置"对话框，如图 4-81 所示，选择"纵向"单选按钮，在"纸张大小"下拉列表框中选择"A4"，切换到"页边距"选项卡，设置合适的页边距，单击"确定"按钮。

图 4-81 页面设置

（2）页眉和页脚

在"页面设置"对话框中选择"页眉/页脚"选项卡，在"页眉"下拉列表框中选择需要的页眉样式，在"页脚"下拉列表框中选择需要的页脚样式，如图 4-82 所示。单击"确定"按钮。单击"插入"选项卡上"文本"组中的"页眉和页脚"按钮，即可插入页眉和页脚，如图 4-83 所示。

图 4-82 页眉样式设置

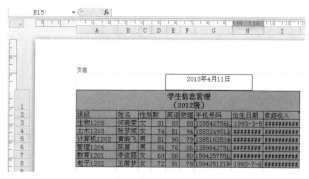

图 4-83 插入页眉

（3）插入工作表背景

单击"页面布局"选项卡上"页面设置"组中的"背景"按钮，弹出"工作表背景"对话框，并从中选择要插入的图片，如图4-84所示。

（4）设置工作表标签

右击需要设置的工作表标签，从弹出的菜单中选择相应的选项进行设置，如图4-85所示。

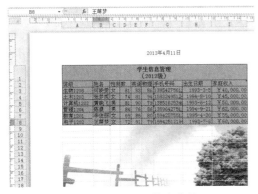

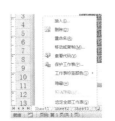

图4-84　设置工作表背景　　　　　图4-85　设置工作表标签

（5）打印设置

单击"页面布局"选项卡上"页面设置"组中的 图 按钮，弹出"页面设置"对话框，在其中选择"工作表"选项卡，单击"打印区域"文本框右侧的 图 按钮，弹出"页面设置-打印区域"对话框，在工作表中选择打印区域，如图4-86所示。再单击 图 按钮返回到"页面设置"对话框，此时在"打印区域"文本框中显示的是工作表的打印区域，如图4-87所示，单击"确定"按钮。若要设置打印标题，则在"页面设置"对话框中的"工作表"选项卡中设置相应的"打印标题"即可。

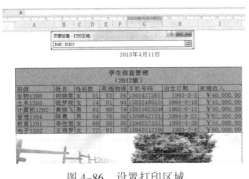

图4-86　设置打印区域　　　　　图4-87　打印区域设置完毕

实验任务

1. 建立一个文件名为"学号姓名"的工作簿文件，保存在"我的文档"中。

2. 打开"学号姓名"工作簿，将Sheet1工作表重命名为"图书销售表"，并设置其工作表标签颜色为鲜绿色；删除工作表Sheet2，Sheet3。

3. 在图书销售表中，按如图4-88所示，输入文本并设置基本格式，请按步骤执行。

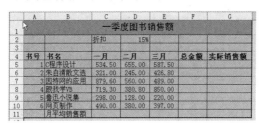

图 4-88　效果图 1

（1）合并单元格 A1:I1，并输入标题"一季度图书销售额"；文本对齐方式为水平居中和垂直居中，黑体，16 号。

（2）在 A2:G2 单元格中分别输入表头数据（表标题），水平居中对齐、宋体、12.5 号字、加粗。其中输入"一月"后可用填充柄拖动，填充到 E2 单元格为"三月"；书号列数字，输入"1"后，按住【Ctrl】键，用填充柄填充。

（3）C3:G9 单元格格式为"数值"，小数位数"2"。小数位确定后则填写数据时小数自动添加，即 534.50 可只填写 534.5；655.00 可只填写 655。

4．将行和列设置为最合适行高、最合适的列宽。

5．对图书销售表进行格式设置。

（1）将一、二、三月销售金额<300 的数值用红色字体标出。

（2）在第一行后再插入两行，C2 单元格内填入文本"折扣"，D2 单元格填入"15%"。用格式刷将新插入的两行格式设置成与整体格式一致，效果如图 4-89 所示。

图 4-89　效果图 2

实验五　公式和函数的使用

实验目的与要求

① 掌握公式的使用。

② 掌握单元格和单元格区域的引用。

③ 掌握常用函数的应用。

实验内容

1．公式的使用

（1）新建工作簿"员工工资管理表.xlsx"，在 Sheet1 中输入如图 4-90 所示的数据，再新建一张名为"1月工资"的工作表，将 Sheet1 中的数据复制到其中。单击 G3，在编辑栏中输入"="，单击 D3，编辑栏中变成"=D3"，再在编辑栏中输入"+"，单击 E3，输入"+"，单击 F3，编辑栏中变成"=D3+E3+F3"，按【Enter】键。拖动 G3 的填充柄，对单元格区域 G4:G31 的应发工资进行填充。

员工工资管理表

序号	姓名	部门	基本工资	薪级工资	津贴	应发工资	每月固定扣款合计	丰公假扣款	全月应纳税所得额	全月应纳税所得额	个人所得税	应扣工资	实发工资
1	高玲珑	人力资源部	2100	725	420								
2	张关关	人力资源部	840	450	169								
3	夏天	人力资源部	2380	830	476								
4	牛婷婷	人力资源部	1260	625	382								
5	林娜	财务部	1800	726	350								
6	周树家	财务部	1750	450	481								
7	王明亮	财务部	910	700	280								
8	李洪涛	行政部	1120	780	210								
9	艾谦	行政部	1400	625	266								
10	全胡楠	行政部	1330	420	140								
11	黄李曼	行政部	700	420	126								
12	段庆华	物流部	740	385	288								
13	曾米	物流部	630	780	224								
14	李乐	物流部	1430	625	378								
15	张新年	物流部	1120	812	210								
16	陈晓宇	物流部	1890	600	135								
17	江晓梅	物流部	1050	450	216								
18	王瑞琴	物流部	680	625	256								
19	李泊美	市场部	1120	780	224								
20	皮安康	市场部	1400	825	182								
21	张雪莉	市场部	1120	450	640								
22	钱薪	市场部	910	385	182								
23	王马勤	市场部	420	812	210								
24	周明	市场部	1960	820	282								
25	黄思敏	市场部	2100	625	630								
26	令狐克	市场部	10850	450	582								
27	震天霸	市场部	910	780	210								
28	秦郭琴	市场部	1410	820	630								
29	刘广明	市场部	2130	890	182								

图 4-90　员工工资管理表

（2）新建工作簿"其他项目工资表.xlsx"，将 Sheet1 工作表命名为"每月固定扣款"，并输入如图 4-91 所示的数据，将 Sheet2 工作表命名为"1 月请假扣款"，并输入如图 4-92 所示的数据。在"每月固定扣款"工作表中，单击 C2，在编辑栏中输入"=B2*0.08"，在 D2、E2 和 F2 中分别输入"=B2*0.01""=B2*0.12""=B2*0.07"。分别拖动 C2、D2、E2 和 F2 的填充柄填充 C3:C30、D3:D30、E2:E30 和 F2:F30。

序号	上年平均工资	养老保险	失业保险	医疗保险	住房公积金	福利基金	每月固定扣款合计
1	2620	209.6	26.2	314.4	183.4	20	753.6
2	1200	96	12	144	84	20	356
3	3000	240	30	360	210	20	860
4	1701	136.08	17.01	204.12	119.07	20	496.28
5	2450	196	24.5	294	171.5	20	706
6	2280	182.4	22.8	273.6	159.6	20	658.4
7	1230	98.4	12.3	147.6	86.1	20	364.4
8	1590	127.2	15.9	190.8	111.3	20	465.2
9	1990	159.2	19.9	238.8	139.3	20	577.2
10	1800	144	18	216	126	20	524
11	1000	80	10	120	70	20	300
12	2510	200.8	25.1	301.2	175.7	20	722.8
13	899	71.92	8.99	107.88	62.93	20	271.72
14	1999	159.92	19.99	239.88	139.93	20	579.72
15	2480	198.4	24.8	297.6	173.6	20	714.4
16	2169	173.52	21.69	260.28	151.83	20	627.32
17	2487	198.96	24.87	298.44	174.09	20	716.36
18	1955	156.4	19.55	234.6	136.85	20	567.4
19	1436	114.88	14.36	172.32	100.52	20	422.08
20	1520	121.6	15.2	182.4	106.4	20	445.6
21	1687	134.96	16.87	202.44	118.09	20	492.36
22	1368	109.44	13.68	164.16	95.76	20	403.04
23	1560	124.8	15.6	187.2	109.2	20	456.8
24	1454	116.32	14.54	174.48	101.78	20	427.12
25	1689	135.12	16.89	202.68	118.23	20	492.92
26	1251	100.08	12.51	150.12	87.57	20	370.28
27	1398	111.84	13.98	167.76	97.86	20	411.44
28	1256	100.48	12.56	150.72	87.92	20	371.68
29	1223	97.84	12.23	146.76	85.61	20	362.44

图 4-91　每月固定扣款

图 4-92　1 月请假扣款工资表

（3）选择单元格 H2，单击"开始"选项卡上"编辑"组中的"自动求和"按钮，出现如图 4-93 所示的求和函数，选择单元格区域 C2:G2，按【Enter】键，再拖动填充柄将其填充到 H2:H30。

2．引用其他工作表的数据

（1）打开被引用的文件"其他项目工资表.xlsx"，其中包含两张工作表"每月固定扣款"和"1 月请假扣款"工作表。

（2）在工作簿"员工工资管理表.xlsx"中的"1 月工资"工作表中，单击 H3，在编辑栏中首先输入"="，再配合鼠标，切换到"其他项目工资表.xls"的"每月固定扣款"工作表，单击该员工该项金额所在的单元格 H2，如图 4-94 所示，这时可看到编辑栏中出现引用的工作簿工作表单元格的名称，确定无误后按键盘上的【Enter】键或编辑栏的 ✔ 按钮确认公式，得到 H3 单元格的数据结果，如图 4-95 所示。

图 4-93 自动求和　　　　　　　　　　　　图 4-94 选择其他工作簿工作表中的单元格

（3）单击单元格 H3 后，在编辑栏单击"$H$2"，通过 3 次按键盘上的【F4】键，将公式中的"$"符号全部去掉，如图 4-96 所示，然后使用自动填充功能填充区域 H4:H31。

图 4-95 绝对引用其他工作簿中工作表的数据　　图 4-96 相对引用其他工作簿工作表中的数据

（4）以同样的方法实现利用"其他项目工资表"工作簿中的"1 月请假扣款"工作表的"非公假"列数据对"非公假扣款"项目的填充。

（5）构造公式计算"全月应纳款所得额"。单击 J3，在该单元格输入公式"=G3-H3-3500"，拖动填充柄填充区域 J4:J31。

3. 利用函数计算"全月应纳税所得额"

（1）单击第一个员工的"全月应纳税所得额"单元格 K3，单击编辑栏上的"插入函数"按钮 f_x，弹出"插入函数"对话框，选择 IF 函数，如图 4-97 所示。

（2）在弹出的"函数参数"对话框中，输入或单击构造函数的 3 个参数，如图 4-98 所示，单击"确定"按钮，得到"全月应纳税所得额"，如图 4-99 所示。

图 4-97 插入函数

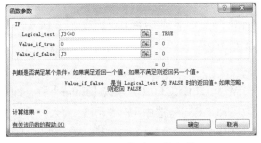

图 4-98 构造函数参数

图 4-99 构造的 IF 函数

（3）自动填充其他员工的该列数据。

（4）计算"个人所得税"。单击第一个员工的"个人所得税"单元格 L3，单击编辑栏上的"插入函数"按钮 f_x，弹出"插入函数"对话框。从中选择 IF 函数，开始构造外层的 IF 函数参数，函数的前 2 个参数如图 4-100 所示，可以直接输入或用按钮配合键盘构造。

（5）将鼠标停留在第 3 个参数"Value_if_false"处，再次单击编辑栏最左侧的 $\boxed{\text{IF}}$ 按钮，即选择第 3 个参数为一个嵌套在本函数内的 IF 函数，这时再次弹出一个新的 IF 函数的"函数参数"对话框，用于构造内层 IF 函数。在其中输入 3 个参数，如图 4-101 所示，这时，就完成了两层 IF 函数的构造。

图 4-100　外层 IF 函数的前 2 个参数

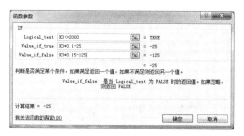
图 4-101　内层 IF 函数的参数

（6）单击"函数参数"对话框的"确定"按钮，就得到了单元格 L3 的结果，自动填充其他员工的该列数值，如图 4-102 所示。

	A	B	C	D	E	F	G	H	I	J	K	L
1					员工工资管理表							
2	序号	姓名	部门	基本工资	薪级工资	津贴	应发工资	每月固定扣款合计	非公假扣款	全月应纳款所得额	全月应纳税所得额	个人所得税
3	1	高玲珑	人力资源部	2100	1725	420	4245	753.6	0	-8.6	0	0
4	2	张笑笑	人力资源部	840	1450	169	2459	356	0	-1397	0	0
5	3	夏天	人力资源部	2380	1830	876	5086	860	0	726	726	47.6
6	4	牛婷婷	人力资源部	1260	1625	382	3267	496.28	0	-729.28	0	0

图 4-102　利用两层 IF 函数计算出的个人所得税

（7）输入"应扣工资"列的 M3 单元格公式"=H3+L3"，"实发工资"列的 N3 单元格公式"=G3-M3"，填充到其他员工。

4．常见函数的应用

在"插入函数"对话框中有多种类型的函数，如图 4-103 所示。

（1）财务函数。

① PMT 函数应用：某公司从银行贷款 500 000 元，分 10 年偿还，年利率为 8.8%，现在需要计算按年偿还和按月偿还的还款额，条件为等额偿还。具体操作步骤如下。

a．在 Excel 2010 主窗口打开的工作表中输入相关数据，如图 4-104 所示。

图 4-103　常用函数类型

b．选中 E4 单元格之后，在其中输入公式"=PMT（C7,C5,C3,0,1）"，按【Enter】键，即可计算出年初偿还额。选中 F4 单元格，输入公式"=PMT（C7,C5,C3）"。选中 E8 单元格，输入公式"=PMT（C7/12,C5*12,C3,0,1）"。选中 F8 单元格，输入公式"=PMT（C7/12,C5*12,C3）"。计算结果如图 4-105 所示。

② FV 函数应用：某公司需要对某项目进行投资存款，银行已有存款 20 000 元，以后每年存入 10 000 元，年利率为 7.8%，10 年后的本息和为多少？如果每月存入 1 000 元，10 年后的本利和又是多少？具体操作步骤如下。

图 4-104　输入相关数据　　　　　　　　图 4-105　PMT 函数计算结果

a. 在 Excel 2010 主窗口打开的工作表中根据已知条件建立数据模型，如图 4-106 所示。选中 D5 单元格之后，在其中输入公式"=FV(C3,D3,E3,B3,0)"，按【Enter】键，即可显示具体的计算结果。

b. 选中 D6 单元格之后，在其中输入公式"=FV(C3/12,D3*12,F3,B3,0)"，按【Enter】键即可显示具体的计算结果，如图 4-107 所示。

图 4-106　输入相关数据　　　　　　　　图 4-107　FV 函数计算结果

（2）逻辑函数。

① AND 函数应用：某公司有一民意调查结果，根据员工的工龄来对数据进行分类：1~2、3~4、5~6、7 年以上，现在利用 AND 函数判断各工龄段的调查结果。其具体操作步骤如下。

a. 在 Excel 2010 主窗口打开的工作表设置一个表格，在其中输入相应的调查结果，如图 4-108 所示。

图 4-108　设置表格内容

b. 选中 D4，在其中输入公式"=IF(AND(B4>=1,B4<=2),C4,"")"，按【Enter】键。拖动序列填充柄，复制公式到该列的以下行，则工龄 1~2 年之间人的调查结果即可判断出来。选中 E4 单元格，在其中输入公式"=IF(AND(B4>=3,B4<=4),C4,"")"，按【Enter】键。拖动序列填充柄，复制公式到该列的以下行。分别选中 F4, G4 单元格，在其中分别输入公式"=IF(AND(B4>=5,B4<=6),C4,"")"和公式"=IF(B4>=7,C4,"")"，按【Enter】键。分别拖动序列填充柄，复制公式到该列的以下行。

② IF 函数：在实验步骤 3 中应用，不再重复。

（3）日期和时间函数。

① DATE 函数应用：函数返回表示特定日期的连续序列号，默认情况下，1900 年 1 月 1 日的序列号是 1。计算 2012 年 2 月 18 日距离 1900 年 1 月 1 日的序列号是多少，其数据表根据图 4-109 所示，具体操作步骤如下。

a. 选中 A3 单元格之后，在其中输入公式“=DATE(A2,B2,C2)”，按【Enter】键，即可计算出结果，其中 DATE 函数返回结果的默认格式为日期格式，为了得到所对应的系列数，还需要对单元格进行设置。

b. 右击返回结果所在的 A3 单元格，在弹出的快捷菜单中选择“设置单元格格式”命令，弹出“设置单元格格式”对话框，切换到“数字”选项卡，在“分类”列表框中选择“常规”选项。单击“确定”按钮，即可得到日期序列号结果，如图 4-110 所示。

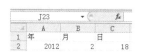

J23

	A	B	C
1	年	月	日
2	2012	2	18

图 4-109　原始数据

A3　fx =DATE(A2,B2,C2)

	A	B	C	D	E
1	年	月	日		
2	2012	2	18		
3	40957				

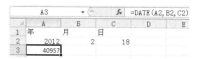

图 4-110　DATE 函数计算结果

② NOW 函数应用：某公司职员刚刚制作了一份如图 4-111 所示的数据报表，请为该报表添加制表日期。操作步骤如下：选中 D4，输入公式“=NOW()”，按【Enter】键。（若 D4 单元格格式为“常规”格式，则 D4 中显示日期序列号值。）

D15

	A	B	C
1			
2		产品名称	采购日期
3		MP3	2006-1-3
4		MP4	2008-7-12
5		MP5	2009-5-20
6		DV	2012-7-31
7		DV	2011-5-16
8		PS TWO	2010-9-11
9			
10	制表人：房晓明		日期：

图 4-111　原始数据

（4）统计函数。

① AVERAGE 函数应用：某公司 2009 年一年的成本利润资料表如图 4-112 所示，现在需要利用 AVERAGE 函数计算生产成本、制造费用和实现利润的算术平均值。其具体操作步骤如下：在 Excel 2010 主窗口打开的工作表中选择 C15 单元格，在其中输入公式“=AVERGAGE(C3:C14)”，按【Enter】键，即可计算出成本的平均值，将 C15 单元格中的公式向右填充复制到 E15 单元格中，即可显示具体的计算结果。

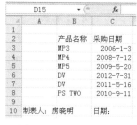

② RANK 函数应用：计算 3.6 在区域中按照降序的排位。操作步骤如下：原始数据如图 4-113 所示。选中 C4 单元格之后，在其中输入公式“=RANK（3.6,A1:B3,0）”，按【Enter】键，即可显示具体的计算结果。

I16

	A	B	C	D	E
1					
2		月份	成本	费用	利润
3		1	4521	3261	550
4		2	5120	3040	230
5		3	2014	1621	549
6		4	6521	852	215
7		5	6215	5012	268
8		6	5120	3210	348
9		7	2405	1589	210
10		8	5104	3219	201
11		9	5127	2569	960
12		10	4519	2891	105
13		11	5496	623	520
14		12	5401	3608	301
15		平均值			

图 4-112　原始数据

D10

	A	B	C
1	5.5	2.7	
2	3.6	4.9	
3	8.4	9.4	
4	3.6在区域中按照降序的排位：		

图 4-113　RANK 函数应用原始数据

③ COUNTIF 函数应用：某公司职员的出勤表，其 a 表示没有迟到，b 表示迟到，如图 4-114 所示。操作步骤如下：选中 G3 单元格，在其中输入公式“=COUNTIF(B3:F3,"b")”，按【Enter】键，

即可计算出张笑笑的迟到次数，拖动序列填充柄，复制公式到该列以下行，即可计算出所有职员的迟到次数。

（5）数学与三角函数。

① ROUND 函数应用：实现将表中的数据进行四舍五入。具体操作步骤如下：原始数据如图 4-115 所示，选中 D3 单元格，在其中输入公式 "=ROUND(B3,C3)"，按【Enter】键，即可返回四舍五入结果，拖动序列填充柄，复制公式到该列的以下行，即可返回计算结果，如图 4-116 所示。

② TRUNC 函数应用：实现将所有给定的数字进行取整。具体操作步骤如下：原始数据如图 4-115 所示，选中 D3 单元格，在其中输入公式 "=TRUNC(B3,C3)"，按【Enter】键，即可返回取整结果，拖动序列填充柄，复制公式到该列的以下行，即可返回计算结果，如图 4-117 所示。

	A	B	C	D	E	F	G
1							
2		星期一	星期二	星期三	星期四	星期五	迟到次数
3	张笑笑	a	b	a	a	a	
4	夏天	b	a	b	b	a	
5	牛婷婷	b	a	a	a	a	
6	林娜	a	b	a	b	a	
7	周树家	a	a	a	a	a	
8	王明亮	a	a	b	b	a	
9	李洪涛	b	a	a	b	a	
10	艾潇	b	a	a	b	a	
11	全胡楠	b	a	a	b	a	
12	黄李曼	b	a	a	a	a	
13	段庆华	b	a	a	a	a	
14	曾米	a	a	b	a	a	
15	李乐	a	a	a	a	a	
16	张新年	b	a	a	b	a	
17	陈晓宇	a	b	a	a	a	

图 4-114　COUNTIF 函数应用原始数据

	A	B	C	D
1				
2		参数	指定位数	返回值
3		23.7584961	0	
4		23.7584961	1	
5		23.7584961	2	
6		23.7584961	3	
7		23.7584961	4	
8		23.7584961	5	
9		23.7584961	6	

图 4-115　ROUND/TRUNC 函数应用原始数据

	A	B	C	D
1				
2		参数	指定位数	返回值
3		23.7584961	0	24
4		23.7584961	1	23.8
5		23.7584961	2	23.76
6		23.7584961	3	23.758
7		23.7584961	4	23.7585
8		23.7584961	5	23.7585
9		23.7584961	6	23.758496

图 4-116　ROUND 函数应用计算结果

	A	B	C	D
1				
2		参数	指定位数	返回值
3		23.7585	0	23
4		23.7585	1	23.7
5		23.7585	2	23.75
6		23.7585	3	23.758
7		23.7585	4	23.7584
8		23.7585	5	23.75849
9		23.7585	6	23.758496

图 4-117　TRUNC 函数应用计算结果

实验任务

1. 用 Excel 计算 1,2,4,8,16,…，256 的平均值，计算结果保留 2 位小数。
2. 学生成绩表如图 4-118 所示，用公式和函数把表格的空白部分补足。

	A	B	C	D	E	F	G
1	学号	姓名	语文	数学	英语	总成绩	平均成绩
2	1	赵	85	80	91		
3	2	钱	70	67	85		
4	3	孙	85	74	68		
5	4	李	82	82	72		
6	5	周	74	64	83		
7	最高分						
8	最低分						

图 4-118　学生成绩表

3. 部门考核表如图 4-119 所示，计算成绩小于 60，而且不等于 0 的人数；计算成绩大于 60 小于 80 的人数。
4. 销售情况表如图 4-120 所示，计算销售数量为 5 或 5 以上，销售员为"张三"的记录项数。

	A	B	C	D
1	姓名	部门	成绩	工资
2	张三	人事部	78	2000
3	李四	企划部	54	3200
4	王五	销售部	65	4000
5	周六	人事部	0	6000
6	谢七	企划部	76	2500
7	李华	销售部	62	5000
8	吴二	人事部	40	3000
9	张萍	企划部	85	4000
10	周华	销售部	0	5200

图 4-119　部门考核表

	A	B	C	D
1	销售日期	产品名称	销售数量	销售员
2	2012-7-5	男士手表	5	张三
3	2012-7-6	女士手表	4	张三
4	2012-7-7	男士剃须刀	8	李四
5	2012-7-4	女士手表	7	王五
6	2012-7-5	男士剃须刀	9	李四
7	2012-7-5	女士手表	6	张三
8	2012-7-3	男士手表	4	李四
9	2012-7-4	男士剃须刀	2	张三
10	2012-7-5	女士手表	7	周六
11	2012-7-5	男士剃须刀	3	王五
12	2012-7-5	女士手表	9	李四

图 4-120　销售情况表

实验六　Excel 2010 数据管理操作

实验目的与要求

① 掌握记录单的使用。

② 掌握数据的排序、自动筛选和高级筛选。

③ 掌握数据的分类汇总和数据透视表。

实验内容

1. 记录单的使用

① 首先添加记录单到快速访问工具栏中。选择快速访问工具栏中的▾按钮，如图 4-121 所示。选择“其他命令”，弹出“Excel 选项”对话框，在“快速访问工具栏”中选择“不在功能区中的命令”，添加“记录单”到右侧框中，如图 4-122 所示，单击“确定”按钮，即可在快速访问工具栏中找到记录单按钮。

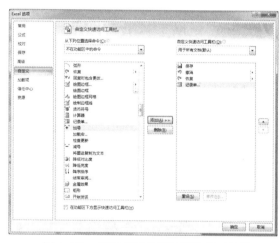

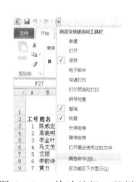

图 4-121　快速访问工具栏

图 4-122　添加记录单到快速访问工具栏

② 新建工作簿“员工薪水表.xlsx”，如图 4-123 所示。选择数据清单 A4:J21 中的任意单元格，然后单击快速访问工具栏中的“记录单”按钮，弹出“员工薪水表”对话框，如图 4-124 所示。单击“新建”按钮，在各字段中输入新记录的数据，要输入的数据按各字段排序排列分别为“21”“张笑”“男”“销售部”“广州”“2010-9-4”“1800”“162”“25”。一条记录中各字段数据都输入完后，按【Enter】键确认，各字段文本框被清空。可以接着输入下一条记录，输入的新记录插入到工作表的尾部。所有记录输入完毕后，单击“关闭”按钮。

③ 若在"员工薪水表"对话框中单击"条件"按钮，在"分公司"中输入"长沙"，在"部门"中输入"行政部"，如图 4-125 所示，单击"上一条"或"下一条"按钮，显示数据表中符合条件的记录，共有 2 条符合条件。

图 4-123　员工薪水表

图 4-124　记录单

图 4-125　条件按钮

2. 排序

① 单击"工作时间"列的任意单元格。注意不要选中整列排序，否则会弹出"排序提醒"对话框，提示是否按照当前选定区域排序或扩展选定区域排序，若勾选"按照当前选定区域排序"，会导致数据错位。

② 单击"开始"选项卡上"编辑"组中的"排序和筛选"按钮，选择 升序按钮，查看数据清单，记录已经按照参加工作的时间重排列，将该工作表原来的名称"员工薪水表"改成"按工作时间排序"，如图 4-126 所示。

图 4-126　按工作时间升序排列的数据清单

③ 添加一张新工作表并命名为"多条件排序"，将员工薪水表中的全部数据复制到该工作表中。单击数据清单中的任意单元格，然后单击"开始"选项卡上"编辑"组中的"排序和筛选"按钮，选择"自定义排序"命令，弹出"排序"对话框，也可通过"数据"选项卡"排序和筛选"组中的"排序"按钮弹出"排序"对话框。在"主要关键字"中选择"分公司"，"排序依据"选择"数值"，"次序"选择"升序"，单击"添加条件"按钮添加"次要关键字"，选择"次要关键

字"为"部门",再单击"添加条件"添加"第三关键字",选择"第三关键字"为"薪水","排序依据"为"数值","次序"为"降序",单击"确定"按钮,如图4-127所示。

图4-127 多条件排序

3. 分类汇总

① 将"多条件排序"工作表中的全部数据复制到一个新的工作表中,并命名新工作表为"多级分类汇总"。

② 单击数据区域中的任意单元格,单击"数据"选项卡上"分级显示"组中的"分类汇总"按钮,弹出"分类汇总"对话框。"分类字段"选择"分公司","汇总方式"选择"求和","选定汇总项"选中"薪水"复选框,如图4-128所示。单击"确定"按钮,效果如图4-129所示。

图4-128 "分类汇总"对话框

图4-129 分类汇总结果

③ 单击数据清单左侧的分类级别1、2、3,查看只显示总计,显示分公司汇总结果和显示所有明细数据的效果。

④ 再次打开"分类汇总"对话框,"分类字段"选择"部门",取消选择"替换当前分类汇总"复选框,然后单击"确定"按钮,显示出多级分类汇总的结果。可以通过左侧的分级按钮 1 2 3 4 显示不同级别的汇总数据,如图4-130所示。

⑤ 若要删除分类汇总结果,则重新打开"分类汇总"对话框,单击其中的"全部删除"按钮。

4. 自动筛选

① 新建一张名为"自动筛选"的工作表,将"员工薪水表"中的数据复制到其中。

② 单击数据区域中的任意单元格,然后单击"数据"选项卡上"排序和筛选"组中的"筛选"按钮,每个字段名右侧会出现一个下拉按钮。

③ 单击"分公司"字段的下拉按钮,从下拉列表中只勾选"广州"选项,则数据表中只显

示“广州”分公司的员工数据，如图 4-131 所示。

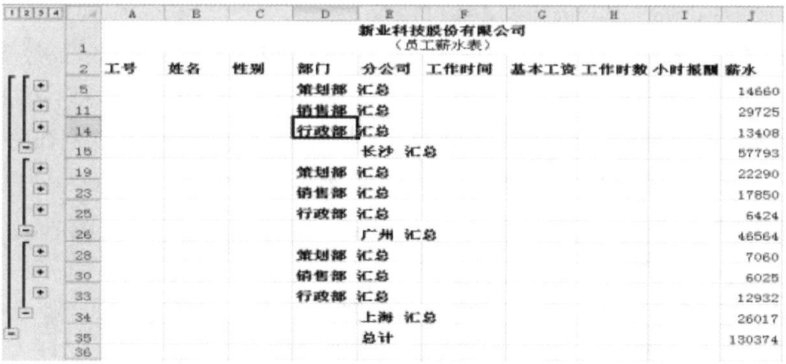

	A	B	C	D	E	F	G	H	I	J
1					新业科技股份有限公司（员工薪水表）					
2	工号	姓名	性别	部门	分公司	工作时间	基本工资	工作时数	小时报酬	薪水
5				策划部 汇总						14660
11				销售部 汇总						29725
14				行政部 汇总						13408
15					长沙 汇总					57793
19				策划部 汇总						22290
23				销售部 汇总						17850
25				行政部 汇总						6424
26					广州 汇总					46564
28				策划部 汇总						7060
30				销售部 汇总						6025
33				行政部 汇总						12932
34					上海 汇总					26017
35					总计					130374

图 4-130　分类汇总的多级显示

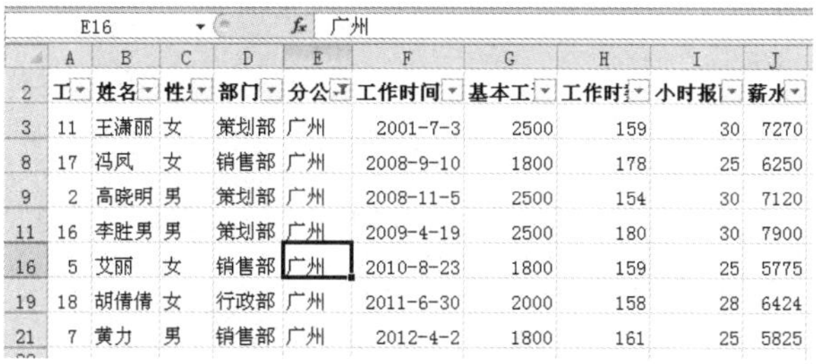

E16　广州

	A	B	C	D	E	F	G	H	I	J
2	工	姓名	性	部门	分公	工作时间	基本工	工作时	小时报	薪水
3	11	王潇丽	女	策划部	广州	2001-7-3	2500	159	30	7270
8	17	冯凤	女	销售部	广州	2008-9-10	1800	178	25	6250
9	2	高晓明	男	策划部	广州	2008-11-5	2500	154	30	7120
11	16	李胜男	男	策划部	广州	2009-4-19	2500	180	30	7900
16	5	艾丽	女	销售部	广州	2010-8-23	1800	159	25	5775
19	18	胡倩倩	女	行政部	广州	2011-6-30	2000	158	28	6424
21	7	黄力	男	销售部	广州	2012-4-2	1800	161	25	5825

图 4-131　单条件自动筛选结果

④ 单击“工作时间”字段的下拉按钮，在弹出的下拉列表中选择“日期筛选”中的“自定义筛选”命令，弹出“自定义自动筛选方式”对话框，在其左上角的下拉列表框中选择“在以下日期之后或与之相同”选项，单击右侧的“日期选取器”按钮，选择 2009 年 1 月 1 日，单击“确定”按钮，则工号为 5、7、16、18 的员工记录被显示出来。

⑤ 再次单击“分公司”字段的下拉按钮，选中其中的“全部”选项，所有在 2009 年 1 月 1 日以来工作的员工记录全部显示出来。

⑥ 再次单击“数据”选项卡上“排序和筛选”组中的“筛选”按钮，自动筛选被取消，所有数据显示出来。

5. 高级筛选

① 新建一张名为“高级筛选”的工作表，将“员工薪水表”中的数据复制到其中。

② 筛选出在“长沙”或“广州”分公司工作，性别为“男”且参加工作时间在 2009 年 1 月 1 日及其之后的职工，以及不属于“广州”分公司，但薪水在 6 000 以下的“行政部”职工。该高级筛选的条件如表 4-13 所示。

表 4-13　高级筛选的条件

性　别	部　门	分　公　司	工 作 时 间	薪　水
男		长沙	>=2009-1-1	
男		广州	>=2009-1-1	
	行政部	<>广州		<6000

③ 将字段名"性别""部门""分公司""工作时间""薪水"复制到 L3:P3 区域中，然后按上述要求写出筛选条件，条件的写法如表 4-13 所示。

④ 单击"数据"选项卡上"排序和筛选"组中的"高级"按钮，弹出"高级筛选"对话框，选中"将筛选结果复制到其他位置"单选按钮和"选择不重复的记录"复选框，单击"列表区域"中的  按钮，选择 A2:J22 区域，再单击 按钮回到"高级筛选"对话框，同样的方法选择条件区域为 L3:F7，复制到区域为 L9，如图 4-132 所示，图 4-133 为筛选结果。

工号	姓名	性别	部门	分公司	工作时间	基本工资	工作时数	小时报酬	薪水
16	李胜男	男	策划部	广州	2009-4-19	2500	180	30	7900
19	周庆华	男	策划部	长沙	2009-6-29	2500	150	30	7000
1	陈成宏	男	销售部	长沙	2009-8-6	1800	162	25	5850
13	王君梅	女	行政部	长沙	2009-8-17	2000	142	28	5976
12	贾红健	男	销售部	长沙	2010-4-27	1800	164	25	5900
21	张笑	男	销售部	长沙	2010-9-4	1800	162	25	5850
2	李金叶	男	行政部	长沙	2011-2-28	2000	173	28	6844
15	陈云州	男	销售部	长沙	2011-9-28	1800	174	25	6150
7	黄力	男	销售部	广州	2012-4-2	1800	161	25	5825

图 4-132　高级筛选条件设置　　　　　　图 4-133　高级筛选结果

6．数据透视表

① 使用数据透视表透视各分公司各部门薪水的平均值。新建一张名为"数据透视表"的工作表，将员工薪水表中的数据复制到其中。

② 单击数据清单中的任意单元格，选择"插入"选项卡上"表格"组中的"数据透视表"，弹出"数据透视表"对话框，自动分析出数据区域为 A2:J22，勾选"现有工作表"，在其中选择 L2，单击"确定"按钮。

③ 在弹出的"数据透视表字段列表"对话框中勾选"部门""分公司"和"薪水"，将部门拖动到列标签，将分公司拖动到行标签，将薪水拖动到数值，如图 4-134 所示。

④ 右击工作表 L2，在弹出的快捷菜单中选择"值字段设置"（或单击"数据透视表字段列表"对话框中的"求和项：薪水"按钮，再选择"值字段设置"），弹出"值字段设置"对话框，将"值汇总方式"改为"平均值"，单击"值显示方式"选项卡中的"数字格式"按钮，设置小数点位数为 0，单击"确定"按钮，数据透视表结果如图 4-135 所示。

⑤ 右击 L2:P7 区域任意单元格，选择"显示字段列表"，再次弹出"数据透视表字段列表"对话框。将"性别"拖到报表筛选中，在数据透视表的上方出现了"性别"字段，选择"女"，将透视女职工在各部门各分公司的薪水平均值，如图 4-136 所示。

<table>
<tr><td colspan="5">平均值项:薪水　列标签</td></tr>
<tr><td>行标签</td><td>策划部</td><td>销售部</td><td>行政部</td><td>总计</td></tr>
<tr><td>长沙</td><td>7330</td><td>5945</td><td>6704</td><td>6421</td></tr>
<tr><td>广州</td><td>7430</td><td>5950</td><td>6424</td><td>6652</td></tr>
<tr><td>上海</td><td>7060</td><td>6025</td><td>6466</td><td>6504</td></tr>
<tr><td>总计</td><td>7335</td><td>5956</td><td>6553</td><td>6519</td></tr>
</table>

性别	女			
平均值项:薪水	列标签			
行标签	策划部	销售部	行政部	总计
长沙	7660	5975	6564	6733
广州	7270	6013	6424	6430
上海	7060		6466	6664
总计	7330	6000	6480	6591

图 4-134　数据透视表字段列表　　图 4-135　数据透视表结果　　图 4-136　按性别数据透视结果

实验任务

1．排序

（1）新建一个以自己的姓名命名的工作簿。将"员工薪水表"中的数据复制到 Sheet1、Sheet2 和 Sheet3 中。

（2）将 Sheet1 中的数据按"工作时间"从小到大进行排序。

（3）将 Sheet2 中的数据按"分公司""部分"两个条件都以递减规则进行复合排序。

（4）将此工作簿按原名保存。

2．分类汇总

（1）将 Sheet3 工作表进行分类汇总，要求：按"部门"汇总"薪水"之和。

（2）将 Sheet3 工作表名称修改为"各部门薪水汇总"。

（3）将此工作簿原名保存。

3．高级筛选

（1）对如图 4-137 所示的 Sheet1 工作表中的数据进行筛选，条件：筛选出"考试成绩"和"实验成绩"大于或等于 70 的计算机系的记录。要求：使用高级筛选，并将筛选结果复制到其他位置。条件区域：起始单元格定位在 A22。复制到：起始单元格定位到 H2。

	A	B	C	D	E	F	G	H
	系别	学号	班级	姓名	性别	考试成绩	实验成绩	总成绩
2	信息	991021	3	李新	男	74	66	72
3	计算机	992032	2	王文辉	男	87	77	84
4	自动控制	993023	2	张磊	男	65	89	72
5	经济	995034	3	郝心怡	女	86	77	83
6	信息	991076	1	王力	男	91	75	86
7	数学	994056	2	孙英	女	77	69	75
8	自动控制	993021	1	张在旭	男	60	84	67
9	计算机	992089	3	金翔	男	73	62	70
10	计算机	992005	1	扬海东	男	90	80	87
11	自动控制	993082	2	黄立	女	85	70	81
12	信息	991062	3	王春晓	女	78	73	77
13	经济	995022	2	陈松	男	69	41	61
14	数学	994034	1	姚林	女	89	68	83
15	信息	991025	2	张雨涵	女	62	75	66
16	自动控制	993026	2	钱民	男	66	86	72
17	数学	994086	3	高晓东	男	78	61	73
18	经济	995014	1	张平	男	80	74	78
19	自动控制	993053	3	李英	女	93	59	83
20	数学	994027	2	黄红	女	68	62	66

图 4-137　计算机系学生成绩表

（2）将 Sheet1 工作表改名为"计算机系合格记录"。

（3）将此工作簿原名保存。

4．数据透视表

（1）将上题的"计算机系合格记录"工作表中的数据复制到 Sheet2 中。

（2）建立数据透视表，报表筛选字段为性别，行标签为系别，列标签为班级，数据为"总成绩"的平均值。

（3）将此工作簿原名保存。

实验七　Excel 2010 数据图表操作

实验目的与要求

① 掌握图表的创建。

② 掌握图表的编辑。

③ 掌握图表的格式化。

实验内容

打开"图表.xlsx"工作簿，有一张名为"个人 2012 年度开支"的工作表，内容是某人 2012 年度的开支明细，相关的数据已经计算完毕，如图 4-138 所示。

A	B	C	D	E	F	G	H
个人2012年度开支							
							单位：元
季度	正餐花费	水果零食	衣物服饰	日用品	电话费	其他	季度合计
第一季度	985	212	1285	508	352	209	3551
第二季度	1008	269	1630	467	391	241	4006
第三季度	986	305	1492	432	402	368	3985
第四季度	905	241	1432	369	415	450	3812
年合计	3884	1027	5839	1776	1560	1268	
						年总计：	15354
						年计划开支：	15000
						节余：	-354

图 4-138　2012 年度的开支明细

（1）制作簇状柱形图，比较每个季度的正餐花费、水果零食和衣物服饰的消费情况。具体操作步骤如下。

① 拖动鼠标选中 A2:D6 区域，单击"插入"选项卡"图表"功能区中的 按钮，弹出"插入图表"对话框，在其中选择"簇状柱形图"，单击"确定"按钮即可创建一张嵌入式图表，如图 4-139 所示。

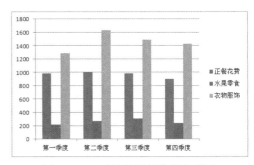

图 4-139　默认效果的簇状柱形图

② 若想创建一张图表工作表，右击创建好的图表，从菜单中选择"移动图表"选项，弹出"移动图表"对话框，在其中选择"新工作表"单选按钮，在相应文本框中输入新工作表名称"图表"，单击"确定"按钮完成移动操作，实现图表工作表的创建工作，至此，增加了一张名为"图表"的新工作表。若要更改图表的类型，右击图表的图表区，在弹出的菜单中选择"更改图表类型"选项，弹出"更改图表类型"对话框，选择要更改的图表类型即可。

（2）对嵌入式的图表，可以设置图表的大小和位置。具体操作步骤如下。

① 选中图表对象，此时图表区的四周会出现控制点，将鼠标指针移动到图表的左上角，此时鼠标指针变成斜向上的双向箭头形状，按住鼠标左键向右下拖动，拖到合适的大小即可释放。

② 将鼠标指针移动到调整位置的图表上，此时鼠标指针变成双向的十字箭头形状，按下鼠标左键不放并拖动到合适的位置释放即可。

（3）设置图表区和绘图区背景。具体操作步骤如下。

① 在"图表"工作表中，右击图表区，在弹出的快捷菜单中选择"设置图表区域格式"命令，在弹出的对话框选择"填充"中的"纯色填充"，选择"茶色，背景 2，深色 10%"，如图 4-140 所示，单击"关闭"按钮。

图 4-140　设置图表区格式

② 设置绘图区的方法与设置图表区的方法相似。选中绘图区，右击选择"设置绘图区格式"或单击"布局"选项卡上"当前所选内容"组中的"设置所选内容格式"按钮，弹出"设置绘图区格式"对话框。在对话框中选择"图片或纹理填充"单选按钮，单击"剪贴画"按钮，在弹出的"选择图片"对话框中选择要插入的剪贴画文件，如图 4-141 所示。

（4）设计图表样式。选中创建的图表，单击"设计"选项卡上"图表样式"组中的"快速样式"按钮，弹出"快速样式"下拉菜单，如图 4-142 所示，在其中选择需要的快速样式，即可完成图表样式的设计操作。

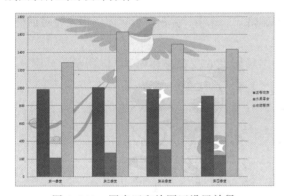

图 4-141　图表区和绘图区设置效果

图 4-142　"快速样式"下拉菜单

（5）设置图表标题。具体操作步骤如下。

① 在"图表"工作表中，右击图表区，单击"布局"选项卡上"标签"组中的"图表标题"按钮，从弹出的菜单中选择标题要添加的位置并重新命名，即可完成图表标题的添加。

② 选中图表标题，单击"开始"选项卡上"字体"组中的 按钮，弹出"字体"对话框。

③ 从"中文字体"下拉列表中选择字体为"宋体"，从"字体样式"下拉列表中选择"常规"选项，在"大小"微调框中输入字号为"20"，单击"字体颜色"下拉按钮，从弹出的菜单中选择字体颜色为"紫色"，单击"确定"按钮，即可完成图表字体的设置。

④ 选中标题文本框并单击"布局"选项卡上"当前所选内容"组中的"设置所选内容格式"

按钮，弹出"设置图表标题格式"对话框。选择"填充"选项卡，在其中选择"纯色填充"单选按钮，单击"颜色"下拉按钮，从弹出的菜单中选择"白色，背景1，深色35%"，单击"关闭"按钮，即可完成图表标题的设置操作，效果如图4-143所示。

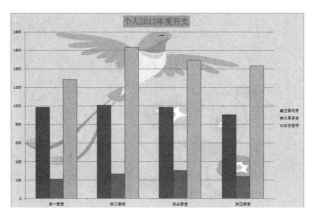

图 4-143　图表标题设置

（6）设置图例格式。具体操作步骤如下。

① 此例中已添加了一个图例，若没有图例，可以用下面的方法添加。选中图表区并单击"布局"选项卡上"标签"组中的"图例"按钮，从弹出的菜单中选择图例放置的位置，即可添加一个图例。

② 单击图例，图例的四周会出现八个控制点，在"开始"选项卡上"字体"组中设置字号为"20"，字体为"宋体"。

③ 右击图例，从弹出的菜单中选择"设置图例格式"选项，弹出"设置图例格式"对话框。在此对话框中选择填充的背景。

④ 采用上述类似方法设置水平轴和垂直轴的字号为"20"，效果如图4-144所示。

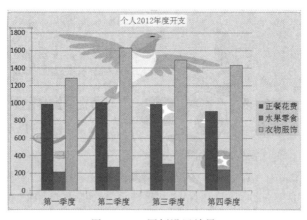

图 4-144　图例设置效果

（7）设置水平轴（分类轴）和垂直轴（数值轴）。具体操作步骤如下：在数值轴上右击，在弹出的快捷菜单中选择"设置坐标轴格式"，在弹出的对话框中选择"数字"选项卡，将类别设置为"常规"。选择"坐标轴选项"选项卡，将"最小值"固定为"0.0"，将"最大值"固定为"1 700"，将"主要刻度单位"固定为 100，单击"关闭"按钮。

（8）设置数据系列格式。具体操作步骤如下：分别右击"正餐花费""水果零食"和"衣物服饰"数据系列，在弹出的菜单中选择"设置数据系列格式"，在弹出的对话框中选择"填充"选项卡中的"图案填充"，设置合适的前景色、背景色和底纹样式或选择"图片和纹理填充"中来自文件的图片进行填充。并在"设置数据系列格式"对话框中设置每个数据系列为"无边框"，选择合适的三维格式。另外，在"布局"选项卡"标签"功能区中设置数值轴的标题为"消费金额"。最终效果如图 4-145 所示。

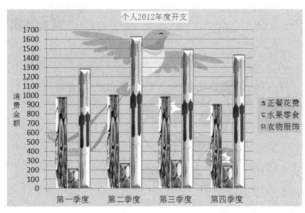

图 4-145 设置数据系列格式效果

实验任务

1. 柱形图制作。打开 Ex4.xlsx 工作簿的"工资统计"工作表，如图 4-146 所示。

（1）根据"工资统计"工作表中的数据，在 Sheet2 中建立助教、讲师、教授基本工资和奖金平均值的工作表。

（2）根据 Sheet2 中的数据生成工资统计图表，如图 4-147 所示。

图 4-146 工作统计表

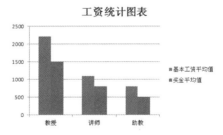

图 4-147 工资统计柱形图

① 分类轴为"职称"，数值轴为不同职称的"基本工资""奖金"的平均值。

② 图表类型：簇状柱形图。

③ 图表标题：工资统计图表。

④ 图例：靠右。

⑤ 图表位置：作为新工作表插入。

⑥ 工作表名：工资统计图表。

（3）将此工作簿保存为"人事管理.xlsx"。

2．饼图制作。打开 Ex4.xlsx 工作簿的"营业收入"工作表，如图 4-148 所示。

（1）填充工作表中的"平均"列和"合计"列的数值。

（2）根据工作表中的数据，建立图表工作表，如图 4-149 所示。

图 4-148　营业收入统计表

图 4-149　营业收入饼图

① 图表分类轴为"收入项目"，数值轴为各收入项目的"合计"。

② 图表类型：三维饼图。

③ 添加标题：营业收入。

④ 图例：靠右。

⑤ 数据标志：显示百分比。

⑥ 图表位置：作为新工作表插入。

⑦ 工作表名：营业收入图表。

（3）将工作簿保存为"销售情况.xlsx"。

3．折线图制作。打开 Ex4.xlsx 工作簿的"营业收入"工作表，建立折线图表工作表，如图 4-150 所示。

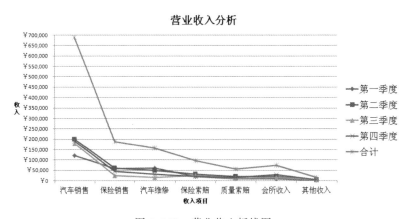

图 4-150　营业收入折线图

① 图表分类轴为收入项目，数值轴为"第一季度""第二季度""第三季度"和"第四季度"各季度的收入。

② 图表类型：带数据标记的折线图。

③ 添加标题：营业收入分析。

④ 图例：靠右。

⑤ 图表位置：作为新工作表插入。

⑥ 工作表名：营业收入折线图表。

⑦ 将此工作簿保存为"营业收入.xlsx"。

习　　题

选择题

1. Excel 2010 工作簿文件默认的扩展名是（　　）。

   A. doc　　　　　　B. exc　　　　　　C. xlsx　　　　　　D. txt

2. Excel 的主要功能是（　　）。

   A. 处理文字　　　B. 处理数据　　　C. 管理资源　　　D. 演示文稿

3. 工作簿是由（　　）组成的。

   A. 单元格　　　　B. 单元格区域　　C. 工作表　　　　D. 数据行

4. 新创建的工作簿包含的工作表数量是（　　）。

   A. 3　　　　　　　B. 1　　　　　　　C. 由用户定义　　D. 2

5. 创建 Excel 文档，系统给出的默认工作簿是（　　）。

   A. sheet1　　　　B. sheet　　　　　C. book1.xls　　　D. book.xls

6. 下列关于工作簿和工作表的叙述中，错误的是（　　）。

   A. 工作簿中的工作表可以添加或删除　　　B. 工作簿中的工作表可以移动或复制

   C. 可以将工作簿或工作表隐藏　　　　　　D. 每张工作表都是独立的文件

7. 下列操作中，（　　）操作可以使该工作表标签暂时不在窗口显示出来。

   A. 对工作表设置密码　　　　　　　　　　B. 锁定工作表

   C. 隐藏工作表　　　　　　　　　　　　　D. 删除工作表

8. 在公式计算中，如果要表示以 B2 单元格为左上角，E6 单元格为右下角的单元格区域，正确的表示方法是（　　）。

   A. B2:E6　　　　B. B2,E6　　　　　C. B2～E6　　　　D. B2—E6

9. 要选定不连续的若干个单元格，可按住（　　）键的同时依次单击各个单元格。

   A.【Alt】　　　　B.【Ctrl】　　　　C.【Shift】　　　D.【Tab】

10. 下列计算公式中，表示相对引用的是（　　）。

   A. =$A3　　　　B. =A3　　　　　C. =A$3　　　　D. =$A$3

11. 单元格的地址由（　　）表示。

   A. 单元格的内容　B. 单元格的名称　C. 行号和列标　　D. 列标和行号

12. 工作表 sheet1 的 A1 单元格的完整地址表示为（　　）。

   A. Sheet1:A1　　B. sheet1!A1　　　C. sheet1→A1　　D. sheet1+A1

13. 要在公式中引用某单元格的数据，应在公式中键入该单元格的（　　）。

   A. 数据　　　　　B. 地址　　　　　C. 格式　　　　　D. 附注

14. 在 Excel 活动单元格中输入 4/2 并单击√按钮，单元格显示的是（　　）。

   A. 2　　　　　　　B. 4/2　　　　　　C. 4月2日　　　　D. 出错

15. 要将活动单元格的内容复制到相邻的单元格，一种操作方法是：鼠标指向活动单元格的（　　），然后拖动鼠标到目的单元格。

   A. 左下角　　　　B. 右下角　　　　C. 左上角　　　　D. 右上角

16. 设 D2 单元格的值为 1，D3 单元格的值为 3，选中 D2 和 D3，鼠标指向 D3 单元格的填充柄并拖动到 D5，则 D4 和 D5 单元格的值分别（　　　）。

    A. 1 和 1　　　　　　B. 1 和 3　　　　　　C. 0 和 3　　　　　　D. 5 和 7

17. 如果没有设置工作表的对齐方式，则系统默认为（　　　）。

    A. 文本左对齐、数值右对齐　　　　　　B. 文本右对齐、数值左对齐

    C. 二者均居中对齐　　　　　　　　　　D. 二者均左对齐

18. 工作表中没有看到 B 列标，则意味着（　　　）。

    A. B 列已被删除　　　　　　　　　　　B. B 列已被清除

    C. B 列已被隐藏　　　　　　　　　　　D. 该工作表没有定义 B 列

19. 删除工作表中指定的单元格，则（　　　）。

    A. 原有单元格的下方单元格上移

    B. 原有单元格的右方单元格左移

    C. 原有单元格位置还在，内容被删除

    D. 可选择原有单元格的下方单元格上移或右方单元格左移

20. 计算公式中必不可少的符号是（　　　）。

    A. ＋　　　　　　　　B. －　　　　　　　　C. ＝　　　　　　　　D. ？

21. 假设单元格 A1、A2、A3 的值分别为 12、1 月 2 日和 ab，下列计算公式中错误的是（　　　）。

    A. =A1+A2　　　　　B. =A2+A3　　　　　C. =A2&A3　　　　　D. =A1>A2

22. 在 Excel 工作表中，要对 D1：D9 单元格区域求和并把结果填入 D10 单元格（假设 D10 单元格为空），在单击工具栏的 ∑ 按钮之前，应先确定求和区域。下列确定求和区域的方法中，错误的是（　　　）。

    A. 单击列标 D　　　　　　　　　　　　B. 选定 D1:D10 单元格区域

    C. 选定 D1:D9 单元格区域　　　　　　　C. 单击 D10 单元格

23. 单击（　　　）按钮可启动函数向导。

    A. ∑　　　　　　　　B. ƒ×　　　　　　　C. 📊　　　　　　　　D. 🔲

24. 下列函数名中，（　　　）不是 Excel 常用函数。

    A. if　　　　　　　　B. max　　　　　　　C. sin　　　　　　　D. min

25. 在 Excel 工作簿中，创建图表是以（　　　）为基础的。

    A. 整个工作簿　　　　B. 整个工作表　　　　C. 指定单元格区域　　D. 指定单元格

26. "图表 1" 是 "sheet1" 工作表的图表工作表，当 "sheet1" 工作表被删除后，则（　　　）。

    A. "图表 1" 自动被删除　　　　　　　　B. "图表 1" 不受影响

    C. "图表 1" 仍存在，但不可使用　　　　D. "图表 1" 必须删除，否则工作簿无法关闭

27. 关于 Excel 的打印功能，叙述正确的是（　　　）。

    A. 只能打印整张工作表，不能打印工作表的一部分

    B. 行号和列标无法打印出来

    C. 各工作表的页眉和页脚可以不同

    D. 表格的大小尺寸不能改变

4.3　演示文稿制作软件 PowerPoint 2010

4.3.1　本节要点

◆ 知识点 1：PowerPoint 2010 窗口基本组成

1．PowerPoint 2010 窗口组成

启动 PowerPoint 2010 后，将出现普通视图窗口，整体界面与 Word、Excel 大致相同。从图 4-151 中可以看到标题栏、选项卡、控制和功能区域、状态栏、幻灯片窗格、大纲选项卡和备注窗格等。对于标题栏、选项卡、快速访问工具栏、控制和功能区域在 Word 2010 和 Excel 2010 中都已做了介绍，在此不再赘述。对于幻灯片窗格、大纲选项卡和备注窗格将在下面的"普通视图"中加以介绍。

图 4-151　PowerPoint 2010 窗口

PowerPoint 2010 工作界面的组成部分及功能如下所述。

- 幻灯片窗格：编辑幻灯片的工作区，主要显示幻灯片效果。
- 备注窗格：用于添加或编辑描述幻灯片的注释文本。
- 大纲选项卡：以大纲的形式显示幻灯片的文本，主要用于查看或创建演示文稿的大纲。
- 幻灯片选项卡：显示幻灯片的缩略图，主要用于添加、排列或删除幻灯片，以及快速查看演示文稿中的任意一张幻灯片。
- 幻灯片编号：显示当前幻灯片的编号与幻灯片的总数量。
- 主题名称：显示当前演示文稿应用的主题名称。
- 使幻灯片适应当前窗口：可以将幻灯片调整到适应当前窗口的大小。

> **提　示**
>
> 幻灯片编号、主题名称、使幻灯片适应当前窗口都在状态栏内。

2．PowerPoint 2010 视图

PowerPoint 2010 为用户提供了普通视图、幻灯片浏览视图、备注页视图、阅读视图、幻灯片放映视图与母版视图六种方式。各种不同的视图方式主要用于突出编辑过程的不同部分。用户可以通过单击"视图"选项卡上"演示文稿视图"组和"母版视图"组中的各项命令，在各个视图

之间切换，用户还可以通过状态栏右边的视图易用栏进行切换。视图易用栏提供了几个主要视图（普通视图、幻灯片浏览视图、阅读视图和幻灯片放映视图）。

下面对 PowerPoint 提供的几种视图分别加以说明。

（1）普通视图

普通视图是主要的编辑视图，可用于撰写和设计演示文稿。普通视图有 4 个工作区：大纲选项卡、幻灯片选项卡、幻灯片窗格和备注窗格，如图 4-151 所示。拖动其边框可以调整不同窗格的大小，用户可在大纲选项卡或幻灯片窗格编辑幻灯片，在备注窗格中输入关于这张幻灯片的备注文字。

（2）幻灯片浏览视图

幻灯片浏览视图可使用户以缩略图形式查看幻灯片，如图 4-152 所示。用户在创建演示文稿以及准备打印演示文稿时，可以轻松地对演示文稿的顺序进行排列和组织。用户还可以在幻灯片浏览视图中添加节，并按不同的类别或节对幻灯片进行排序。

切换到幻灯片浏览视图的方法：单击"视图"选项卡上"演示文稿视图"组中的"幻灯片浏览"按钮或单击状态栏中视图切换的"幻灯片浏览"按钮。

（3）备注页视图

备注窗格位于幻灯片窗格下，如图 4-153 所示。用户可以键入要应用于当前幻灯片的备注，便于打印出来在放映演示文稿时进行参考。

切换到备注页视图的方法：单击"视图"选项卡上"演示文稿视图"组中的"备注页"按钮。

图 4-152　幻灯片浏览视图　　　　　　　　　　　图 4-153　备注页视图

（4）阅读视图

阅读视图是用来向计算机前用户展示演示文稿，而不是通过类似大屏幕放映演示文稿。如果希望在一个设有简单控件以方便审阅的窗口中查看演示文稿，而不想使用全屏的幻灯片放映视图，则可以在自己的计算机上使用阅读视图。如果要更改演示文稿视图方式，可随时从阅读视图切换至某个其他视图。

切换到阅读视图的方法：单击"视图"选项卡上"演示文稿视图"组中的"阅读视图"按钮或单击状态栏中视图切换的"阅读视图"按钮。

（5）幻灯片放映视图

用户可从选中的当前幻灯片开始逐一放映，幻灯片放映视图会占据整个计算机屏幕，可以看到图形、计时、电影、动画效果和切换效果在实际演示中的具体效果。若要结束放映，可按【Esc】键，或用鼠标右击正在放映的幻灯片，在弹出的快捷菜单中选择"结束放映"选项。

切换到幻灯片放映视图的方法有以下几种。

- 使用状态栏上的按钮。

单击状态栏上"幻灯片放映"按钮。

- 使用选项卡上的工具按钮。

单击"幻灯片放映"选项卡上"开始放映幻灯片"组中的"从头开始"按钮或者"从当前幻灯片开始"按钮。

- 使用快捷键。

使用快捷键【F5】从头开始放映。

演示者视图是一种可在演示期间使用的基于幻灯片放映的关键视图。借助两台监视器，可以运行其他程序并查看演示者备注，而这些是其他用户所无法看到的。

（6）母版视图

母版视图包括幻灯片母版视图、讲义母版视图和备注母版视图，是存储有关演示文稿信息的主要幻灯片，其中包括背景、颜色、字体、效果、占位符的大小和位置等。使用母版视图的一个主要优点在于在幻灯片母版、备注母版或讲义母版上，可以对与演示文稿关联的每个幻灯片、备注页或讲义的样式进行全局更改。

切换到母版视图的方法：单击"视图"选项卡上"母版视图"组中的各个按钮。

◆ 知识点 2：演示文稿的创建与保存

1．创建演示文稿

当启动 PowerPoint 2010 后，即可自动创建名为"演示文稿 1"的空白文档。也可以通过当前活动的 PowerPoint 2010 演示文稿来创建新的文稿。

（1）创建空白演示文稿

选择"文件"选项卡上的"新建"命令，单击"空白演示文稿"图标，单击"创建"按钮，即可创建一个空白演示文稿，如图 4-154 所示。

> **提　示**
>
> 用户可以在打开的演示文稿中使用【Ctrl+N】组合键，快速创建空白演示文稿。

（2）根据样本模板创建

PowerPoint 2010 为用户提供了 9 种样本模板。选择"文件"选项卡上的"新建"命令，在"可用的模板和主题"列表中选择"样本模板"，在其展开的列表中选择一种模板，并单击"创建"按钮，如图 4-155 所示。

（3）使用我的模板

用户还可以使用自定义的模板来创建演示文稿，选择"文件"选项卡上的"新建"命令，在"可用的模板和主题"列表中选择"我的模板"，在弹出的对话框中选择模板文件，然后单击"确定"按钮。

（4）使用 Office.com 模板

用户也可以利用 Office.com 中的模板来创建演示文稿。在 Office.com 列表中选择模板类型，并在展开的列表中选择相应的模板，单击"下载"按钮。

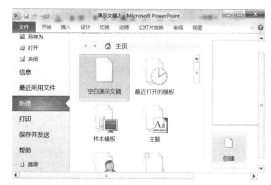

图 4-154　新建空白演示文稿窗口

图 4-155　根据模板创建演示文稿

（5）使用已安装的主题创建

在 PowerPoint 2010 中，用户还可以根据内置的主题模板来创建演示文稿，即在"可用的模板和主题"列表中选择"主题"，在弹出的"主题"列表中选择相应的模板。

2．保存演示文稿

创建完演示文稿之后，为了保护文稿中的格式和内容，用户还需要及时将演示文稿保存在本地硬盘中。其保存的操作过程与前面介绍的 Word 2010 完全相同。

PowerPoint 2010 默认的保存类型为"PowerPoint 演示文稿"，其扩展名为.pptx。另外，PowerPoint 2010 总共包含 6 种保存类型，除了前面提到的 PowerPoint 演示文稿（*.pptx），还有 PowerPoint 启用宏的演示文稿（*.pptm）、PowerPoint 97-2003 演示文稿（*.ppt）、PDF 文档格式（*.pdf）、XPS 文档格式（*.xps）和 PowerPoint 模板（*.potx）。

> —— 提 示 ——
>
> 用户可以使用【Ctrl+S】组合键来快速保存演示文稿，使用【F12】键可以弹出"另存为"对话框。

◆ 知识点 3：演示文稿的制作

在每张幻灯片中，最主要的内容是文本，所以在此主要从文本输入的几种不同方法入手来介绍演示文稿的制作。

1．在幻灯片窗格输入文本

输入文本主要是在演示文稿的普通视图中进行，其主要方法有以下两种。

（1）利用占位符输入文本

用户在新建幻灯片时，PowerPoint 会提供给用户选择一种自动版式（空白版式除外）。这些版式中使用了很多占位符，用户可根据自己的需要来替换占位符中的文本，如图 4-156、图 4-157 所示。

（2）利用文本框添加文本

当需要在幻灯片的占位符以外的位置添加文本时，可单击"插入"选项卡上"文本"组中的"文本框"按钮来插入文本框。具体操作过程如下。

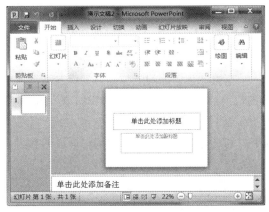
图 4-156　"标题"版式的幻灯片

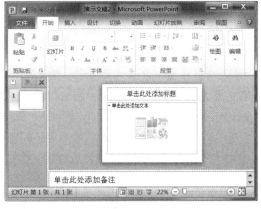
图 4-157　"内容与标题"版式的幻灯片

①　单击"插入"选项卡上"文本"组中的"文本框"按钮的下三角按钮，在弹出的下拉菜单中选择横排文本框圖或竖排文本框圖，在幻灯片上需要添加文本的位置按下鼠标左键并拖动，选择好合适的大小并放开鼠标左键后即出现一个可编辑的文本框。

②　在文本框中输入文本后，在文本框以外的位置单击。

文本区的大小和位置可根据用户需要进行改变。

2．在任务窗格的大纲选项卡中输入文本

在演示文稿的"普通视图"视图方式下，在任务窗格中，选择"大纲"选项卡，当前演示文稿以大纲形式显示。大纲由每张幻灯片的标题和正文组成，可快速录入和编辑多张幻灯片的文本内容。在大纲选项卡上组织和创建演示文稿是的最理想的方式。大纲选项卡上的操作与 Word 2010 中大纲视图下的操作相同。

◆　知识点 4：演示文稿的管理

演示文稿的管理主要包括幻灯片的选择、插入幻灯片、删除幻灯片、复制幻灯片和移动幻灯片等操作。

1．选择幻灯片

在普通视图的任务窗格或幻灯片浏览视图中，选择一张或多张幻灯片的具体操作过程如下。

选择一张幻灯片，只要单击该张幻灯片即可。选择多张幻灯片，首先单击第一张幻灯片或幻灯片图标，再按住【Ctrl】键并单击所要选择的其他幻灯片或幻灯片图标，可以选择多张幻灯片。

> ──说　明──
>
> 　单击第一张幻灯片或幻灯片图标，再按住【Shift】键单击所要选择的最后一张幻灯片或幻灯片图标，可以选择连续多张幻灯片。

2．插入幻灯片

PowerPoint 允许用户向演示文稿中插入新幻灯片，或者从其他演示文稿中插入幻灯片。

（1）插入新幻灯片

用户在普通视图和幻灯片浏览视图下，为已存在的演示文稿插入新的幻灯片。主要有以下三

种方法。

① 通过"幻灯片"选项组插入：选择幻灯片，单击"开始"选项卡上"幻灯片"组中的"新建幻灯片"按钮，可在选择的幻灯片之后插入新的幻灯片。

② 通过快捷菜单上的"新建幻灯片"命令插入：在普通视图的幻灯片选项卡或大纲选项卡上右击或在幻灯片浏览视图下右击幻灯片，在弹出的快捷菜单中选择"新建幻灯片"命令，可在当前幻灯片之后插入新的幻灯片。

③ 通过键盘插入：在普通视图中的大纲选项卡、幻灯片选项卡上光标移到幻灯片图标后，按【Enter】键即可在当前幻灯片后插入一张新幻灯片。

说 明

① 用户还可以通过【Ctrl+M】组合键，在演示文稿中快速插入幻灯片。

② 插入一张新幻灯片后，可以选择相应的幻灯片版式。

（2）从其他演示文稿中插入幻灯片

用户可通过插入文件的方法将另一个演示文稿中的全部或部分幻灯片插入到当前幻灯片中，具体操作步骤如下。

① 显示需要获得幻灯片的演示文稿，并设置插入点位置。

② 单击"开始"选项卡上"幻灯片"组中的"新建幻灯片"按钮的下三角按钮，在下拉列表中选择"重用幻灯片"，打开"重用幻灯片"窗格，可通过"浏览"找到所需要插入的演示文件，如图 4-158 所示。

在"重用幻灯片"窗格的下方有个"保留源格式"复选框，用户可根据需要进行显示方式的切换。

图 4-158　"重用幻灯片"窗格

③ 用户可以在"重用幻灯片"窗格中右击幻灯片，根据需要选择单张或多张幻灯片进行插入，若需要插入整个演示文稿，可在快捷菜单中选择"插入全部幻灯片"命令。

3．删除幻灯片

在普通视图的幻灯片选项卡或大纲选项卡上或幻灯片浏览视图中选择要删除的一张或多张幻灯片，按【Delete】键就可以删除被选中的幻灯片。也可以右击幻灯片，在弹出的快捷菜单中选择"删除幻灯片"命令。

4．移动和复制幻灯片

（1）移动幻灯片

在移动幻灯片时，用户可以一次移动单张或同时移动多张幻灯片。移动幻灯片在普通视图中的幻灯片选项卡或大纲选项卡上或在幻灯片浏览视图下实施。

移动幻灯片的方法主要有以下两种。

① 选择需要移动的幻灯片，利用鼠标拖动到合适的位置。

② 选择需要移动的幻灯片，选择"开始"选项卡上"剪贴板"组中的"剪切"命令，或按【Ctrl+X】组合键，选择要放置幻灯片的位置，选择"剪贴板"组中的"粘贴"命令，或按【Ctrl+V】组合键。

（2）复制幻灯片

用户可以通过复制幻灯片的方法来保持新建幻灯片与已建幻灯片版式和设计风格的一致性。

① 在同一个演示文稿中复制幻灯片：选择需要复制的幻灯片，选择"开始"选项卡上"剪贴板"组中的"复制"命令，或单击"开始"选项卡上"幻灯片"组中的"新建幻灯片"按钮的下三角按钮，在下拉列表中选择"复制所选幻灯片"命令即可。

──提　示──

　　用户可以通过【Ctrl+C】组合键复制幻灯片，通过【Ctrl+V】组合键粘贴幻灯片；也可以直接通过【Ctrl+D】组合键复制幻灯片。

② 在不同的演示文稿中复制幻灯片：同时打开两个演示文稿，选择"视图"选项卡上"窗口"组中的"全部重排"命令。在其中一个演示文稿中选择需要移动的幻灯片，拖动到另外一个演示文稿中即可。

◆ 知识点 5：演示文稿的格式化

PowerPoint 与 Word 一样，为了演示文稿的整体效果，需要设置文本格式。设置文本格式主要是设置演示文稿中的字体效果、对齐方式、更改文字方向等。

1．设置字体格式

设置字体格式即是设置字体的字形、字体或字号等字体效果。选择需要设置格式的文字，也可以选择包含文字的占位符或文本框，单击"开始"选项卡上"字体"组中的各相关按钮，"字体"组中的各命令与 Word 中的一样，在此不再多作说明。

──提　示──

　　用户可以单击"字体"组中的"对话框启动器"按钮，在弹出的"字体"对话框中设置字体格式。

2．设置段落格式

在 PowerPoint 2010 中可以像 Word 2010 中那样设置段落格式，即设置行距、对齐方式、文字方向等格式。

（1）设置对齐方式

幻灯片中的文字一般属于不同级别的标题，相当于 Word 中的段落，我们也可对其设置对齐方式。具体方法为：选择需要对齐的内容，单击"开始"选项卡上"段落"组中的对齐按钮 ▤▤▤▤▤，其含义分别为左对齐、居中、右对齐、两端对齐和分散对齐。

（2）设置分栏

单击"开始"选项卡上"段落"组中的"分栏"按钮，可将文本内容以两列或三列的样式进行显示。用户也可以单击"开始"选项卡上"段落"组中的"分栏"按钮，在下拉列表中选择"更多栏"命令，在弹出的"分栏"对话框中设置"数字"和"间距"选项值。

（3）设置行距

选择需要设置行距的文本信息，单击"开始"选项卡上"段落"组中的"行距"按钮，在下拉列表中选择相应的选项。也可以在下拉列表中选择"行距选项"命令，在弹出的"段落"对话框中设置"间距"选项组中的"行距"选项和"设置值"微调框中的值。

（4）设置文字方向

选择需要更改方向的文字，单击"开始"选项卡上"段落"组中的"文字方向"按钮的下三角按钮，在下拉列表中选择相应的选项。

（5）项目符号和编号

项目符号和编号一般用在层次小标题的开始位置，其作用是突出这些小标题，使幻灯片更有条理性，易于阅读。PowerPoint 提供多种项目符号和编号类型，用户可修改它们的格式，还可以使用图形项目符号。

① 添加项目符号和编号的具体操作过程如下。

a. 选中需要设置项目符号或编号的段落。

b. 单击"开始"选项卡上"段落"组中的"项目符号"按钮的下三角按钮，在下拉列表中选择需要的项目符号，也可以选择下拉列表中的"项目符号和编号..."命令，弹出"项目符号和编号"对话框，如图 4-159 所示。

c. 在"项目符号和编号"对话框的"项目符号"选项卡中，选择需要设置的项目符号；也可在"编号"选项卡中选择所需的编号，最后单击"确定"按钮。

图 4-159　"项目符号和编号"对话框

另外，"项目符号"选项卡中还包括以下几种选项。

- 大小：可以按照比例调整项目符号的大小
- 颜色：可以设置项目符号的颜色，包括主题颜色、标准色与自定义颜色。
- 图片：可以在弹出的"图片项目符号"对话框中设置项目符号的显示图片。
- 自定义：可以在弹出的"符号"对话框中设置项目符号的字体、字符代码等字符样式。
- 重置：可以恢复到最初状态。

"编号"选项卡中增加了"起始编号"选项，可以在文本框中设置编号的开始数字。

② 删除项目符号。

用户若想删除项目符号，可采用以下几种方法中的一种。

- 选择需要删除项目符号的内容，单击"开始"选项卡"段落"组中的"项目符号"按钮的下三角按钮，在下拉列表中选择"项目符号和编号..."命令，在弹出的"项目符号和编号"对话框的"项目符号"选项卡中选择"无"，单击"确定"。
- 将光标定位到项目符号所在标题的头上，按【Backspace】键。
- 将光标定位到要删除项目符号的内容中，单击"开始"选项卡上"段落"组中的"项目符号"按钮 ≣· 。

◆ **知识点 6：控制演示文稿外观**

创建演示文稿后，通常要求演示文稿具有统一的外观。PowerPoint 的一大特点就是可以使演示文稿中的幻灯片具有统一的外观，控制演示文稿外观的方法有 5 种：母版、模板、主题、版式和背景样式。

1. 母版

母版是模板的一部分，主要用来定义演示文稿中所有幻灯片的格式，其内容主要包括文本与对象在幻灯片中的位置、文本与对象占位符的大小、文本样式、效果、主题颜色、背景等信息。其中，占位符是一种带有虚线或阴影线边缘的框，可以放置标题、正文、图片、表格、图表等对象。

用户可以通过设置母版来创建一个具有特色风格的幻灯片模板。PowerPoint 中的母版有：幻灯片母版、讲义母版和备注母版。

（1）幻灯片母版

用户要切换到幻灯片母版，单击"视图"选项卡上"母版视图"组中的"幻灯片母版"按钮，原来的幻灯片窗格变成如图 4-160 所示的"幻灯片母版"窗格。该窗格内主要包括标题区、对象区、日期区、页脚区和数字区。这些占位符中的提示文字在幻灯片中并不会真正显示。

根据幻灯片母版中的内容可以看到，对幻灯片母版的修改操作主要包含更改占位符的格式、更改文本格式、更改层次文本的项目符号以及设置页眉页脚等。在此着重说明幻灯片母版中插入页眉页脚设置。

页眉页脚是加在演示文稿中的注释性内容，主要包含日期和时间、页脚具体内容以及幻灯片编号等信息，具体的操作过程如下。

选择"插入"选项卡上"文本"组中的"页眉和页脚"命令，弹出如图 4-161 所示的"页眉和页脚"对话框，选择"幻灯片"选项卡，在此可进行日期和时间、幻灯片编号以及页脚内容等的设置，完成相应设置后单击"应用"即在幻灯片母版中添加了具体的页眉页脚。

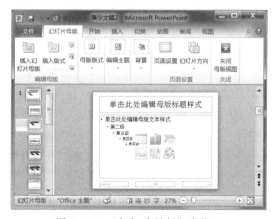

图 4-160　"幻灯片母版"窗格　　　　　图 4-161　"页眉和页脚"对话框

说　明

若更改幻灯片的母版，会影响所有基于母版的幻灯片；若要使个别幻灯片的外观与母版不同，则应修改幻灯片而不能修改母版。

（2）讲义母版

讲义母版主要以讲义的方式来展示演示文稿内容。由于在幻灯片母版中已经设置了主题，所以在讲义母版中无需再设置主题，只需设置页面设置、占位符与背景即可。选择"视图"选项卡上"母版视图"组中的"讲义母版"命令，幻灯片窗格变成如图 4-162 所示的"讲义母版"窗格。

图 4-162   讲义母版

将视图方式设置为"讲义母版"时，"讲义母版"选项激活，在"讲义母版"选项的"页面设置"组中可以设置讲义的方向、幻灯片的方向与每页幻灯片的数量。通过页面设置，可以帮助用户根据讲义内容，设置合适的幻灯片显示模式。

讲义母版包括 4 个可以输入文本的占位符，即页眉区、页脚区、日期区及页码区，这些占位符格式的设置方法与前面介绍的类似。用户可以通过单击"讲义母版"选项的"占位符"组中的各个复选框来确定是否显示这些占位符。

讲义母版的背景不会因幻灯片母版样式的改变而改变，系统默认的讲义母版的背景为纯白色背景。系统为用户提供了 12 种背景样式，用户可根据幻灯片内容与讲义形式，通过"讲义母版"选项的"背景"组中的"背景样式"下拉列表来选择。

（3）备注母版

PowerPoint 为每张幻灯片设置了一个备注页，供读者添加备注信息。设置备注母版与设置讲义母版大体一致，无需设置母版主题，只需设置幻灯片方向、备注页方向、占位符与背景样式即可。选择"视图"选项卡上"演示文稿视图"组中的"备注母版"命令，就进入了"备注母版"窗格。

备注母版中主要包括页眉区、日期区、幻灯片图像区、正文区、页脚区及页码区 6 个占位符。其格式设置与前面讲述的类似。

2．模板

在使用 PowerPoint 制作演示文稿时，用户往往需要使用模板来制作精彩的幻灯片。由于模板中包含独特的设计格式，所以在使用模板时，用户需要编辑模板中的部分占位符或格式。一般演示文稿的模板都是在新建演示文稿时应用的。

（1）更改模板文字

更改模板文字，与在幻灯片中输入文字一样。在模板中单击需要更改文字的占位符，删除并输入文字即可。用户也可以选中需要更改的文字，在"开始"选项卡上"字体"组中更改文字的字体、字号等。

（2）更改模板图片

在默认的"普通视图"中，用户往往无法选中模板中的图片，需要单击"视图"选项卡上"母版视图"组中的"幻灯片母版"按钮，切换到"幻灯片母版"视图。这时才可以选中需要更改的图片，删除或重新设置图片格式。

3．主题

主题是控制演示文稿统一外观的最有效、快捷的一种方法。在制作幻灯片的过程中，用户可以根据幻灯片的制作内容及演示效果随时更改幻灯片的主题。但是 PowerPoint 只为用户提供了 24 种主题，所以为了满足需求，用户可以自定义主题，即可以在"设计"选项的"主题"组中自定义主题中的颜色、字体和效果。

（1）主题颜色

PowerPoint 为用户提供了沉稳、穿越、都市等 25 种主题颜色，用户可以根据幻灯片内容在"设计"选项卡上"主题"组中的"颜色"下拉列表中选择主题颜色。除了上述 25 种主题颜色之外，用户还可以创建自定义主题颜色。单击"设计"选项卡上"主题"组中的"颜色"按钮，在下拉列表中选择"新建主题颜色"命令，弹出"新建主题颜色"对话框，如图 4-163 所示。在"新建主题颜色"对话框中，用户可以设置 12 类主题颜色及主题名称。

图 4-163　"新建主题颜色"对话框

① 主题颜色：在新建主题颜色时，用户可以自定义文字/背景颜色、强调颜色与超链接颜色 3 大类颜色。在设置主题颜色时，用户可以根据右侧的"示例"图形调整主题颜色。

② 名称与保存：新建主题颜色之后，在"名称"文本框中输入新建主题颜色的名称，单击"保存"按钮，保存新建的主题颜色。

> **提示**
>
> 如果用户不满意新创建的主题颜色，单击"重置"按钮，可重新设置主题颜色。

（2）主题字体

PowerPoint 为用户提供了 Office、沉稳、穿越等 27 种主题字体，用户可在"字体"下拉列表中选择字体样式。除了上述 27 种主题字体之外，用户还可以创建自定义主题字体。用户可单击"设计"选项卡上"主题"组中的"字体"按钮，在下拉列表中选择"新建主题字体"命令，弹出"新建主题字体"对话框，如图 4-164 所示。在"新建主题字体"对话框中，用户可以设置需要的字体，单击"保存"即可。

（3）效果

PowerPoint 为用户提供了 Office、暗香扑面、奥斯汀等 44 种效果。用户可通过"设计"选项卡上"主题"组中的"效果"的下拉列表选择效果。

（4）主题应用

在演示文稿中更改主题样式时，默认情况下会同时更改所有幻灯片的主题。对于具有一定针对性的幻灯片，用户也可以单独应用某种主题。选择幻灯片，

图 4-164　"新建主题字体"对话框

在"主题"列表中，右击需要应用的主题，在快捷菜单中选择"应用于选定幻灯片"命令即可。

在 PowerPoint 中，除了"应用于选定幻灯片"选项设置外，还为用户提供了"应用于所有幻灯片""设置为默认主题"与"添加到快速访问工具栏"3 种应用类型。

4．幻灯片版式

创建新幻灯片时，用户可从预先设计好的幻灯片版式中选择需要的版式，版式内容包括标题、文本和图表等占位符，可根据需要进行修改。应用新版式后，所有幻灯片中原有内容不会改变，但会被重新排列。

应用幻灯片版式的具体操作过程是：选择幻灯片，单击"开始"选项卡上"幻灯片"组中的"版式"按钮，在下拉列表中单击需要的版式，就可以更改幻灯片的版式。

5．背景样式

用户可为幻灯片设置不同颜色、图案或纹理的背景，也可用图片作为幻灯片背景。用户可为单张幻灯片设置背景，但若需要对多张设置则建议使用母版操作更简便。同时需要注意的是一张幻灯片中只能使用一种背景类型。

设置幻灯片背景样式的具体操作步骤如下。

① 选择需要添加背景的幻灯片，单击"设计"选项卡上"背景"组中的"背景样式"按钮，在下拉列表中选择"设置背景格式..."命令，弹出"设置背景格式"对话框，如图 4-165 所示。

② 用户可在"填充"的右侧窗格中选择填充效果，可以是纯色填充、渐变填充，图片或纹理填充和图案填充。

图 4-165   "设置背景格式"对话框

4 种填充效果只能选择一种，同时可以设置背景图形是否隐藏。若用户选择"图片或纹理填充"时，还可以通过"设置背景格式"对话框中的"图片更正""图片颜色"和"艺术效果"选项，对背景图片进行设置。

③ 选择完毕后单击"全部应用"按钮即可将效果应用于所有的幻灯片中。

◆ 知识点 7：演示文稿可视化

PowerPoint 2010 中，用户可在幻灯片中插入图片、图形、图表、表格等对象，也可插入声音、视频等多媒体对象，使演示文稿更具观赏性。

1．插入图片

插入图片的具体操作过程与 Word 一样，可利用"插入"选项卡的"图形"组中相应的命令项。

2．绘制图形

在制作演示文稿中，往往需要利用流程图、层次结构图及列表来显示幻灯片的内容。PowerPoint 为用户提供了列表、流程、循环等 7 类 SmartArt 图形，用户可利用"插入"选项卡上"插图"组中的"SmartArt 图形"命令来插入需要的 SmartArt 图形。用户也可以利用"插入"选项卡上"插图"组中的"形状"来绘制自定义图形，其基本使用方法与 Word 类似。

3．插入表格

在 PowerPoint 中创建和编辑表格的方法与 Word 类似，可单击"插入"选项卡上"表格"组中的"表格"按钮，拖动选择需要的表格效果来创建。用户可以通过"表格工具-设计"选项和"表格工具-布局"选项来对表格进行美化。

4．插入图表

在 PowerPoint 中利用图表可清晰、简洁地演示数据。在 Excel 中已经介绍了图表的制作，因此可以直接通过复制粘贴的方式将制作好的图表插入到幻灯片中。下面要介绍的是如何直接在 PowerPoint 中进行图表制作的操作过程。

① 新建幻灯片时选择一种含内容占位符的版式，此时出现如图 4-166 所示幻灯片。

② 单击内容占位符中的图表，弹出"插入图表"对话框，选择需要新建的图表类型，单击"确定"按钮。

③ 在 PowerPoint 出现一个图表，同时弹出一张数据表在 Excel 窗口中，如图 4-167 所示。用户可通过直接在 Excel 表中修改数据形成自己的新表，当然此时用户也可利用"图表工具-设计"选项卡、"图表工具-布局"选项卡和"图表工具-格式"选项卡来对一些项目重新设置，基本操作和 Excel 一样。

图 4-166　含内容占位符的幻灯片

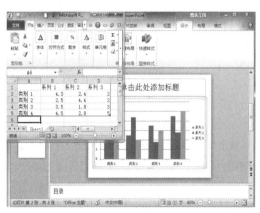

图 4-167　图表示例

若要返回 PowerPoint，可单击幻灯片内图表以外的任何位置。创建完以后的图表位置和大小可根据用户需要任意改动。

5．创建相册

在 PowerPoint 中，还可以将计算机中硬盘、数码照相机、扫描仪等设备中的照片添加到幻灯片中，制作个人电子相册或产品展览册等。创建电子相册，主要是在新建幻灯片的基础上插入图片、文本框，设置图片的显示效果、版式、主题等内容。

单击"插入"选项卡上"图像"组中的"相册"按钮，在下拉列表中选择"新建相册..."命令，弹出"相册"对话框，如图 4-168 所示，单击"文件/磁盘..."按钮，在弹出的"插入新图片"对话框中，选择需要插入的图片，单击"插入"按钮。如果需要对插入的图片进行文字性说明，在"相册"对话框中单击"新建文本框"按钮，即可在

图 4-168　"相册"对话框

相册中插入一个文本框幻灯片，用户可以在幻灯片中输入相册文字。

在"相册"对话框中，可以对图片进行旋转、对比度和亮度进行设置，也可以对图片的次序进行设置，当然对于不需要的图片单击"删除"按钮删除。在"相册版式"栏中，可以对图片版式、相框形状与主题进行设置，使得电子相册更具有个性与美观性，设置完成后单击"创建"按钮，系统会自动新建一个演示文稿并将图片插入到第二张以后的幻灯片中，如图 4-169 所示。

图 4-169　电子相册效果图

6．插入声音或视频

在幻灯片中不仅可以插入图形、图片，还可以添加多媒体效果，如插入影片、插入声音、插入 CD 音乐及录制旁白等。由于多媒体效果的插入方式类似，因此在此仅介绍视频的插入。

用户可以将文件中的视频、来自网站上的视频、剪辑画视频插入到幻灯片中。例如插入剪辑画视频具体操作过程如下。

① 选择需要插入多媒体内容的幻灯片，单击"插入"选项卡上"媒体"组中的"视频"下三角按钮，在下拉列表中选择"剪贴画视频…"命令，打开"剪贴画"窗格。

② 在"剪贴画"窗格中的"搜索文字"文本框中输入"儿童"，单击"搜索"按钮，就可以在 Office 的网站上搜索有关儿童的剪贴画视频。

③ 当找到结果后，单击需要插入的视频，即可完成视频的插入。

其他多媒体效果的插入方式类似，在此不多叙述。

◆ 知识点 8：添加幻灯片的动画效果

在 PowerPoint 2010 中，演示文稿不仅可以添加声音、影片等多媒体对象，还可以添加动画效果，来增加演示文稿的动态性和多样性。PowerPoint 2010 为用户提供了进入、强调、退出等十几种内置动画效果，用户可以通过为幻灯片中对象添加、更改动画效果和幻灯片的切换效果来增加文本的互动性与多彩性。

1．设置幻灯片动画

用户可以为幻灯片上的文本、形状、图像及其他对象设置动画效果，以突出重点，并提高演示文稿的趣味性。

（1）添加动画效果

选择幻灯片中的对象，单击"动画"选项卡上"动画"组中的各种动画效果，当鼠标移到动画效果上时，幻灯片窗格会自动显示所选的动画效果，真正达到所见即所得。用户也可以单击"动画"选项卡上"动画"组中的"其他"按钮，在下拉列表中可以选择更多的动画效果。如果用户还需要更多的动画效果，可以单击"动画"选项卡上"动画"组中的"其他"按钮，在下拉列表中选择"更多进入效果"命令，在弹出的"更多进入效果"对话框中，选择相应的动画类型，如图 4-170 所示。使用同样的方法，用户可以添加更多的强调或退出效果。

（2）更改动画效果

为对象添加动画效果之后，单击对象前面的动画序列按钮，单击"动画"组中的"其他"命令，在其列表中选择另外一种动画效果，即可更改当前的动画效果。

（3）删除动画效果

当用户为某个对象多添加了一个动画效果时，或不再需要已添加的动画效果时，单击对象前面的动画序列按钮，按【Delete】键或单击"动画"选项卡上"动画"组中的"其他"按钮，在下拉列表中选择"无"命令，即可删除动画效果。

（4）排序动画效果

在放映的过程中，对幻灯片的播放顺序也可以调整。具体操作过程如下。

① 打开文件，单击"动画"选项卡上"高级动画"组中的"动画窗格"按钮 动画窗格，打开"动画窗格"任务窗格，如图 4-171 所示。

图 4-170　"更改进入效果"对话框　　　　图 4-171　"动画窗格"任务窗格

② 选择需要调整顺序的动画，单击下方的"重新排序"左侧或右侧的按钮调整即可。

—提 示—

另外可以选中要调整顺序的动画，按住鼠标左键拖动到适当位置，也可以重新排序动画。

在"动画窗格"任务窗格中，除了可以改变动画的播放顺序，单击动画对象右边的下三角按钮，在下拉列表中还可以对动画播放的开始时间、声音效果等进行设置。

（5）设置动画路径

除了 PowerPoint 2010 的预设动画外，用户还可以为对象创建动画路径，让幻灯片中的对象沿指定的路径移动。具体操作过程如下。

① 在"动画窗格"任务窗格中，选择要设定的对象，单击"动画"选项卡上"高级动画"组中的"添加动画"按钮。

② 在下拉列表中选择需要使用的路径，也可以选择"其他动作路径"选项，在弹出的"添加动作路径"对话框中选择需要设置的动作路径。

③ 单击"确定"按钮完成设置。

2．设置幻灯片切换效果

切换效果是指由一张幻灯片移动到另一张幻灯片时屏幕显示的变化。用户可以选择不同的切换方案及切换速度。为幻灯片添加切换效果操作步骤如下。

① 选择要设置切换效果的幻灯片，选择"切换"选项卡上"切换到此幻灯片"组中的"其他"命令。

② 在下拉列表中选择一种切换效果。

③ 单击"切换"选项卡上"切换到此幻灯片"组中的"效果选项"按钮的下三角按钮，在其下拉列表中选择切换的具体样式。

用户还可以通过"切换"选项卡上"计时"组中的各项命令项来设置幻灯片切换的声音、速度以及切换的方式。

◆ 知识点 9：设置超链接和动作按钮

1．超链接

在 PowerPoint 2010 中，允许用户在演示文稿中对文本、图形或形状等对象添加超链接，通过超链接可跳转到演示文稿不同的位置、其他文件或网页等。

（1）创建超链接

创建超链接的具体操作过程如下。

① 选择需要创建超链接的对象，单击"插入"选项卡上"链接"组中的"超链接"按钮，弹出如图 4-172 所示的"插入超链接"对话框。

图 4-172 "插入超链接"对话框

② 在该对话框中，我们看到 PowerPoint 可以创建以下几种类型的超链接："现有文件或网页"超链接，"本文档中的位置"超链接，"新建文档"超链接和"电子邮件地址"超链接。

③ 用户可根据需要进行选择，最后单击"确定"按钮。

（2）编辑超链接

用户可对一个已存在的超链接进行修改，具体操作步骤如下。

① 选择超链接对象，单击"插入"选项卡上"超链接"组中的"超链接"按钮，或右击超链接对象，在弹出的快捷菜单中选择"编辑超链接"命令项，弹出"编辑超链接"对话框，如图 4-173 所示。

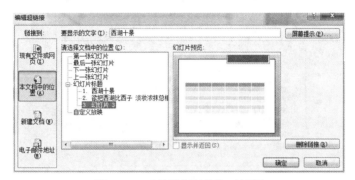

图 4-173　"编辑超链接"对话框

② 该对话框与"创建超链接"对话框类似，用户做好相应的修改后单击"确定"按钮即可。

（3）删除超链接

删除超链接可在"编辑超链接"对话框中单击"删除链接"按钮或直接利用右击快捷菜单中的"取消超链接"命令项。

2．动作按钮

动作按钮是预先设置好带有特定动作的图形按钮，可以实现在放映幻灯片时跳转的目的。具体操作过程如下。

① 单击"插入"选项卡上"插图"组中的"形状"按钮，在下拉列表中单击"动作按钮"组中的任意一种按钮。

② 在幻灯片中适当位置利用鼠标拖动来绘制按钮。

③ 当松开鼠标时，会弹出一个如图 4-174 所示的对话框。

图 4-174　"动作设置"对话框

④ 在该对话框中，用户可根据需要对动作按钮创建超链接，播放声音或运行程序等，设置完后单击"确定"按钮。

— 提 示 —

编辑动作按钮，可参照上面介绍的编辑超链接。删除动作按钮，只要选择动作按钮，直接按【Delete】键就可以了。

◆ **知识点 10：幻灯片放映**

创建完幻灯片并进行相应效果设置后，就可对演示文稿进行放映预演了。下面将介绍如何根据演示文稿的用途和放映需要来设定放映方式，随心所欲地控制放映过程。默认情况下，幻灯片放映的方式为普通手动放映，用户可以根据实际需要，设置幻灯片的放映方法，如自动放映、自定义放映和排练计时放映等。

1. 设置放映方式

设置放映方式的操作过程如下。

① 单击"幻灯片放映"选项卡上"设置"组中的"设置幻灯片放映"按钮，弹出如图 4-175 所示的"设置放映方式"对话框。

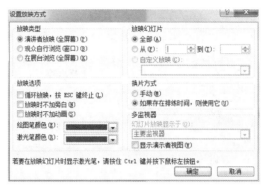

图 4-175　"设置放映方式"对话框

② 该对话框包含了"放映类型""放映幻灯片"及"换片方式"等选项，做好以下选项卡的具体设置之后，单击"确定"按钮。

- "放映类型"选项：演讲者放映（全屏幕）用于运行全屏显示的演示文稿，是最常用的一种方式；观众自行浏览（窗口）用于运行小屏幕的演示文稿；在展台浏览（全屏幕）可自动反复运行演示文稿，直到按键终止。
- "放映幻灯片"选项：用来选择需要放映的幻灯片的范围。
- "换片方式"选项：用来指定幻灯片放映时候采用人工换片还是自动换片方法。

2. 设置放映方法

（1）普通手动放映

单击"幻灯片放映"选项卡上"开始放映幻灯片"组中的"从头开始"或"从当前幻灯片开始"按钮，即可从演示文稿的第一张幻灯片或从当前幻灯片开始放映。

> **提　示**
>
> 　按【F5】键可直接从头放映幻灯片，按【Shift+F5】组合键或状态栏上的"幻灯片放映"按钮可从当前幻灯片开始放映。

（2）自定义放映

自定义放映功能可根据用户需要，将现有演示文稿中的幻灯片进行分组，从而产生满足不同场合需要的演示文稿版本。

3. 创建自定义放映

创建自定义放映的具体操作过程如下。

① 单击"幻灯片放映"选项卡上"开始放映幻灯片"组中的"自定义幻灯片放映"按钮，在下拉列表中选择"自定义放映"命令，弹出如图 4-176 所示的"自定义放映"对话框。

② 单击"新建"按钮弹出如图 4-177 所示的"定义自定义放映"对话框，在此对话框中可以选择需要放映的多张幻灯片进行添加，还可以调整放映顺序等。

图 4-176　"自定义放映"对话框

图 4-177　"定义自定义放映"对话框

③ 最后为自定义的幻灯片起个放映名称，单击"确定"按钮，关闭"自定义放映"对话框。

4．编辑和删除自定义放映

单击"幻灯片放映"选项卡上"开始放映幻灯片"组中的"自定义幻灯片放映"按钮，在下拉列表中选择"自定义放映"命令，弹出"自定义放映"对话框，选择需要操作的放映名称，利用"编辑"按钮，接下来的操作与创建自定义放映相同。

在"自定义放映"对话框中，单击"删除"按钮即可删除所选中的自定义放映。

5．隐藏幻灯片

在自定义放映过程，可以让用户从演示文稿中选出部分幻灯片进行放映，同样还可以利用隐藏部分幻灯片来实现上述功能，隐藏幻灯片的具体方法有如下几种。

① 选择要隐藏的幻灯片，选择"幻灯片放映"选项"设置"组中的"隐藏幻灯片"命令项。

② 在幻灯片浏览窗格中，右击要隐藏的幻灯片，在快捷菜单中选择"隐藏幻灯片"命令。

若用户需要取消隐藏操作，只需要重复以上操作即可。

6．排练计时与旁白

在 PowerPoint 2010 中，用户还可以通过为幻灯片添加排练计时与录制旁白的功能来完善幻灯片的功能。

（1）设置排练计时

具体操作步骤如下。

① 单击"幻灯片放映"选项卡上"设置"组中的"排练计时"按钮。

② 切换到幻灯片放映视图中，系统会自动记录幻灯片的切换时间。

③ 在放映结束时，或者单击"录制"工具栏中的"关闭"按钮，系统会自动弹出"Microsoft Office PowerPoint"对话框，如图 4-178 所示。

图 4-178　"Microsoft Office PowerPoint"对话框

④ 单击"是"按钮即可保存排练计时。

提　示

录制完计时之后，可通过选择"幻灯片放映"选项"设置"组中的"使用计时"命令，可以将录制的时间应用到幻灯片播放中。

（2）录制旁白

单击"幻灯片放映"选项卡上"设置"组中的"录制幻灯片演示"按钮，在下拉列表中选择"从头开始录制"命令，在弹出的"录制幻灯片演示"对话框中，取消选中"幻灯片和动画计时"复选框，单击"开始录制"按钮就可以在放映视图中录制旁白了。

◆ 知识点 11：发布演示文稿

在 PowerPoint 2010 中，用户不仅可以将演示文稿进行打印、和媒体链接、复制到可以刻录成 CD 的文件夹中，还可以将幻灯片保存到幻灯片库中，以及在 Word 中打开演示文稿并自定义讲义页。

1．分发演示文稿

制作演示文稿之后，用户可以将演示文稿通过 CD、电子邮件、视频等形式共享给同事和朋友。

（1）便携式分发

选择"文件"菜单中的"保存及并发送"命令，在右侧展开的窗格中的"文件类型"组中单击"将演示文稿打包成 CD"按钮，在打开的右窗口中单击"打包成 CD"按钮，在弹出的"打包成 CD"对话框中，设置 CD 名称，单击"复制到 CD"按钮，如图 4–179 所示。

> **— 提 示 —**
>
> 在"打包成 CD"对话框中，单击"复制到文件夹"按钮，即可将演示文稿复制到包含.pptm 格式的文件夹中。

（2）幻灯片分发

选择"文件"菜单中的"保存及并发送"命令，在右侧展开的列表"保存并发送"组中选择"发布幻灯片"命令，并单击"发布幻灯片"按钮，在弹出的"发布幻灯片"对话框中（见图 4–180），单击"浏览"按钮，在弹出的对话框中选择存放的位置，单击"发布"按钮。

图 4–179 "打包成 CD"对话框   图 4–180 "发布幻灯片"对话框

2．输出演示文稿

输出演示文稿是将演示文稿保存与打印到纸张中。在 PowerPoint 2010 中，可以将演示文稿输出为图片或幻灯片放映等多种形式。

用户可以利用"设计"选项卡上"页面设置"组中的"页面设置"按钮弹出"页面设置"对话框（见图 4-181）来设置页面的大小，为当前的演示文稿进行整体性的设置，如幻灯片的高度和宽度，页面的方向和打印的起始幻灯片等。

打印演示文稿可以选择"文件"菜单中的"打印"命令，在右侧展开的"打印"窗格中（见图 4-182），单击"设置"组中的"打印全部幻灯片"按钮的下三角按钮，在下拉列表中选择相应的选项。同时可以利用"整页幻灯片"选项来设置打印版式，利用"颜色"选项来设置打印颜色，设置完成后，在"份数"文本框中选择打印的份数后，单击"打印"按钮。

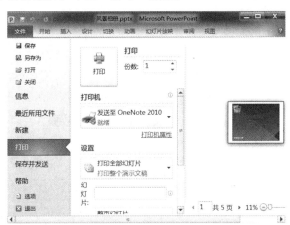

図 4-181　"页面设置"对话框　　　　　图 4-182　"打印"窗格

打印版式可以是幻灯片、讲义、备注页和大纲视图，用户可以根据需要进行选择。

① "幻灯片"：采用每页打印一张幻灯片，打印出来的效果与幻灯片窗格中显示的一样。

② "大纲"：可以打印出所有文本或仅打印幻灯片标题。

③ "备注页"：在打印幻灯片时，同时打印备注。

④ "讲义"：将多张幻灯片打印在一页上。

如果要在打印页面中添加页眉和页脚，可以单击"打印"窗格底部的"编辑页眉和页脚"按钮，在弹出的"页眉和页脚"对话框中，选择"备注和讲义"选项卡，然后输入具体的页眉和页脚，单击"全部应用"按钮。

4.3.2　典型例题精解

【例 1】下列各项中不属于 PowerPoint 视图的是（　　　）。

　　　A. 幻灯片浏览视图　　　　　　　　B. 普通视图

　　　C. 幻灯片放映视图　　　　　　　　D. 幻灯片发布视图

【分析】① 幻灯片视图（普通视图）：在该方式下，可以组织幻灯片的添加文本和图片等对象，并对幻灯片的内容进行编排与格式化。幻灯片视图是 PowerPoint 默认的工作视图，在该视图中一次只能操作一张幻灯片。

② 大纲视图：该视图仅仅显示文稿的文本部分（标题和主要文字）。这种工作方式为读者组织材料与编写大纲提供了简明的环境。

③ 幻灯片浏览视图：该视图是同时显示多张幻灯片的方式。在该方式下，可以看到整个演

示文稿，因此可以轻松地添加、复制、删除或移动幻灯片。使用"幻灯片浏览"工具栏中的按钮还可以设置幻灯片的放映时间，选择幻灯片的动画切换方式。

④ 备注页视图：备注页视图上部分是一张缩小了的幻灯片，下部分是注释栏。可以在其中写些有关幻灯片的说明或注释，以便日后维护演示文稿。注释信息只出现在主页视图中，在文稿演示时不会出现。

⑤ 幻灯片放映视图：幻灯片放映视图是以最大化方式显示文稿中的每张幻灯片。演示文稿时，就是利用 PowerPoint 的幻灯片放映方式来进行。

【答案】D。

【例2】以下各项属于 PowerPoint 特点的是（　　　）。

　　A．提供了大量专业化的模板（Template）及剪辑艺术库

　　B．复杂难学

　　C．编辑能力一般，创作能力差

　　D．不能与其他应用程序共享数据

【分析】PowerPoint 功能及特点主要表现在以下几个方面：

①简单易学；②强大的编辑创作能力；③提供了大量专业化的模板及剪辑艺术库；④方便灵活的对象处理方式；⑤可方便地与其他应用程序共享数据。

【答案】A。

【例3】幻灯片视图下编辑文本时，输入的位置是（　　　）。

　　A．在 PowerPoint 的空白处　　　　　B．用插入的方法

　　C．在文本框里　　　　　　　　　　　D．在标题栏外

【分析】PowerPoint 中的文本主要有 3 种格式。

① 标题每张幻灯片的顶部预设有一个矩形框，用来输入幻灯片的标题和副标题。

② 正文项目：幻灯片所要表达的正文信息一般在该区域输入，通常在每一条文本信息的前面有一个项目符号。

③ 文本框：在幻灯片上另外添加的文本区域。通常在需要输入除标题和正文以外的文本信息时，由用户另外添加。

【答案】C。

【例4】下列（　　　）不是新建演示文稿的方法。

　　A．内容提示向导　　　　　　　　　　B．设计模板

　　C．空演示文稿　　　　　　　　　　　D．打开演示文稿

【分析】每次刚启动 PowerPoint 时出现的 PowerPoint 对话框。其中的新建演示文稿选项组包含 3 个选项：内容提示向导、设计模板、空演示文稿。

【答案】D。

【例5】下列不是 PowerPoint 放映方式的是（　　　）。

　　A．演讲者放映（全屏幕）　　　　　　B．观众自行浏览（窗口）

　　C．展台浏览（全屏幕）　　　　　　　D．自行设计浏览

【分析】PowerPoint 提供了 3 种不同的放映方式，用户可以根据需要进行选择。通过放映方式选项的设置，可以设置幻灯片是以全屏播放还是以观众浏览方式或展台浏览方式播放；可以设置

是否循环播放，指定播放哪些幻灯片以及确定幻灯片的换片方式等。

【答案】D。

【例 6】与演示文稿打包处理无关的步骤是（　　　）。

  A．启动"打包向导"

  B．指定存放打包文件的驱动器或路径

  C．演示打包文件

  D．选择演示文稿是否包含链接文件和 True Type 字体

【分析】一份演示文稿制作完毕后，如果仅将演示文稿文件复制到另一台计算机上，这并不能保证一定能在那台计算机上正常播放。假如另一台计算机没有安装 PowerPoint 程序（或 PowerPoint 播放器），或者演示文稿中所链接的文件以及所采用的 True Type 字体在那台计算机上不存在，则会影响演示文稿的播放。因此，最好的方法是将演示文稿打包处理。应该将演示文稿所涉及的有关文件或程序连同演示文稿一起打成包，存放到 U 盘中，再拿到另一台计算机上进行解包。

将已经制作完成的演示文稿打包到 U 盘中的操作方法可参照以下步骤进行。

① 打开准备打包的演示文稿。

② 选择"文件"→"打包"命令，启动"打包向导"。

③ 单击"下一步"按钮，再选择需要打包的演示文稿。如果仅需要将当前演示文稿打包，则选中"当前演示文稿"复选框；若要将其他演示文稿一起打包，可选中"其他演示文稿"复选框，并输入演示文稿的路径名和文件名。

【答案】C。

【例 7】下列不是演示文稿输出形式的是（　　　）。

  A．打印输出 B．幻灯片放映   C．在网上传播   D．幻灯片副本

【分析】通常演示文稿的输出有 3 种形式：打印输出、幻灯片放映和在网上传播。

【答案】D。

【例 8】在 PowerPoint 普通视图中，下列选项中（　　　　）不能通过滚动显示幻灯片的方法来查找某个幻灯片。

  A．大纲窗格   B．幻灯片窗格

  C．备注窗格   D．大纲窗格和幻灯片窗格

【分析】在普通视图中，PowerPoint 窗口分为 3 个窗格：大纲窗格、幻灯片窗格和备注窗格。对应不同的窗格有不同的转移幻灯片的方法。

在幻灯片窗格中，共有 3 种滚动显示幻灯片的方法。

① 用鼠标单击幻灯片窗格右边滚动条上的"向上滚动"按钮或"向下滚动"按钮，PowerPoint 会自动向上或向下滚动一张幻灯片，如果用鼠标按住按钮不放，幻灯片快速向上或向下滚动。

② 用鼠标单击幻灯片窗格右边的"上一张幻灯片"按钮或"下一张幻灯片"按钮（位于滚动条的下方），使得幻灯片向上或向下滚动一张。

③ 用鼠标拖动幻灯片窗格右边的"滚动块"按钮，PowerPoint 2010 会滚动到滚动块所在位置对应的幻灯片上，并且滚动块旁边还显示滚动块所在位置对应的幻灯片的信息（当前幻灯片的编号和幻灯片的总数）。

在大纲窗格中，共有两种滚动显示幻灯片的方法。

① 用鼠标单击大纲窗格右边滚动条上的"向上滚动"按钮或"向下滚动"按钮，PowerPoint 会自动向上或向下滚动一张幻灯片，如果用鼠标按住按钮不放，幻灯片快速向上或向下滚动。

② 用鼠标拖动大纲窗格右边的"滚动块"按钮，PowerPoint 会滚动显示滚动块所在位置对应的幻灯片，并且滚动块旁边还显示滚动块所在位置对应的幻灯片的信息。

在备注窗格中，显示的是当前幻灯片的备注信息。如果备注信息的行数超出备注窗格大小，则其右边滚动条上的"向上滚动"按钮或"向下滚动"按钮激活，按这两个按钮可滚动显示备注信息。

【答案】C。

【例 9】叙述幻灯片母版的作用，以及母版和模板有什么区别？

【答案】母版是一张特殊的幻灯片，其作用是让演示文稿有统一的外观。

母版是一张具有模型作用的幻灯片，通过将需要统一设置的演示文稿格式设定在母版中，就可以使所有幻灯片具有相同的格式。

设计模板是包含预定义的格式和配色方案的 pot 文件，可以利用它改变整个演示文稿中每张幻灯片的外观，使整个演示文稿的风格统一。

4.3.3　实验操作题

实验八　PowerPoint 2010 基本操作

实验目的与要求

① 掌握演示文稿的创建与保存。

② 了解幻灯片不同视图的作用。

③ 学会编辑演示文稿。

④ 学会在演示文稿中插入各种对象。

⑤ 学会幻灯片的放映操作。

实验内容

1. 创建演示文稿并设置其版式

（1）利用"主题"新建一个演示文稿文件，主题为"新闻纸"。具体操作步骤如下。

打开 PowerPoint 2010 窗口，选择"文件"→"新建"命令，单击"主题"按钮，选择"新闻纸"，再单击"创建"按钮。创建的演示文稿如图 4-183 所示。

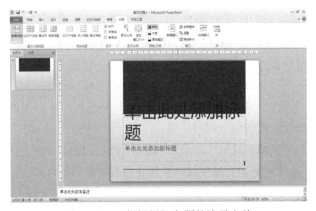

图 4-183　"新闻纸"主题的演示文稿

（2）利用"空白演示文稿"创建一个名为自己姓名的演示文稿，其版式为"仅标题"。具体操作步骤如下。

① 打开 PowerPoint 2010 窗口，选择"文件"→"新建"命令，单击"空白演示文稿"按钮，再单击"创建"按钮。

② 单击"开始"选项卡上"幻灯片"组中的"版式"→"仅标题"即可为第一张新建的幻灯片设置"仅标题"版式，如图 4-184 所示。

图 4-184 "仅标题"版式幻灯片

（3）打开已有的演示文稿。具体操作步骤如下。

① 在 PowerPoint 窗口中选择"文件"→"打开"命令，弹出"打开"对话框。

② 按指定的位置（磁盘、文件夹）选择一个已存在的 PowerPoint 演示文稿，单击"打开"按钮后，该演示文稿即被调入 PowerPoint 窗口中，这时可以对该演示文稿进行编辑、修改等操作，并可以在 PowerPoint 环境中播放该演示文稿。

2．演示文稿中幻灯片的编辑

（1）在幻灯片中输入标题。具体操作步骤如下。

① 新建一个演示文稿，设置第一张幻灯片的版式为"标题和内容"。

② 单击"单击此处添加标题"文本框并输入标题"计算机应用基础"。

③ 单击"保存"按钮，在弹出的"保存"对话框中指定磁盘和文件夹，并给出文件名，单击"保存"按钮，即可将所做工作保存在指定的文件中。

（2）在上述幻灯片中插入图片。具体操作步骤如下。

① 单击"单击此处添加文本"占位符中的"剪贴画"按钮，即可在窗口右侧打开"剪贴画"任务窗格。

② 在任务窗格的搜索文字中输入"计算机"，单击"搜索"按钮，即可显示出所有和计算机有关的剪贴画。选择其中一张，单击"确定"按钮，将所选图片插入到幻灯片的"单击此处添加文本"占位符中，如图 4-185 所示。

（3）在幻灯片中添加小标题文本框，在每行前插入项目符号"□"，具体操作步骤如下。

① 选择"插入"选项卡"文本"组中的"文本框"命令，在幻灯片中的合适位置单击即可插入文本框，在文本框中输入三行文本"计算机概述""Office 软件""计算机网络"。

图 4-185　插入剪贴画

② 选择输入的三行文本，右击在弹出的快捷菜单中选择"项目符号"中的"项目符号和编号"命令，在弹出的对话框中选择"□"，单击"确定"按钮，效果如图 4-186 所示。

图 4-186　项目符号的添加

（4）在演示文稿中格式化文本。具体操作步骤如下。

① 选中"计算机应用基础"文本框，在"开始"选项卡上"字体"组中将其格式设置为黑体、48 磅、居中显示并加粗。

② 选中小标题所在文本框，格式设置为仿宋体、32 磅和左对齐。

（5）对幻灯片中的文本框和剪贴画进行位置和大小的调整。具体操作步骤如下。

① 单击文本框的边框，使其周围出现 8 个小方块（选择句柄）。

② 移动鼠标指针到文本框的边框上，当鼠标指针变成十字箭头形状时，拖动鼠标到合适的位置，然后释放鼠标。这样就完成了移动文本框的操作。

③ 将鼠标指针移动到选中的文本框的选择句柄上，鼠标变为双向箭头形状，这时拖动鼠标就可以调整文本框的大小。

④ 用同样的方法对剪贴画进行调整。完成上述操作后，单击"保存"按钮。

（6）设置背景，要求背景为预设的"麦浪滚滚"效果。具体操作步骤如下。

单击"设计"选项卡上"背景"组中的按钮，弹出"设置背景格式"对话框，在弹出的对话框中选择"填充"选项卡，勾选"渐变填充"，在预设颜色中选择"麦浪滚滚"，单击"关闭"按钮，如图 4-187 所示。

（7）在第一张幻灯片的后面插入 3 张"标题和内容"版式的幻灯片，并进行相应的文本添加。具体操作步骤如下。

选择"开始"选项卡上"幻灯片"组中的"新建幻灯片"下的"标题和内容"命令，即可新建一张幻灯片，或者选中第一张幻灯片，按下"Enter"键也可以新建一张幻灯片。在新幻灯片的标题处输入"计算机概述"，将相关内容添加到内容处。重复上面操作，添加第二、三张幻灯片。

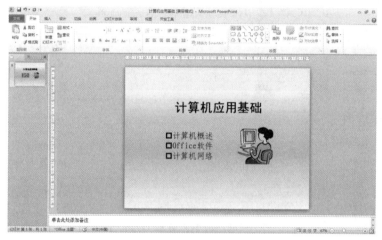

图 4-187　背景设置

（8）放映操作。单击演示文稿右下角的 ▣ 按钮进行放映或选择"幻灯片放映"选项卡"开始放映幻灯片"功能区中的"从头开始"命令进行放映。

实验任务

1. 以自己的姓名制作一个演示文稿，它包含 4 张幻灯片，具体要求如下。

（1）新建一个演示文稿文件，文稿的主题为"活力"，版式为"标题幻灯片"。

（2）添加标题"计算机的发展史"和副标题"制作人：姓名"。

（3）插入第 2 张幻灯片，版式为"标题和内容"，输入相关（自拟）内容，并按自己的想法进行幻灯片的编辑操作。

（4）插入第 3 张幻灯片，版式为"内容与标题"，并在网上自行下载一张与计算机相关的图片，插入该图片。

（5）插入第 4 张幻灯片，版式为"空白"，输入相关（自拟）内容。

（6）对每张幻灯片中的对象进行格式化，包括位置、大小、颜色、字形、字体和字号等。

（7）设置第 4 张幻灯片的背景，效果为预设的"碧海青天"。

2. 打开素材演示文稿 PPT1.pptx，如图 4-188 所示，按照下列要求完成此文稿的修饰并以自己的姓名保存。

（1）将最后一张幻灯片向前移动，作为演示文稿的第一张幻灯片，并在副标题处键入"领先同行业的技术"文字；字体设置成宋体加粗倾斜，44 磅。将最后一张幻灯片的版式更改为"垂直排列标题与文本"。

（2）使用"行云流水"演示文稿设计主题修饰全文；全文幻灯片切换效果设置为"从左下抽出"；第 2 张幻灯片的文本部分动画设置为"飞入""自底部"。

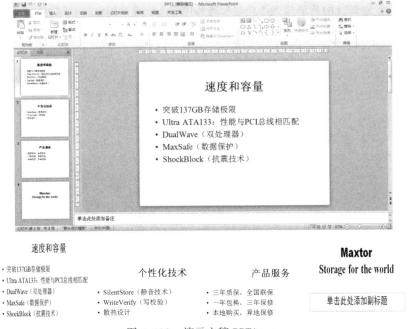

图 4-188   演示文稿 PPT1.pptx

3. 自己命题创建演示文稿，如我的家乡、我的中学生活、新的大学生活、旅游日记、祖国的大好河山等，名称为你的姓名。

实验九   PowerPoint 2010 演示文稿的修饰

实验目的与要求

① 掌握幻灯片的插入、删除、移动、复制等操作。

② 熟练掌握幻灯片中对象的动画设置及幻灯片切换的基本方法。

③ 掌握在 PowerPoint 文档中各幻灯片间跳转的操作。

实验内容

演示文稿中的基本修饰主要包括以下 7 个方面。

（1）在上个实验"计算机应用基础"演示文稿的第二张幻灯片之后插入一张幻灯片，然后交换这张幻灯片与第四张幻灯片的位置。具体操作步骤如下。

① 打开"计算机应用基础"演示文稿，首先将其切换到幻灯片浏览视图方式，如图 4-189 所示。

② 单击第二张幻灯片，选择"开始"选项卡"幻灯片"组中的"新建幻灯片"命令，选择"内容与标题"版式，即可在第二张幻灯片之后插入一张新的幻灯片，如图 4-190 所示。

③ 双击第三张幻灯片回到幻灯片普通视图，在该视图中输入第三张幻灯片的相关内容。

④ 在普通视图下的大纲/幻灯片窗格中，单击第四张幻灯片，拖动鼠标左键到第三张幻灯片的位置，即可实现第三张与第四张幻灯片位置的互换。

⑤ 在普通视图下的大纲/幻灯片窗格中，单击第三张幻灯片，选择"开始"选项卡上"剪贴板"组中的"复制"按钮，右击第一张幻灯片，在弹出的快捷菜单中选择"粘贴"命令，即可将

第三张幻灯片复制到第二张幻灯片。

⑥ 在普通视图下的大纲/幻灯片窗格中，右击第二张幻灯片，选择"删除幻灯片"即可删除第二张幻灯片。

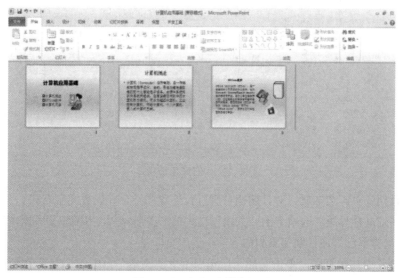

图 4-189　幻灯片浏览视图

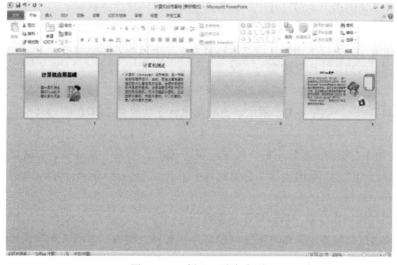

图 4-190　插入一张幻灯片

（2）利用幻灯片母版在幻灯片中添加日期和页脚，页脚内容为"计算机应用基础"，调整日期和页脚的格式和布局。具体操作步骤如下。

① 选择"视图"选项卡上"母版视图"组中的"幻灯片母版"命令，屏幕如图 4-191 所示。

② 在幻灯片母版视图中，单击第一张幻灯片"Office 主题 幻灯片母版 由幻灯片 1-4 使用"，将幻灯片左下角的日期占位符、页脚占位符删除，单击"插入"选项卡上"文本"组中的"文本框"按钮，在左下角添加一个文本框，内容为"制作时间：2013 年 4 月 19 日"，再添加一个文本框，内容为"计算机应用基础"。

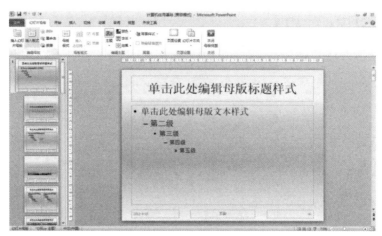

图 4-191　幻灯片母版

③ 选中日期或页脚文本框，对日期或页脚进行位置调整，并设置文字格式。

④ 单击"幻灯片母版"选项卡上"关闭"组中的"关闭母版"按钮，回到幻灯片普通视图，在每张幻灯片页脚都已添加日期和页脚内容。

⑤ 在幻灯片中显示页码。单击"插入"选项卡上"文本"组中的"幻灯片编号"按钮，在弹出的"页眉和页脚"对话框中勾选"幻灯片编号"，单击"全部应用"按钮。

（3）在演示文稿的第一张幻灯片中设置动画效果。具体操作步骤如下：

① 单击"计算机应用基础"文本框，选择"动画"选项卡上"动画"组中的进入效果为"擦除"。采用同样的方法设置另一文本框和剪贴画的进入效果分别为"向内溶解"和"劈裂"。

② 单击"动画"选项卡上"高级动画"组中的"动画窗格"即可在右侧打开"动画窗格"，如图 4-192 所示。直接用鼠标拖动改变 2 和 3 的顺序。

图 4-192　动画窗格

③ 单击动画 1 右侧的▼按钮下的"效果选项"，弹出"擦除"对话框，在效果选项卡中，设置动画播放后颜色为红色。单击动画 2 右侧的▼按钮下的"从上一项之后开始"。单击快速访问工具栏中的"保存"按钮。

（4）设置幻灯片切换效果。具体操作步骤如下。

① 在大纲/幻灯片窗格中，单击第二张幻灯片，选择"切换"选项卡上"切换到此幻灯片"组中的"淡出"，在"计时"功能区中选择声音为"激光"，即可为第一张幻灯片切换到第二张幻灯片设置切换为"淡出"，声音为"激光"。

② 若单击"切换"选项卡上"计时"组中的"全部应用"按钮即可应用到所有幻灯片。单击"文件"选项卡中的"保存"命令。

（5）在幻灯片间建立跳转。具体操作步骤如下。

选中第一张幻灯片，右击"计算机概述"文本，在弹出的快捷菜单中选择"超链接"命令，在弹出的"插入超链接"对话框中选择"本文档中的位置"，选择第二张幻灯片，单击"确定"按钮。同样的方法，设置"Office 软件"和"计算机网络"超链接到第三张、第四张幻灯片，如图 4-193 所示。

图 4-193　超链接的设置

（6）在幻灯片中设置返回按钮。选中第四张幻灯片，选择"插入"选项卡上"插图"组中的"形状"动作按钮中的"自定义"命令，在幻灯片的合适位置拖动绘制一个按钮，同时弹出"动作设置"对话框，单击超链接到其中的幻灯片，选择需要返回的第 1 张幻灯片，单击"确定"按钮。右击该按钮，在弹出的菜单中选择"编辑文字"命令，输入"返回"，并设置好按钮的填充颜色，如图 4-194 所示。

（7）在幻灯片中插入声音和影片。具体操作步骤如下。

图 4-194　返回按钮

① 在上述演示文稿的最后增加一张幻灯片，采用"空白幻灯片"版式。

② 单击"插入"选项卡上"媒体"组中的"音频"中的"文件中的音频"按钮。在"插入音频"对话框中选择文件中的音频，单击"插入"按钮，即可在幻灯片中添加一个音频文件。

③ 选择"动画"选项卡上"高级动画"组中的"动画窗格"，在打开的"动画窗格"中，单击声音动画的 ⏷ 按钮，选择效果选项，在弹出的"播放音频"对话框中，设置开始播放为"从头开始"。在"播放"选项卡中勾选"循环播放"复选框，"开始"设置为"自动"。在"格式"选项卡中设置喇叭的相关背景、艺术效果等。

实验任务

1. 按以下内容做一个至少包含 4 张幻灯片的演示文稿，具体要求如下。

（1）以"唐诗三首"为标题，第一张幻灯片作为封面，只放 3 首诗的标题。

静夜思 李白 窗前明月光， 疑是地上霜， 举头望明月， 低头思故乡。	草 白居易 离离原上草， 一岁一枯荣， 野火烧不尽， 春风吹又生。	寻隐者不遇 贾岛 松下为童子， 言师采药去， 只在此山中， 云深不知处。

（2）3首诗的内容分别位于3张幻灯片上，并通过第一张幻灯片的标题超链接到各幻灯片上。

（3）在3张存放唐诗内容的幻灯片上添加动作按钮，使其返回到封面。

（4）演示文稿使用"行云流水"主题。

（5）让该演示文稿在2 min之内自动播放完毕。

（6）根据自己的喜好，进一步为演示文稿添加效果，如预设动画、幻灯片切换、增加图文效果等。

（7）将该演示文稿打包到磁盘，名称为你的姓名。

2. 新建演示文稿new1.pptx，如图4-195所示，按照下列要求完成文稿的修饰并保存。

（1）把第二张幻灯片移为第三张幻灯片，将第二张幻灯片的文本部分动画效果设置为"自底部飞入"。

（2）幻灯片切换效果全部设置为"切出"。

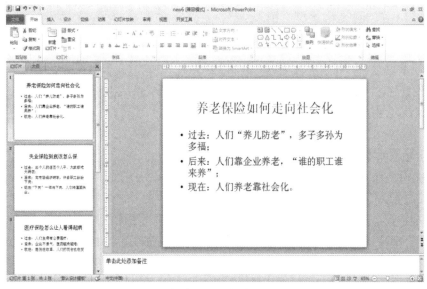

图4-195　演示文稿new1.pptx

3. 新建演示文稿new2.pptx，如图4-196所示，按照下列要求完成此文稿的修饰并保存。

（1）将第一张幻灯片中的标题设置为54磅、加粗，将第二张幻灯片版式改变为"垂直排列文本与标题"，然后将第二张幻灯片移动为演示文稿的第三张幻灯片，将第一张幻灯片的背景纹理设置为"花束"。

（2）将第三张幻灯片的文本部分动画效果设置为"自底部飞入"，全部幻灯片的切换效果设置为"中央向上下展开"。

图 4-196　演示文稿 new2.pptx

实验十　PowerPoint 2010 演示文稿的超链接创建

实验目的与要求

掌握为幻灯片上的对象创建超链接的方法。

实验内容

1. 超链接

PowerPoint 允许用户在演示文稿中添加超链接，通过该超链接跳转到不同的位置。用户可利用"插入"选项卡上"链接"组中的"超链接"按钮创建超链接。

【实例】在幻灯片中插入超链接。具体操作过程如下。

① 选中第二张幻灯片中的文字"西湖十景"，单击"插入"选项卡上"链接"组中的"超链接"按钮，弹出"创建超链接"对话框。

② 在"创建超链接"对话框中的地址栏内，输入网址"http://www.aoohz.com/mingsheng/old10.htm"，如图 4-197 所示，单击"确定"按钮。

③ 选中第三张幻灯片中的文字"南屏晚钟"，单击"插入"选项卡上"链接"组中的"超链接"按钮，弹出"插入超链接"对话框。

图 4-197　"插入超链接"对话框 1

④ 在"插入超链接"对话框中，选择"本文档中的位置"，选择对应的第十二张幻灯片，如图 4-198 所示，单击"确定"按钮。

图 4-198　"插入超链接"对话框 2

⑤ 用同样的方法为第三张幻灯片中的各个景点建立超链接。

- 提 示 -

　　超链接可以链接到现有文件或 Web 页、链接到本文档中的某张幻灯片、链接到电子邮件地址等。

2. 动作按钮

PowerPoint 提供了一些动作按钮，用户可以利用"开始"选项卡上"插图"组中的"形状"按钮，在下拉列表中选择动作按钮分类中的按钮插入到演示文稿的某些对象中，单击该对象或者鼠标悬浮在该对象上时可以执行操作。

【实例】在幻灯片中添加动作按钮。具体操作过程如下。

① 单击幻灯片选项卡中的第 4 张幻灯片，单击"开始"选项卡上"插图"组中的"形状"按钮，在下拉列表中单击"动作列表"分类中的"上一张"动作按钮，利用鼠标在幻灯片适当位置拖动绘制出动作按钮。

② 在弹出的"动作设置"对话框中，在"单击鼠标"选项卡上选中"超链接到"单选按钮，在列表中选择"幻灯片..."，弹出"超链接到幻灯片"对话框。

③ 在"超链接到幻灯片"对话框中，"幻灯片标题"列表中选择"3.西湖十景"，单击"确定"。

④ 返回到"动作设置"对话框后，单击"确定"按钮。

⑤ 利用【Ctrl+C】键（复制）和【Ctrl+V】键（粘贴），将动作按钮复制到第 5 张到第 13 张幻灯片。

- 提 示 -

　　删除动作按钮的方法十分方便，只要选择动作按钮，按【Delete】键就可以了。

实验任务

建立一个至少含有 6 张幻灯片的演示文稿文件"家乡.pptx"。要求第一张为标题幻灯片，标题"我的家乡"，副标题为"——ＸＸ·ＸＸ"（例如：浙江·杭州）；第二张幻灯片的标题为第一张幻灯片的副标题，文本为使用项目符号的各项目："家乡的地理位置""家乡的人文""家乡的山水""家乡的特产"等；第三张以后的幻灯片分别对以上项目内容作介绍。完成后，将演示文稿"家乡.pptx"保存在"E:\作业\PPT"中。并对演示文稿进行以下设置。

（1）为各张幻灯片标题、文本设置字体、字形、大小；设置段落的对齐方式；行距设置以及项目符号或编号的设置。使每张幻灯片版面视觉效果美观、得体。

（2）为演示文稿设置外观。包括主题、母版、版式与背景。

（3）在演示文稿的某些幻灯片中添加一些可视化项目，譬如图片、剪贴画、自选图形等。

（4）在幻灯片中设置一些超链接或动作按钮，通过这些链接能跳转到不同的位置。

（5）给幻灯片中的文字或图片设置动画。

（6）设置幻灯片放映时的切换效果。

习　　题

选择题

1. PowerPoint 2010 演示文稿的扩展名是（　　　）。

   A．.doc   B．.xls   C．.pptx   D．.pot

2. 如要终止幻灯片的放映，可直接按（　　　）键。

   A．【Ctrl+C】   B．【Esc】   C．【End】   D．【Alt+F4】

3. PowerPoint "视图" 这个名词表示（　　　）。

   A．一种图形   B．显示幻灯片的方式

   C．编辑演示文稿的方式   D．一张正在修改的幻灯片

4. 幻灯片中占位符的作用是（　　　）。

   A．表示文本长度   B．限制插入对象的数量

   C．表示图形大小   D．为文本、图形预留位置

5. 在 PowerPoint 中，幻灯片通过大纲形式创建和组织（　　　）。

   A．标题和正文   B．标题和图形

   C．正文和图片   D．标题、正文和多媒体信息

6. 幻灯片上可以插入（　　　）多媒体信息。

   A．声音、音乐和图片   B．声音和影片

   C．声音和动画   D．剪贴画、图片、声音和影片

7. PowerPoint 的母板有（　　　）种类型。

   A．3   B．5   C．4   D．6

8. PowerPoint 的 "设计模板" 包含（　　　）。

   A．预定义的幻灯片版式   B．预定义的幻灯片背景颜色

   C．预定义的幻灯片配色方案   D．预定义的幻灯片样式和配色方案

9. PowerPoint 的 "超链接" 命令可实现（　　　）。

   A．幻灯片之间的跳转   B．演示文稿幻灯片的移动

   C．中断幻灯片的放映   D．在演示文稿中插入幻灯片

10. 如果将演示文稿置于另一台不带 PowerPoint 系统的计算机上放映，那么应该对演示文稿进行
    （　　　）。

    A．复制   B．打包   C．移动   D．打印

11. 删除幻灯片的选项在（　　　）中。

    A．应用设计模板、黑白视图   B．新幻灯片、幻灯片版面设置

C．插入剪贴画、黑白视图　　　　　　　　D．应用设计模板、幻灯片版面设置

12．想在一个屏幕上同时显示两个演示文稿并进行编辑，如何实现（　　　）。

A．无法实现

B．打开一个演示文稿，选择插入菜单中"幻灯片（从文件）"

C．打开两个演示文稿，选择窗口菜单中"全部重排"

D．打开两个演示文稿，选择窗口菜单中"缩至一页"

13．以下（　　　）模式下不能使用幻灯片缩图的功能。

A．幻灯片视图　　　B．大纲视图　　　　C．幻灯片浏览视图　　D．备注页视图

14．在幻灯片页脚设置中，有一项是讲义或备注的页面上存在的，而在用于放映的幻灯片页面上无此选项，是下列（　　　）设置。

A．日期和时间　　　B．幻灯片编号　　　C．页脚　　　　　　D．页眉

15．在（　　　）模式下，不能使用视图菜单中的演讲者备注选项添加备注。

A．幻灯片视图　　　B．大纲视图　　　　C．幻灯片浏览视图　　D．备注页视图

16．在一张纸上最多可以打印（　　　）张幻灯片？

A．2　　　　　　　　B．3　　　　　　　　C．4　　　　　　　　D．6

第5章 | 多媒体应用基础学习指导

5.1 本章要点

◆ **知识点 1：多媒体的基本概念**

"多媒体"一词译自英文"Multimedia"即"Multi"和"Media"的合成，其核心词是媒体。

媒体（medium）在计算机领域有两种含义：即媒质和媒介。

媒质：存储信息的实体，如磁盘、光盘、磁带、半导体存储器等。

媒介：传递信息的载体，如数字、文字、声音、图形和图像等。

通常概念的"媒体"，可分为以下五种类型。

① 感觉媒体：能直接作用于人们的感觉器官，从而能使人产生直接感觉的媒体。如语音、音乐、各种图像、动画、文本等。

② 表示媒体：为了加工、处理和传输感觉媒体而人为研究和构造出来的中间媒体。包括各种编码方式。如图形文件、声音文件等。

③ 显示媒体：用于通信中使电信号和感觉媒体之间产生转换的输入/输出设备。如键盘、鼠标、显示器、麦克风、扫描仪、打印机等。

④ 传输媒体：表示媒体从一处传输到另一处的物理载体，如电话线、电缆、光纤等。

⑤ 存储媒体：用于存放表示媒体的存储介质。如纸张、磁带、磁盘、光盘等。

◆ **知识点 2：多媒体计算机技术及其特性**

多媒体计算机技术的定义：计算机综合处理多种媒体信息，如文本、图形、图像、音频、视频和动画等，使多种媒体信息建立逻辑连接，集成为一个具有交互性的系统的一体化技术。

多媒体计算机技术的三个主要特性为信息载体的多样性、交互性、集成性。

信息载体的多样性是相对于传统计算机而言的，即指信息载体的多样性。

集成性是指以计算机为中心综合处理多种信息媒体，它包括媒体信息的集成和处理这些媒体的设备或工具的集成。

交互性是指用户可以与计算机的多种信息媒体进行交互操作从而为用户提供更加有效地控制和使用信息的手段。

◆ **知识点 3：多媒体中的媒体元素及特征**

多媒体媒体元素是指多媒体应用中可显示给用户的媒体成分，主要包括文本、动画、图形、图像、视频以及音频。

① 文本指各种文字，包括各种字体、尺寸、格式及色彩的文本。文本数据可以使用文本编辑软件（Word、WPS 等）制作，应用于多媒体系统中可以使显示的信息更易于理解，是多媒体应用系统的基础。

② 图形（Graphic）一般指用计算机绘制的画面，如直线、圆、圆弧、矩形、任意曲线和图表等。图形的格式是一组描述点、线、面等几何元素特征（如图形的大小、形状及其位置、颜色）的指令集合。在图形文件中只记录生成图的算法和图形上的某些特征点，因此也称矢量图。用于产生和编辑矢量图形的程序通常称为"draw"程序。

③ 图像（Image）是指由输入设备捕捉的实际场景画面，或以数字化形式存储的任意画面。

图形也称为位图，是由一组像素点构成的矩阵，每个像素点记录图像的颜色和亮度。用于生成和编辑位图图像的软件通常称为"paint"程序。

由于图形只保存算法和特征点，因此占用的存储空间很小。但显示时需经过重新计算，因而显示速度相对慢些。

④ 音频是声音的信息，是基于时间实时变化的信息，通常用一种模拟的连续的波形表示。常见的音频有：波形音频（WAV）、乐器数字接口（MIDI）音频、光盘数字音频（CD-DA）。

⑤ 视频是一组静态图像的连续播放，组成视频的静态图像内容上和播放时间都是连续的。

⑥ 动画是活动的画面，借助计算机生成的一系列连续运动的画面，有造型动画和帧动画。

视频和动画的画面来源不同：动画的图形图像由计算机绘制组成；视频的画面来自于真实的视频源（录像机、摄影机等）。

◆ 知识点 4：多媒体的基本技术

数字化后的音频和视频信号数据量仍很大，需要使用压缩技术。选用合适的数据压缩技术，可以使文本数据压缩到原来的 1/2 左右，音频数据压缩到原来的 1/2～1/10，图像数据压缩到原来的 1/2～1/60。多媒体数据压缩可以分为以下两种方式。

① 无损压缩：去掉或减少数据中的冗余信息，不失真。压缩比较低，如：Huffman 编码、算术编码等。

② 有损压缩：压缩了信息熵，损失的信息无法恢复。压缩比较高，如：预测编码、变换编码等。

进行音频、视频信号的压缩、解压缩处理，实现图像的特殊效果处理、图像的绘制和生成等，需要大量的快速计算，只有采用专用芯片，才能取得满意的效果。多媒体计算机专用芯片可归纳为两种类型：一种是固定功能的芯片；另一种是可编程的数字信号处理器（DSP 芯片）。

每张光盘可存储 650 MB 数据，DVD 盘片存储容量可达 17 GB。

多媒体输入/输出技术包括媒体变换技术、媒体识别技术、媒体理解技术和综合技术。

多媒体系统软件技术包括多媒体操作系统技术、多媒体素材采集与制作技术、多媒体编辑与创作技术、多媒体应用程序开发技术等。

多媒体通信技术包括语音、图像、视频信号的实时压缩及多媒体混合传输技术。

超文本是一种交互式的文本信息管理技术，以节点作为表达信息的一个单位，节点与节点间通过"链"建立各种媒体信息间的网状连接。若超文本中的节点数据不仅可以是文本，还可以是图像、动画、音频、视频，则称为超媒体。一般把已经组织成网状的信息称为超文本（超媒体），而对其进行管理使用的系统称为超文本（超媒体）系统。导航技术是超媒体技术中的重要组成之一。

◆ **知识点 5：多媒体技术的应用**

多媒体技术几乎涵盖了计算机应用的绝大多数领域，而且开拓了涉及人类生活、娱乐/学习等方面的新领域。

① 教育与培训；
② 信息咨询；
③ 网络通信；
④ 电子出版物；
⑤ 家庭娱乐。

◆ **知识点 6：多媒体技术的发展**

目前，多媒体主要从以下几个方向发展。

（1）多媒体通信网络环境的研究和建立将使多媒体从单机单点向分布、协同多媒体环境发展，在世界范围内建立一个可全球自由交互的通信网。对该网络及其设备的研究和网上分布应用与信息服务研究将是热点。

（2）利用图像理解、语音识别、全文检索等技术，研究多媒体基于内容的处理、开发能进行基于内容的处理系统是多媒体信息管理的重要方向。

（3）多媒体标准仍是研究的重点，各类标准的研究将有利于产品规范化，应用更方便。它是实现多媒体信息交换和大规模产业化的关键所在。

（4）多媒体技术与相邻技术相结合，提供了完善的人机交互环境。多媒体仿真智能等新技术层出不穷，扩大了原有技术领域的内涵，并创造了新的概念。

（5）多媒体技术与外围技术构造的虚拟现实研究仍在继续进展。多媒体虚拟现实与可视化技术需要相互补充，并与语音、图像识别、智能接口等技术相结合，建立高层次虚拟现实系统。

将来多媒体技术将向着以下六个方向发展。

① 高分辨化，提高显示质量；
② 高速度化，缩短处理时间；
③ 简单化，便于操作；
④ 高维化，三维、四维或更高维；
⑤ 智能化，提高信息识别能力；
⑥ 标准化，便于信息交换和资源共享。

◆ **知识点 7：多媒体计算机系统组成**

1. 多媒体计算机系统组成结构层次

多媒体应用系统	第七层
多媒体创作、编辑软件	第六层
多媒体素材处理软件	第五层
多媒体系统软件（操作系统、驱动软件等）	第四层

多媒体输入/输出控制卡及接口　　　　　　　　　第三层

硬件系统（多媒体计算机硬件）　　　　　　　　　第二层

多媒体外围设备　　　　　　　　　　　　　　　　第一层

2．多媒体硬件系统

多媒体硬件系统是由计算机传统硬件设备、光盘存储（CD-ROM）、音频输入/输出和处理设备、视频输入/输出和处理设备等选择性组合而成。

多媒体个人计算机（Multimedia Personal Computer，MPC），是指具有多媒体功能的个人计算机。它是在 PC 基础上增加一些硬件板卡及相应软件，使其具有综合处理文字、声音、图像视频等多种媒体信息的功能。

MPC 主要特征可以用一个简单的公式表示：

多媒体 PC = PC + CD-ROM 驱动器 + 声卡

MPC 标准由 Microsoft、IBM 等公司组建的 MPC 市场联盟制定，随着多媒体计算机技术的发展，MPC 标准也在不断提升。

◆ 知识点 8：媒体素材的采集和制作

声音是由空气中分子的振动而产生的。自然界的声音是一个随时间而变化的连续信号，可近似地看成是一种周期性的函数。通常用模拟的连续波形描述声波的形状，单一频率的声波可用一条正弦波表示。

模拟声音在时间上是连续的，或称连续时间函数 $x(t)$。用计算机处理这些信号时，必须先对连续信号采样，即按一定的时间间隔(T)在模拟声波上截取一个振幅值（通常为反映某一瞬间声波幅度的电压值），得到离散信号 $x(nT)$（n 为整数）。T 称为采样周期，$1/T$ 称为采样频率。为了把采样得到的离散序列信号 $x(nT)$存入计算机，必须将采样值量化成有限个幅度值的集合 $x(nT)$，采样值用二进制数字表示的过程称为量化编码。

对模拟音频信号进行采样量化编码后，得到数字音频。数字音频的质量取决于采样频率、量化位数和声道数三个因素。

（1）采样频率

采样频率是指一秒钟内采样的次数。

在计算机多媒体音频处理中，采样频率通常采用三种：11.025 kHz（语音效果）、22.05 kHz（音乐效果）、44.1 kHz（高保真效果）。常见的 CD 唱盘的采样频率即为 44.1 kHz。

（2）量化位数

量化位数也称"量化精度"，是描述每个采样点样值的二进制位数。例如，8 位量化位数表示每个采样值可以用 2^8即 256 个不同的量化值之一来表示，而 16 位量化位数表示每个采样值可以用 2^{16} 即 65 536 个不同的量化值之一来表示。常用的量化位数为 8 位、12 位、16 位。

（3）声道数

声音通道的个数称为声道数，是指一次采样所记录产生的声音波形个数。记录声音时，如果每次生成一个声波数据，称为单声道；每次生成两个声波数据，称为双声道（立体声）。随着声道数的增加，所占用的存储容量也成倍增加。

数字音频文件的存储量以字节为单位，模拟波形声音被数字化后音频文件的存储量（假定未经压缩）为：

$$存储量=采样频率 \times 量化位数/8 \times 声道数 \times 时间$$

例如，用 44.1 kHz 的采样频率进行采样，量化位数选 16 位，则录制 1 s 的立体声节目，其波形文件所需的存储量为：

$$44\ 100 \times 16 / 8 \times 2 \times 1=176\ 400（字节）$$

MIDI（Musical Instrument Digital Interface）是乐器数字接口的缩写。MIDI 是一种数字音频的国际标准，是计算机和 MIDI 设备之间进行信息交换的通信协议。

MIDI 音频是将电子乐器键盘上的弹奏信息记录下来，包括键名、力度、时值长短等，存储成扩展名为.mid 的文件。当需要播放时，只需从相应的 MIDI 文件中读出 MIDI 消息，生成所需的声音波形，经放大后由扬声器输出。

音频素材的获取途径有以下几种。

- 通过计算机中的声卡，从麦克风中采集语音生成.WAV 文件。
- 利用专门的软件抓取 CD 或 VCD 中的音乐，再利用声音编辑软件对其进行剪辑、合成等加工处理；常用的编辑软件有 Cool Edit，Sound Edit 等。
- 从素材光盘提供的声音素材中选取。
- 从网络上下载各种格式的声音文件。
- 从 MIDI 电子乐器或 MIDI 键盘中采集和创作音乐并生成 MIDI 文件。

图像信号是基于空间的连续模拟信号，而计算机只能处理数字信号，因此需要对模拟图像信号进行数字化处理。与音频信号一样，图像的数字化过程也需要经过采样和量化两个步骤。

描述一幅图像的三个基本属性：分辨率、图像深度、图像文件大小。

视频是由一幅幅静态画面序列（帧，frame）组成，这些画面以一定的速率（fps）连续地投射在屏幕上，使观察者具有图像连续运动的感觉。

视觉暂留效应：一幅图像在人的眼里会停留一段时间后才消失，利用视觉暂留效应，控制静态图像按一定速率连续播放就能产生运动的感觉。

图像播放的速度应控制在 25 fps 到 30 fps。

视频标准主要有 NTSC 制式和 PAL 制式两种。

动画是借助于计算机生成一系列连续图像的计算机技术，现在的动画素材一般通过软件制作，常用的有 Animator（二维动画）和 3Ds Max（三维动画）。此外，还有一些专门用于某种特技动画的工具：Cool 3D 专门制作文字动画；Photomorph 专门制作物体变形的动画；Ulead Gif Animator 专门用来连接静态图片成为动画；Flash、Fireworks 用于制作网页动画。

◆ 知识点 9：多媒体应用系统的设计与创作

多媒体应用系统开发需要经过需求分析、结构设计、编程实现、测试和维护几个阶段。

多媒体创作工具指的是将多媒体素材集成为一个多媒体应用系统的工具，是一种高级的软件程序或开发平台，支持各种各样的硬件设备和文件格式，能够将文字、图像、音频、视频、动画等视听对象组合在一起，形成一个结构完整的多媒体应用系统。

典型的多媒体创作工具主要有以下几种。

PowerPoint：主要用来创建演示文稿、屏幕电子演示套件等。

Authorware：基于图标和流程图的可视化创作工具。

Director：基于时间的多媒体创作工具。

Visual BASIC：基于传统程序设计语言的多媒体创作工具。

5.2　典型例题精解

【例1】计算机多媒体技术是什么？有哪些关键技术？

【分析与答案】

多媒体是指同时获取、处理、编辑、存储两个以上不同类型信息媒体的技术，这些媒体包括文字、图形、动画、图像、音频和视频等。

计算机多媒体技术是计算机综合处理多种媒体信息，如文本、图形、图像、音频和视频等，使各种信息建立逻辑连接，集成为一个系统并具有交互性。

多媒体是数字、文字、声音、图形、图像和动画等各种媒体的有机组合，并与先进的计算机、通信和广播电视技术相结合，形成一个可组织、存储、操纵和控制多媒体信息的集成环境和交互系统。简单地说，是利用计算机综合处理声、文、图等信息，构造具有集成性和交互性系统的技术。

多媒体计算机要解决的关键技术是视频、音频信号的获取技术和多媒体数据压缩、编码、解码技术。

【例2】简述多媒体计算机系统的基本构成及多媒体设备的种类。

【分析与答案】

多媒体计算机系统的构成：除一个计算机系统所必需的基本部分以外，在硬件部分还应包括：处理音响的接口和设备、处理图像的接口和设备，可存放大量数据的存储配置、渔船驱动器、音频卡、视频卡、图形加速卡等。在软件部分，还应安装必要的音频处理软件、视频处理软件、图像处理软件和各种需要的多媒体工具软件。

多媒体设备的种类：光存储设备、音频接口与音频设备、视频接口和视频设备、多媒体 I/O 设备（笔输入设备、触摸屏、扫描仪、数码相机、虚拟现实三维交互工具等）。

【例3】简述多媒体文件压缩和解压缩的基本类别。

【分析与答案】

因为多媒体技术是面向三维图像以及动画、音频、视频等的处理技术，为了达到令人满意的视频画面质量和音频的听觉效果，必须对视频和音频做到实时处理。而实时处理技术的首要问题便是如何解决计算机系统对庞大的视频、音频等数据的获取、传输和存储问题。也就是庞大的数据量要求人们必须对数据进行压缩。多媒体数据的特点一是数据量大，二是数据的传输速度要快。因此多媒体数据的压缩就成了切实可行的解决办法。图像压缩处理的目的是减小图像数据（包括静止图像和运动图像）存储量和降低数据传输率。

① 静止图像的压缩：国际电报电话咨询委员会（CCITT）和国际标准化组织（ISO）组成的联合国图像专家小组 JPEG（Joint Photographic Expert Group）制定了静止图像压缩算法标准，并且已经被广泛采用。这个标准适用于静止的灰度或彩色图像的压缩。JPEG 所采用的算法是一种有损压缩算法，也就是说，压缩图像的质量与压缩比有关，取决于用户的要求，压缩比可以在 10:1 到 50:1 之间。目前大量存在的 JPG 格式的图像文件就是采用的此项压缩标准。

② 运动视频图像的压缩：运动视频压缩的方法有多种，但是目前普遍采用的是由 CCITT 和 ISO 联合推荐的运动图像专家小组 MPEG（Motion Photographic Expert Group）标准。MPEG 所采用的算法（称 MPEG 算法）用于信息系统中视频和音频信号的压缩，它是一个与特定应用对象无关的通用标准，从 CD-ROM 上的交互式系统到电信网络和视频网络上的视频信号都可以使用。MPEG 算法分成 MPEG-1、MPEG-2、MPEG-4 等几个不同的级别。

MPEG-1 算法压缩图像的质量与家用电视系统相近，适合于目前大多数存储介质和电信通道。MPEG-1 的压缩比约为 100:1。现在的 VCD 就是采用 MPEG-1 标准。MPEG-2 算法适用于数字电视或计算机显示质量的运动图像压缩，目前是 DVD 和高清晰度电视的标准。

近年新出台的 MPEG-4 标准不仅仅是一种压缩技术，而是引入了全新的概念。MPEG-4 采用的是基于对象的数据表示方法。该标准有极强的灵活性、交互性和可扩充性。

③ 音频数据格式和音频压缩：音频是对声音和震动频率的综合描述。音频数据与视频数据相比数据量要小得多。目前，MP3 是使用最多的音频压缩格式，它采用 MPEG-1 压缩标准，经 3 层压缩而成。在 Internet 上流行的 MP3 音乐就是采用这种格式，它具有很高的压缩比，可以达到 CD 音质。

④ 流式媒体文件：通过网络传输的音频、视频或多媒体文件。Windows Media Player 在播放前并不下载整个文件，而只是在开始时有一些延迟。当流式媒体文件传输到计算机时，在播放以前，该文件的部分内容已经装入计算机内存，在播放的同时，Windows Media Player 将数据流的其他部分存储起来等待播放。Windows Media Player 还可以监视网络工作状况并自动进行调整以保证最佳的接收和播放效果。

【例 4】在计算机中表示图像有几种方法，各有什么特点？

【分析与答案】

在计算机中，表示图像有两种方法，一种是用一系列的计算机指令来表示一幅图，这样的图像称为矢量图像，或矢量图，而矢量图像通常叫做图形。另一种是用记录每一个离散点颜色的方法来描述图像，这种图像叫位图图像。

矢量图像实际上是用数学方法描述一幅图，然后变成许许多多的数学表达式，再编程用语言来表达。矢量图像文件所占空间较小，旋转、放大、缩小、倾斜等变换操作容易，且不变形、不失真，适合用于计算机辅助设计。

位图图像把一幅图分成许许多多的像素，每个像素用若干个二进制位来表示该像素的颜色和亮度，适合用来描述照片、图像。相对于矢量图形文件，位图文件占据的存储器空间比较大。

【例 5】常见多媒体文件的类别和文件格式分别有哪几种？

【分析与答案】

音频格式：WAV、MID、RMI、MP3、RM、RAM、ASF、WMA。

视频格式：AVI、MOV、MPEG、RM。

【例 6】简述音频卡的主要性能指标。

【分析与答案】

音频卡的性能指标主要有以下两点。

① 数据转换位数：分为 8 位、16 位、32 位等，配置多媒体计算机时，最好采用 16 位以上的声卡。

② 采样频率：指单位时间内对声音信号的采样次数。采样频率越高，声音失音度越小，但产生的数据量越大。配置多媒体计算机时，最好采用支持 44.1 kHz 采样频率的声卡。

【例 7】什么是 USB 接口，它的主要特点是什么？

【分析与答案】

USB 是"通用串行总线"。作为近年来发展起来的十分重要的接口标准，USB 为多媒体计算机系统外接多媒体设备提供了极大的方便。它不是一种新的总线标准，而是应用在 PC 领域的新型接口技术。USB 的目标是把各种不同的接口统一起来，它使用一个 4 针插头作为标准插头。通过这个标准插头，采用菊花链形式可以把所有的外设连接起来，并且不会损失带宽。

5.3　实验操作题

实验　Windows 7 中多媒体硬件设备的安装设置

实验目的与要求

Windows 7 中多媒体硬件设备的安装设置。

实验内容

多媒体技术的出现与应用，把计算机从带有键盘和监视器的简单桌面系统变成了一个具有音响、麦克风、耳机、游戏杆和 CD-ROM 驱动器的多功能组件箱，使计算机具备了电影、电视、录音、录像、传真等多种功能。

要充分发挥 Windows 7 出色的多媒体功能，用户必须正确地安装和设置多媒体设备，调整 Windows 7 的多媒体属性设置以适应特有的工作环境，并为计算机系统增加声音事件等多媒体效果。

要具备多媒体功能，在计算机系统中首先要安装相应的多媒体设备用于处理各种媒体的信息。多媒体需要的基本硬件设备包括显卡、声卡、音箱/耳机和麦克风等。在"控制面板"中选择"系统"，在"硬件"选项卡中单击"设备管理器"可以查看已经安装在计算机上的硬件设备，如果安装了声卡和显卡，可以找到"声音、视频和游戏控制器"及"显卡"等项目，如图 5-1 所示。这里"声音、视频和游戏控制器"下有许多项，但并不代表它们对应了多个独立的硬件设备。

图 5-1　设备管理器

　　右击"设备管理器"中的某项设备（如"声音、视频和游戏控制器"中的"Conexant 20751 SmartAudio HD"，选择快捷菜单中的"属性"，可以打开该硬件的属性对话框，如图 5-2 所示。在"常规"选项卡中，你可以查看到该硬件的资源属性，如设备类型、制造商、设备状态等信息。

　　在"Conexant 20751 SmartAudio HD 属性"对话框中打开"驱动程序"选项卡，如图 5-3 所示，可以查看到该设备的驱动程序信息，并为这个设备更新驱动程序。

图 5-2　"Conexant 20751 SmartAudio HD 属性"对话框　　　　图 5-3　"驱动程序"选项卡

习　　题

一、选择题

1. 请根据多媒体的特性判断以下属于多媒体范畴的是（　　　）。
　　（1）交互式视频游戏　（2）有声图书　　　（3）彩色画报　　　（4）彩色电视
　　A. 仅（1）　　　　　　　B.（1）（2）　　　　C.（1）（2）（3）　　　D. 全部

2. 多媒体计算机系统的两大组成部分是（　　　）。
　　A. 多媒体器件和多媒体主机
　　B. 音箱和声卡
　　C. 多媒体输入设备和多媒体输出设备
　　D. 多媒体计算机硬件系统和多媒体计算机软件系统

3. 5 min 双声道、16 位采样位数、44.1 kHz 采样频率声音的不压缩数据量是（　　　）。
　　A. 50.47 MB　　　B. 52.92 MB　　　C. 201.87 MB　　　D. 25.23 MB

4. 下列属于多媒体技术发展方向的是（　　　）。
　　（1）高分辨率，提高显示质量　　　　　（2）高速度化，缩短处理时间
　　（3）简单化，便于操作　　　　　　　　（4）智能化，提高信息识别能力
　　A.（1）（2）（3）　　　B.（1）（2）（4）　　　C.（1）（3）（4）　　　D. 全部

5. 只读光盘 CD-ROM 的存储容量一般为（　　　）。
　　A. 1.44 MB　　　B. 512 MB　　　C. 4.7 GB　　　D. 650 MB

6. 光驱中的单倍速是指读写的速度是（　　　）/s，其他的倍速是把倍速的数字与它相乘。
　　A. 300 KB　　　B. 150 KB　　　C. 1 MB　　　D. 10 MB

7. 下列编码中，用于汉字输出的是（　　　）。

    A. 字形编码   B. 汉字字模码   C. 汉字内码   D. 数字编码

8. 一般说来，要求声音的质量越高，则（　　　）。

    A. 量化级数越低和采样频率越低   B. 量化级数越高和采样频率越高

    C. 量化级数越低和采样频率越高   D. 量化级数越高和采样频率越低

9. 下述声音分类中质量最好的是（　　　）。

    A. 数字激光唱盘   B. 调频无线电广播   C. 调幅无线电广播   D. 电话

10. 下面关于数字视频质量、数据量、压缩比的关系的论述，正确的是（　　　）。

    （1）数字视频质量越高数据量越大

    （2）随着压缩比的增大解压后数字视频质量开始下降

    （3）压缩比越大数据量越小

    （4）数据量与压缩比是一对矛盾

    A. 仅（1）   B. （1）（2）   C. （1）（2）（3）   D. 全部

11. 在 Windows 中使用 Microphone（麦克风）的步骤是（　　　）。

    （1）选择菜单上的"选项"→"属性"命令，弹出"属性对话框"

    （2）在显示的"下列音量控制"中，选中"Microphone"（麦克风）

    （3）打开 Windows 的"打开音量控制"对话框

    （4）在对话框中的"调整音量"选项中选择"录音"

    A. （1）（2）（3）（4）   B. （3）（1）（4）（2）

    C. （2）（3）（1）（4）   D. （1）（3）（2）（4）

12. 下述功能中，（　　　）是目前声卡具备的功能。

    （1）录制和回放数字音频文件   （2）混音

    （3）文语转换   （4）实时解/压缩数字音频文件

    A. 仅（1）   B. （1）（2）   C. （1）（2）（3）   D. 全部

13. DVD 动态图像标准是指（　　　）。

    A. PEG-1   B. JPEG   C. MPEG-4   D. MPEG-2

14. JPEG 是（　　　）图像压缩编码标准。

    A. 静态   B. 动态   C. 点阵   D. 矢量

15. MPEG 是数字存储（　　　）图像压缩编码和伴音编码标准。

    A. 静态   B. 动态   C. 点阵   D. 矢量

16. 声卡是按（　　　）分类的。

    A. 采样频率   B. 声道数   C. 采样量化位数   D. 压缩方式

17. 声卡与 CD-ROM 间的连接线有（　　　）。

    （1）音频输入线   （2）IDE 接口   （3）跳线   （4）电源线

    A. 仅（1）   B. （1）（2）   C. （1）（2）（3）   D. 全部

18. 数字视频的优越性体现在（　　　）。

    （1）可以用较少的时间和劳动创作出高水平的产品

    （2）可以不失真地进行无限次拷贝

（3）可以用计算机播放电影节目

（4）易于存储

　　A. 仅（1）　　　　　B.（1）（2）　　　　C.（1）（2）（3）　　　D. 全部

19. 视频卡的种类很多，主要包括（　　　）。

（1）视频捕获卡　　　（2）电影卡　　　　　　（3）电视卡　　　　　（4）视频转换卡

　　A. 仅（1）　　　　　B.（1）（2）　　　　C.（1）（2）（3）　　　D. 全部

20. 下列特点中（　　　）是 CD-ROM 具有的特点。

（1）存储容量大　　　（2）标准化　　　　　　（3）可靠性高　　　　　（4）可重复擦写性

　　A. 仅（1）　　　　　B.（1）（2）　　　　C.（1）（2）（3）　　　D. 全部

21. 个人计算机常用的 CD-ROM 驱动器的接口标准是（　　　）。

（1）专用接口　　　　（2）SCSI 接口　　　　　（3）IDE 接口　　　　（4）RS-232 接口

　　A.（1）　　　　　　B.（2）　　　　　　　C.（3）　　　　　　　D.（4）

22. 下列关于 CD-ROM 驱动器接口特点的描述（　　　）是正确的。

（1）SCSI 接口速度较快　　　　　　　　　　（2）IDE 接口不需要专用接口卡

（3）专用接口用起来不方便　　　　　　　　　（4）一般计算机配置都没有 SCSI 接口

　　A. 仅（1）　　　　　B.（1）（2）　　　　C.（1）（2）（3）　　　D. 全部

23. 目前市面上应用最广泛的 CD-ROM 驱动器是（　　　）。

　　A. 内置式的　　　　B. 外置式的　　　　　C. 便携式的　　　　　D. 专用型的

24. 下列关于多媒体输入设备的描述中，不属于的是（　　　）。

　　A. 红外遥感器　　　B. 数码相机　　　　　C. 触摸屏　　　　　　D. 调制解调器

25. 触摸屏主要应用在（　　　）场合。

（1）公共信息查询，如地区导航、图书检索、旅游介绍

（2）工厂培训与操作控制

（3）游戏娱乐、抽签

（4）教育、医疗与商业零售

　　A. 仅（1）　　　　　B.（1）（2）　　　　C.（1）（2）（3）　　　D. 全部

26. 下列关于触摸屏的叙述（　　　）是正确的。

（1）触摸屏是一种定位设备　　　　　　　　　（2）触摸屏是最基本的多媒体系统交互设备之一

（3）触摸屏可以仿真鼠标操作　　　　　　　　（4）触摸屏也是一种显示设备

　　A. 仅（1）　　　　　B.（1）（2）　　　　C.（1）（2）（3）　　　D. 全部

27. 使用触摸屏的好处是（　　　）。

（1）用手指操作直观、方便　　　　　　　　　（2）操作简单，无需学习

（3）交互性好　　　　　　　　　　　　　　　（4）简化了人机接口

　　A. 仅（1）　　　　　B.（1）（2）　　　　C.（1）（2）（3）　　　D. 全部

28. 下列关于 dpi 的叙述，正确的是（　　　）。

（1）每英寸的 bit 数　　　　　　　　　　　　（2）描述分辨率的单位

（3）dpi 越高图像质量越低　　　　　　　　　（4）每英寸像素点

　　A.（1）（3）　　　　B.（2）（4）　　　　C.（1）（2）（3）　　　D. 全部

29. 下列关于数码照相机的叙述中，正确的是（　　）。
   （1）数码照相机的关键部件是 CCD
   （2）数码照相机有内部存储介质
   （3）数码照相机拍照的图像可以通过串行口、SCSI 或 USB 接口送到计算机
   （4）数码照相机输出的是数字或模拟数据
   A. 仅（1）　　　　　B.（1）（2）　　　　　C.（1）（2）（3）　　　　D. 全部

30. 以下属于多媒体教学软件特点的是（　　）。
   （1）能正确生动地表达本学科的知识内容
   （2）具有友好的人机交互界面
   （3）能判断问题并进行教学指导
   （4）能通过计算机屏幕和老师面对面讨论问题
   A.（1）（2）（3）　　B.（1）（2）（4）　　　C.（2）（4）　　　　　D.（2）（3）

31. 下列说法中，不正确的是（　　）。
   A. 电子出版物存储容量大，一张光盘可以存储几百本长篇小说
   B. 电子出版物媒体种类多，可以集成文本、图形、图像、动画、视频和音频等多媒体信息
   C. 电子出版物不能长期保存
   D. 电子出版物检索信息迅速

32. 请根据多媒体的特性判断以下哪些属于多媒体的范畴？
   （1）交互式视频游戏　　　　　　　（2）有声图书
   （3）彩色画报　　　　　　　　　　（4）彩色电视
   A. 仅（1）　　　　　B.（1）（2）　　　　　C.（1）（2）（3）　　　　D. 全部

33. 多媒体技术未来发展的方向是（　　）。
   （1）高分辨率，提高显示质量　　　（2）高速度化，缩短处理时间
   （3）简单化，便于操作　　　　　　（4）智能化，提高信息识别能力
   A.（1）（2）（3）　　B.（1）（2）（4）　　　C.（1）（3）（4）　　　D. 全部

34. 数字音频采样和量化过程所用的主要硬件是（　　）。
   A. 数字编码器　　　　　　　　　　B. 数字解码器
   C. 模拟到数字的转换器（A/D 转换器）　D. 数字到模拟的转换器（D/A 转换器）

35. 下列采集的波形声音质量最好的是（　　）。
   A. 单声道、8 位量化、22.05 kHz 采样频率
   B. 双声道、8 位量化、44.1 kHz 采样频率
   C. 单声道、16 位量化、22.05 kHz 采样频率
   D. 双声道、16 位量化、44.1 kHz 采样频率

二、填空题

1. 文本、声音、_____、_____和_____等信息的载体中的两个或多个的组合构成了多媒体。

2. 多媒体系统是指利用_____技术和_____技术来处理和控制多媒体信息的系统。

3. 多媒体技术具有_____、_____、_____和实时性等主要特性。

4. 目前常用的压缩编码方法分为两类：_____和_____。

5. 国际常用的广播视频标准和记录格式有：_____、_____和 SECAM。

6. 在多媒体计算机系统中，声音信号由_____电路变成二进制数字序列，经传输和存储，最后由_____电路将其恢复成原始的声音信号。

7. 音频大约在_____的频率范围内。

8. 在音频数字处理技术中，要考虑_____、_____和编码问题。

9. 对音频数字化来说，在相同条件下，立体声比单声道占的空间_____，分辨率越高则占的空间越_____，采样频率越高则占的空间越大。

10. 多媒体个人计算机的英文缩写是_____。

三、简答题

1. 什么是媒体？什么是多媒体信息？

2. 信息和数据分别指的是什么？

3. 多媒体数据具有哪些特点？

4. 声音文件的大小由哪些因素决定？

5. 多媒体应用系统与其他应用系统相比有什么特点？

6. 选择声卡时应当注意哪几项指标？

7. DVD-ROM 与 CD-ROM 有什么异同？

8. 多媒体系统的关键技术主要有哪几个方面？

9. 什么是 MPC 多媒体计算机，其组成特征如何？试分析对比它的几个标准。

10. 如何评价一种数据压缩编码的优劣？

11. 在多媒体通信过程中有哪些困难？如何解决？

12. 当多媒体节目在硬盘上调试通过后，如何把它刻录在 CD-R 盘上？刻录时应注意些什么问题？

第6章 | 计算机网络基础与应用学习指导

6.1 本 章 要 点

◆ **知识点 1：计算机网络的定义及功能**

凡将地理位置不同，并具有独立功能的多个计算机系统通过通信设备和线路连接起来，且以功能完善的网络软件（网络协议、信息交换方式及网络操作系统等）实现网络资源共享的系统，可称为计算机网络。

◆ **知识点 2：计算机网络的最主要功能**

① 数据通信。
② 资源共享。

◆ **知识点 3：计算机网络按网络的覆盖地理范围分类**

① 局域网（LAN）。
② 城域网（MAN）。
③ 广域网（WAN）。

◆ **知识点 4：计算机网络按网络的拓扑结构分类**

网络中的每一台计算机都可以看作是一个结点，通信线路可以看作是一根连线，网络的拓扑结构就是网络中各个结点相互连接形式。常见的拓扑结构有星状结构、总线结构、环状结构和树状结构。

◆ **知识点 5：网络协议包括三要素**

① 语法：用来规定信息格式。
② 语义：用来说明通信双方应当怎么做。
③ 同步（或称时序）：详细说明事件的先后顺序。

◆ **知识点 6：OSI 参考模型和 TCP/IP 模型**

国际标准化组织（International Organization for Standards，ISO）于 1981 年制定了开放系统互连参考模型（Open System Interconnection Reference Model，OSI/RM）。这个模型把网络通信的工作分为 7 层，它们由低到高分别是物理层、数据链路层、网络层、传输层、会话层、表示层和应用层。

TCP/IP 模型实际上是 OSI 模型的一个浓缩版本，只有 4 层，即网络接口层、网际层、传输层和应用层。

◆ 知识点 7：IP 地址及分类

在因特网（Internet）上有千百万台主机（Host），为了区分这些主机，人们给每台主机都分配了一个专门的"地址"作为标识，称为 IP 地址，它就像在网上的身份证。

每个 IP 地址都是由两部分组成的：网络号和主机号。其中网络号标识一个物理的网络，而主机号用来标识网络中的一台主机。

IP 地址有两种表示形式：二进制表示和点分十进制表示。每个 IP 地址的长度为 4 字节，由四个 8 位域组成，字节之间用"."分开，表示为一个 0～255 的十进制数。同时为了方便管理和使用，适应不同大小的网络，对 IP 地址进行了分类。

A 类地址：可以拥有很大数量的主机，最高位为 0，紧跟的 7 位表示网络号，余下 24 位表示主机号，总共允许有 126 个网络。由 IP 地址的第 1 个十进制数为 1～126 之间可判断为 A 类 IP 地址。即 A 类 IP 地址的范围为 1.0.0.1～126.255.255.254。

B 类地址：被分配到中等规模和大规模的网络中，最高两位总被置于二进制的 10，允许有 16 384 个网络。由 IP 地址的第 1 个十进制数为 128～191 之间可判断为 B 类 IP 地址。即 B 类 IP 地址的范围为 128.1.0.1～191.254.255.254。

C 类地址：被用于局域网。高三位被置为二进制的 110，允许大约 200 万个网络。由 IP 地址的第 1 个十进制数为 192～223 之间可判断为 C 类 IP 地址。即 C 类 IP 地址的范围为 192.0.1.1～223.255.254.254。

D 类地址：被用于多路广播组用户，高四位总被置为 1110，余下的位用于标明客户机所属的组。由 IP 地址的第 1 个十进制数为 224～239 之间可判断为 D 类 IP 地址。即 D 类 IP 地址的范围为 224.0.0.1～239.255.255.254。

E 类地址：高 5 位被置为 11110，为将来使用保留。

6.2　典型例题精解

【例 1】Internet 每台计算机都有一个独一无二的地址，即（　　　）。

　　　A．IP　　　　　　B．DNS　　　　　　C．FTP　　　　　　　D．HTTP

【分析】IP 地址相当于门牌号，可以通过 IP 找到相应的计算机。

【答案】A。

【例 2】通过 Internet 发送或接收电子邮件的首要条件是应该有一个电子邮件地址，它的正确形式是（　　　）。

　　　A．用户名/域名　B．用户名@域名　　C．用户名&域名　　　D．用户名.域名

【分析】@即 at，是连接用户名与域名的符号。

【答案】B。

【例 3】调制解调器（Modem）的功能是实现（　　　）。

　　　A．数字信号的编码　　　　　　　　B．数字信号的整形

C. 模拟信号的发送　　　　　　　　D. 模拟信号与数字信号的转换

【分析】Modem 可以完成数模与模数的双向转换。

【答案】D。

【例 4】HTTP 是一种（　　　）。

A. 高级程序设计语言　　　　　　　B. 域名

C. 超文本传输协议　　　　　　　　D. 网址

【分析】HTTP：超文本传输协议（Hypertext Transfer Protocol）。

【答案】C。

【例 5】互联网络上的服务都是基于一种协议，WWW 服务基于（　　　）协议。

A. SMTP　　　　　B. HTTP　　　　　C. POP3　　　　　　D. Telnet

【分析】WWW 服务器使用的主要协议是 HTTP 协议，即超文本传输协议。SMTP（Simple Mail Transfer Protocol）是简单邮件传输通信协议，主要功能是用在传送电子邮件，当通过电子邮件程序寄 E-mail 给另外一个人时，必须通过 SMTP 通信协议，将邮件送到对方的邮件服务器上，等到对方上网的时候，就可以收到你所寄的信。

POP（Post Office Protocol）邮局通信协议主要功能是用在传送电子邮件，当寄信给另外一个人时，对方当时多半不会在线上，所以邮件服务器必须为收信者保存这封信，直到收信者来检查这封信件。当收信人收信的时候，必须通过 POP 通信协议，才能取得邮件。

Telnet 协议是 TCP/IP 协议族中的一员，是 Internet 远程登录服务的标准协议和主要方式。它为用户提供了在本地计算机上完成远程主机工作的能力。

【答案】B。

【例 6】计算机网络协议的三要素为＿＿＿＿＿＿、＿＿＿＿＿＿、＿＿＿＿＿＿。

【分析】一个网络协议至少包括三要素：语法用来规定信息格式；语义用来说明通信双方应当怎么做；同步（或称时序）详细说明事件的先后顺序。

【答案】语法、语义、同步。

6.3　实验操作题

实验一　Internet Explorer 的使用

实验目的与要求

Internet 上的信息浩如烟海，而且与日俱增，如何快速地找到有用的信息一直是人们关注的话题。目前最为有效的查询工具是各种各样的被称之为搜索引擎的工具，提供这种工具的网站有很多，国际上比较著名的有谷歌（www.google.com），国内较有名的是百度（www.baidu.com），本实验以搜狐网（www.sohu.com）为例来学习浏览网页和使用搜索引擎。

① 理解超文本、主页、链接、URL 等基本概念。

② 掌握浏览器 Internet Explorer 的基本使用方法。

③ 学会使用搜索引擎。

④ 对搜狐网的主页进行浏览并通过链接点链接到其他主页上。

⑤ 使用搜狐网的搜索引擎查找并下载一个桌面壁纸图片。

实验内容

1．熟悉 Internet Explorer

IE 窗口如图 6-1 所示。此时地址栏中显示的是默认主页或 about:blank，about:blank 代表空白页面。在地址栏中输入搜狐网的主页地址：http://www.sohu.com，然后按【Enter】键，可以看到状态栏中显示传送时的状态信息，同时窗口右上角的飞行标志不停地转动，等待一定时间后，飞行标志停止不动，此时信息已经传送完毕，窗口显示如图 6-2 所示的搜狐主页。

图 6-1　IE 浏览器

图 6-2　搜狐主页

2．浏览页面内容

将鼠标移动到"旅游"上，鼠标变成手形，这表明该处有一个链接，单击该链接，屏幕上显示出新的页面，如图 6-3 所示。如果想要在新的窗口中打开"旅游"的页面，可以右击然后选择"在新窗口打开"选项。该页显示了与旅游有关的各种信息，可以根据自己的喜好继续进行浏览。

图 6-3　浏览搜狐网信息

3．将搜狐网的主页加入收藏夹

单击"后退"按钮，回到搜狐网主页，单击"收藏"菜单项下的"添加到收藏夹"选项，弹出如图 6-4 所示的对话框。将名称改为"搜狐网"，然后单击"确定"按钮。此时再单击"收藏"菜单项，可以看到"搜狐网"列在收藏频道中。以后要访问该网站，只需选择"收藏"菜单项中的相应选项即可。

4．将搜狐网的主页设置成默认页

选择主菜单"工具"下的"Internet 选项"命令，弹出如图 6-5 所示对话框。

图 6-4　将搜狐网的主页加入收藏夹

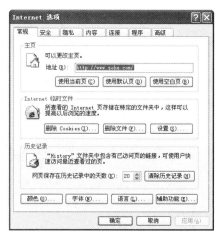

图 6-5　将搜狐网的主页设置成默认页

可以直接在"地址"文本框中输入搜狐网的主页地址，更为简便的方法是单击"使用当前页"按钮，搜狐网的主页地址就出现在"地址"文本输入框中。设置完毕后，单击"确定"按钮退出。关闭 IE，然后重新启动 IE，可以看到屏幕上自动显示搜狐网主页。这样该网站就被设置成默认页，以后每次启动 IE 时系统都会自动打开该页面。

5．使用搜狐网的搜索引擎

① 回到搜狐网的主页，在搜索关键字输入框内输入"桌面壁纸"这一关键字，选择搜索类别为"网站"，然后单击"搜索"按钮，等待一段时间后，浏览器中会显示出在搜狐引擎的数库中所有与"桌面壁纸"这一主题有关的网站的简介，如图 6-6 所示。

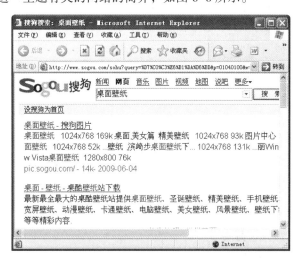

图 6-6　使用搜索引擎搜索到的与桌面壁纸有关的网页

② 在搜索结果中有"桌面壁纸"这一网站被列出，单击该处，则该网站主页在浏览器上被打开，如图 6-7 所示。

图 6-7　"桌面壁纸"页面

③ 选择"桌面精选壁纸",进入如图 6-8 所示页面。

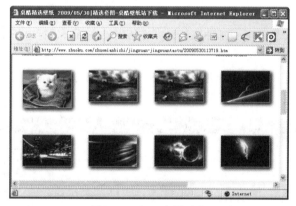

图 6-8　桌面壁纸图片

④ 单击其中一幅图片,打开如图 6-9 所示窗口。

图 6-9　图片窗口

⑤ 在图 6-9 所示的图片窗口,用鼠标在选中的图片上右击,在弹出的快捷菜单中选择"图片另存为"命令,将该图片存储在计算机上。例如存在目录 C:\My Documents 下,文件名为 dog.jpg,

这样图片就保存在自己的机器上，再用之前所讲的方法将其设置为桌面壁纸。

上机练习

1. 进入新浪的主页（www.sina.com）进行浏览并通过链接点链接到其他页面上。
2. 使用新浪的搜索引擎查找建设银行的主页。

实验二　使用电子邮件

实验目的与要求

① 熟悉在 Internet 上申请一个免费邮箱的过程。

② 掌握在 Outlook Express 中设置邮箱的过程。

③ 熟练使用 Outlook Express 进行电子邮件的收、发等处理工作。

实验内容

1．申请免费邮箱

在新浪网上申请一个免费电子邮件账号，并在该网站主页下进行电子邮件的处理工作。具体操作步骤如下。

① 启动 IE，在地址栏内输入新浪网的地址：http://www.sina.com.cn，显示的页面如图 6-10 所示。

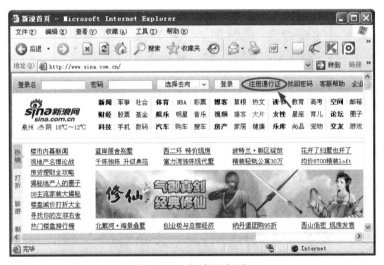

图 6-10　新浪网主页

② 单击上图标识"注册通行证"，进入新浪网通行证注册主页，如图 6-11 所示。注意一定要把图 6-11 标识的复选框选中，这样才能获得新浪免费邮箱。

③ 按图 6-11 所示窗口，设定一个登录名如 firstemail2009，一个邮箱名如 firstemail2009，注意在设定登录名与邮箱名后要单击"登录名/邮箱名 是否被占用"按钮，如提示占用需要重新设定，其余密码等信息填好后，单击"确定"按钮后会有如图 6-12 所示提示。

④ 回到新浪网主页。用刚才注册的账号及密码进行登录，选择"免费邮箱"按钮。单击"登录"出现如图 6-13 所示的窗口。

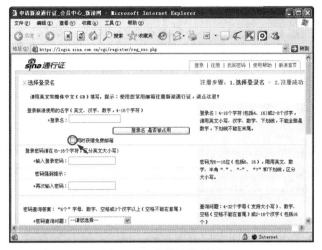

图 6-11　会员注册页面

图 6-12　注册成功提示

图 6-13　邮箱界面

⑤ 浏览图 6-13 所示页面，了解信箱文件夹的组成。在图 6-13 所示页面中的左边部分单击"写信"按钮，如图 6-14 所示，给一个拥有 Internet 电子信箱的朋友发一封电子邮件。写好邮件内容，单击下面的"发送"按钮即可。

图 6-14　编辑邮件

2. 设置客户端收信

将内容 1 中申请的账号在 Outlook Express 中进行设置。操作步骤如下。

① 首先在图 6-14 窗口中单击"邮箱设置"并在设置界面中单击"账户",在"账户页面"中勾选下方的"POP/SMTP 设置"中的"开启"复选框(注:此步骤如省略则会导致在 Outlook Express 中无法使用此邮箱)。

② 启动后的 Outlook Express 如图 6-15 所示。

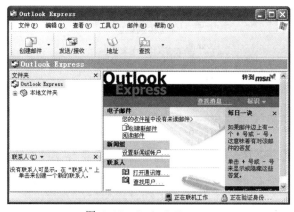

图 6-15　Outlook Express

③ 选择"工具"菜单下的"账户"命令,准备在 Outlook Express 中添加一个新的邮件账户,如图 6-16 所示。

④ 单击"添加"按钮并在随后的列表中选择"邮件",出现如图 6-17 所示窗口。

图 6-16　添加新账号

图 6-17　填写新账号的名称

⑤ 在窗口中输入新账号的显示名称，单击"下一步"按钮。

⑥ 在如图 6-18 所示窗口中选择"我想使用一个已有的电子邮件地址"，并在电子邮件地址输入框中输入刚才在新浪网上申请的免费信箱地址（firstemail2009@sina.com）。填写正确后单击"下一步"按钮。

⑦ 在图 6-19 所示窗口中，将 POP3 服务器填为 pop3.sina.com.cn，SMTP 服务器填为 smtp.sina.com.cn，然后单击"下一步"按钮。

图 6-18　输入电子邮件地址

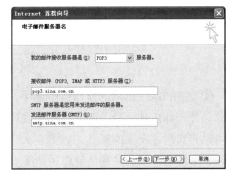

图 6-19　填写 POP3 服务器和 SMTP 服务器

⑧ 在如图 6-20 所示的窗口中输入邮箱的账号和密码，单击"下一步"按钮。出现注册成功画面，单击"完成"按钮，账号设置完毕。

若要对已有的账号信息进行修改，可以选择菜单"工具"下的菜单项"账户"命令，找到要修改的邮件账号，然后单击"属性"按钮，然后在对话框中进行所需的修改。

3. 使用客户端发送邮件

给自己发一封电子邮件，然后对该邮件进行处理。具体操作步骤如下。

① 首先检查机器是否已经连入 Internet，否则根据具体情况进行连接。

② 在图 6-21 所示窗口中，在收件人处填写自己的邮件信箱地址，主题处输入"test"，正文处输入"test"，单击"附件"按钮，从本机上选择一个文件，如果文件较大，则需要先将文件进行压缩后再进行选择，本例中所选文件不大，所以直接选择。然后单击"发送"按钮将邮件发送出去。

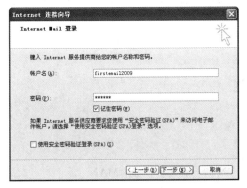

图 6-20　填写账号及密码

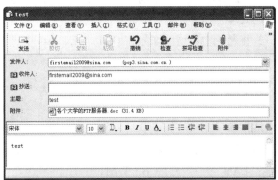

图 6-21　发邮件

③ 在如图 6-15 所示的窗口中单击"已发送邮件"，如图 6-22 所示，可以看到刚才发出去的邮件，这表明邮件已经顺利发出。

图 6-22　已发送的邮件

④ 在图 6-22 所示的窗口选中邮件，单击工具栏上的"删除"按钮，看到邮件消失，其实此时邮件并未真正从硬盘上删除，而是放到了"已删除文件"文件夹中。单击"已删除文件"文件夹可以看到刚才删除的邮件，如图 6-23 所示。如果选中邮件后此时再次单击工具栏上的"删除"按钮，屏幕上出现删除确认窗口，如图 6-24 所示，选择"是"，则邮件真正被删除。

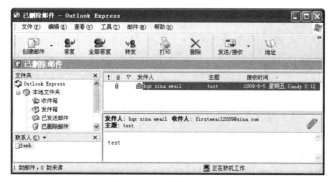

图 6-23 已删除邮件

图 6-24　删除确认框

上机练习

1. 在 sina 网站上申请一个免费电子邮件账号为你的姓名拼音，并在该网站主页下进行电子邮件的处理工作。

2. 将题 1 中申请的账号在 Outlook Express 中进行设置，并用该账号给你的朋友发送电子邮件。

习　　题

一、选择题

1. 局域网的英文缩写为（　　　）。

　　A．LAN　　　　　　B．WAN　　　　　　C．ISDN　　　　　　D．MAN

2. 计算机网络中广域网和局域网的分类是以（　　　）来划分的。

　　A．信息交换方式　　B．网络使用者　　　C．网络连接距离　　D．传输控制方法

3. OSI（开放系统互连）参考模型的最低层是（　　　）。

　　A．传输层　　　　　B．网络层　　　　　C．物理层　　　　　D．应用层

4. 开放系统互连（OSI）参考模型描述（　　　）层协议网络体系结构。

    A. 四　　　　　　　　B. 五　　　　　　　　C. 六　　　　　　　　D. 七

5. 使用网络时，通信网络之间传输的介质，不可用（　　　）。

    A. 双绞线　　　　　　B. 无线电波　　　　　C. 光缆　　　　　　　D. 化纤

6. 计算机网络最基本的功能是（　　　）。

    A. 降低成本　　　　　B. 打印文件　　　　　C. 资源共享　　　　　D. 文件调用

7. 下面四种答案中，哪一种属于网络操作系统（　　　）。

    A. DOS 操作系统　　　　　　　　　　　　B. Windows 98 操作系统

    C. Windows NT 操作系统　　　　　　　　D. 数据库操作系统

8. （　　　）是实现数字信号和模拟信号转换的设备。

    A. 网卡　　　　　　　B. 调制解调器　　　　C. 网络线　　　　　　D. 都不是

9. 在计算机网络中，为了使计算机或终端之间能够正确传送信息，必须按照（　　　）来相互通信。

    A. 信息交换方式　　　B. 网卡　　　　　　　C. 传输装置　　　　　D. 网络协议

10. 接入 Internet 的计算机必须共同遵守（　　　）

    A. CPI/IP 协议　　　B. PCT/IP 协议　　　C. PTC/IP 协议　　　D. TCP/IP 协议

11. 信息高速公路是指（　　　）。

    A. 装备有通信设备的高速公路　　　　　　B. 电子邮政系统

    C. 快速专用通道　　　　　　　　　　　　D. 国家信息基础设施

12. 因特网中电子邮件的地址格式为（　　　）。

    A. Wang@nit.edu.cn　　　　　　　　　　B. wang.Email.nit.edu.cn

    C. http://wang@ nit.edu.cn　　　　　　　D. http://www.wang.nit.edu.cn

13. 因特网中，利用浏览器查看 Web 页面时，须输入网址，如下所示的网址不正确的是（　　　）。

    A. www.cei.gov.cn　　　　　　　　　　　B. http://www.cei.com.cn

    C. http://www.cei.gov.cn　　　　　　　　D. http:@.cei.gov.cn

14. Internet 称为（　　　）。

    A. 因特网　　　　　　B. 广域网　　　　　　C. 局域网　　　　　　D. 世界信息网

15. 利用浏览器查看某 Web 主页时，在地址栏中也可填入（　　　）格式的地址。

    A. 210.37.40.54　　B. 198.4.135　　　　C. 128.AA.5　　　　　D. 210.37.AA.3

16. 在 TCP/IP（IPv4）协议下，每一台主机设定一个唯一的（　　　）位二进制的 IP 地址。

    A. 16　　　　　　　　B. 32　　　　　　　　C. 24　　　　　　　　D. 12

17. Hub 是（　　　）。

    A. 网卡　　　　　　　B. 交换机　　　　　　C. 集线器　　　　　　D. 路由器

18. IE 是一个（　　　）。

    A. 操作系统平台　　　B. 浏览器　　　　　　C. 管理软件　　　　　D. 翻译器

19. DNS 的中文含义是（　　　）。

    A. 邮件系统　　　　　B. 地名系统　　　　　C. 服务器系统　　　　D. 域名服务系统

20. ISDN 的含义是（　　　）。

    A. 计算机网　　　　　B. 广播电视网　　　　C. 综合业务数字网　　D. 光缆网

21. HTML 可以用来编写 Web 文档, 这种文档的扩展名是 (　　　)。

    A. doc　　　　　　　B. htm 或 html　　　　C. txt　　　　　　　D. xls

22. Web 上每一个页都有一个独立的地址, 这些地址称作统一资源定位器, 即 (　　　)。

    A. URL　　　　　　　B. WWW　　　　　　C. HTTP　　　　　　D. USL

23. 接收 E-mail 所用的网络协议是 (　　　)。

    A. POP3　　　　　　B. SMTP　　　　　　C. HTTP　　　　　　D. FTP

24. 具有很强异种网互联能力的广域网络设备是 (　　　)。

    A. 路由器　　　　　B. 网关　　　　　　C. 网桥　　　　　D. 桥路器

25. 如果想要连接到一个 WWW 站点, 应当以 (　　　) 开头来书写统一资源定位器。

    A. shttp://　　　　　B. ftp://　　　　　　C. http://　　　　　D. HTTPS://

26. 局域网常用的基本拓扑结构有 (　　　)、环状和星状。

    A. 层次　　　　　　B. 总线　　　　　　C. 交换　　　　　D. 分组

27. 最早出现的计算机网是 (　　　)。

    A. Internet　　　　　B. Bitnet　　　　　　C. ARPAnet　　　　D. Ethernet

28. 表征数据传输可靠性的指标是 (　　　)。

    A. 误码率　　　　　B. 频带利用率　　　　C. 传输速度　　　D. 信道容量

29. 局域网的网络硬件主要包括网络服务器、工作站、(　　　) 和通信介质。

    A. 计算机　　　　　B. 网卡　　　　　　C. 网络拓扑结构　D. 网络协议

30. 一座办公大楼内各个办公室中的微机进行联网, 这个网络属于 (　　　)。

    A. WAN　　　　　　B. LAN　　　　　　C. MAN　　　　　D. GAN

31. 计算机传输介质中传输最快的是 (　　　)。

    A. 同轴电缆　　　　B. 光缆　　　　　　C. 双绞线　　　　D. 铜质电缆

32. 国际标准化组织 (　　　) 提出的七层网络模型被称为开放系统互连参考模型。

    A. OSI　　　　　　　B. ISO　　　　　　C. OSI / RM　　　　D. TCP / IP

33. 在信道上传输的信号有 (　　　) 信号之分。

    A. 基带和窄带　　　B. 宽带和窄带　　　C. 基带和宽带　　D. 信带和窄带

34. 关于 Windows 共享文件夹的说法中, 正确的是 (　　　)。

    A. 在任何时候在文件菜单中可找到共享命令

    B. 设置成共享的文件夹无变化

    C. 设置成共享的文件夹图标下有一个箭头

    D. 设置成共享的文件夹图标下有一个上托的手掌

35. 万维网的网址以 http 为前导, 表示遵从 (　　　) 协议。

    A. 超文本传输　　　B. 纯文本　　　　　C. TCP/IP　　　　D. POP

36. 双绞线分 (　　　) 双绞线和 (　　　) 双绞线两类。

    A. 基带、宽带　　　B. 基带、窄带　　　C. 屏蔽、非屏蔽　D. 屏蔽、基带

37. Internet 网站域名地址中的 GOV 表示 (　　　)。

    A. 政府部门　　　　B. 商业部门　　　　C. 网络机构　　　D. 非盈利组织

38. 数据通信中的信道传输速率单位是 bit/s，被称为（　　　），而每秒钟电位变化的次数被称为（　　　）。

　　A. 数率、比特率　　B. 频率、波特率　　C. 比特率、波特率　　D. 波特率、比特率

39. 中继器的作用就是将信号（　　　），使其传播得更远。

　　A. 缩小　　　　　　B. 滤波　　　　　　C. 放大　　　　　　D. 整形

40. （　　　）像一个多端口中继器，它的每个端口都具有发送和接收数据的功能。

　　A. 网桥　　　　　　B. 网关　　　　　　C. 集线器　　　　　　D. 路由器

41. （　　　）是实现两个同种网络互连的设备。

　　A. 网桥　　　　　　B. 网关　　　　　　C. 集线器　　　　　　D. 路由器

42. （　　　）是实现两个异种网络互连的设备。

　　A. 网桥　　　　　　B. 网关　　　　　　C. 集线器　　　　　　D. 路由器

43. TCP/IP 是（　　　）使用的协议标准。

　　A. Novell 网　　　　B. ATM 网　　　　C. 以太网　　　　　D. Internet

44. E-mail 地址的格式为（　　　）。

　　A. 用户名@邮件主机域名　　　　　　　　B. @用户名邮件主机域名

　　C. 用户名邮件主机域名@　　　　　　　　D. 用户名@域名邮件主机

45. WWW 使用 Client/Server 模型，用户通过（　　　）端浏览器访问 WWW。

　　A. 客户机　　　　　B. 服务器　　　　　C. 浏览器　　　　　D. 局域网

46. 网桥的作用是（　　　）。

　　A. 连接两个同类网络　　　　　　　　　　B. 连接多个同类网络

　　C. 连接两个异种网络　　　　　　　　　　D. 连接多个异种网络

47. URL 的一般格式为（　　　）。

　　A. /<路径>/<文件名>/<主机>

　　B. <通信协议>://<主机>/<路径>/<文件名>

　　C. <通信协议>:/ <主机>/(文件名>

　　D. //<主机>/<路径>/<文件名>:<通信协议>

48. Novell 网使用的网络操作系统是（　　　）。

　　A. CCDOS　　　　　B. NetWare　　　　C. UNIX　　　　　　D. UCDOS

49. 在电子邮件中所包含的信息（　　　）。

　　A. 只能是文字　　　　　　　　　　　　　B. 只能是文字与图形图像信息

　　C. 只能是文字与声音信息　　　　　　　　D. 可以是文字、声音和图形图像信息

50. 数据通信中的信道传输速率单位用 bit/s 表示（　　　）。

　　A. 字节／秒　　　　B. 位／秒　　　　　C. K 位／秒　　　　D. K 字节／秒

51. 局域网最大传输距离为（　　　）。

　　A. 几百米到几千米　　　　　　　　　　　B. 几十米

　　C. 几百千米　　　　　　　　　　　　　　D. 几千千米

52. 在 Internet 的基本服务功能中，远程登录所使用的命令是（　　　）。

　　A. ftp　　　　　　　B. Telnet　　　　　C. mail　　　　　　D. open

53. OSI 将计算机网络的体系结构规定为 7 层，而 TCP/IP 则规定为（　　　）。

    A. 4 层　　　　　　　B. 5 层　　　　　　　C. 6 层　　　　　　　D. 7 层

54. TCP/IP 是（　　　）。

    A. 一种网络操作系统　　　　　　　　B. 一个网络地址

    C. 一种通信协议　　　　　　　　　　D. 一个部件

55. 计算机网络的主要功能是（　　　）。

    A. 计算机之间的互相制约　　　　　　B. 数据通信和资源共享

    C. 提高系统可靠性　　　　　　　　　D. 将负荷均匀地分配给网上的计算机系统

56. 中国教育科研网是指（　　　）。

    A. CHINAnet　　　　B. CERNET　　　　C. Internet　　　　D. CEINET

57. 以下（　　　）不是顶级域名。

    A. net　　　　　　　B. edu　　　　　　　C. www　　　　　　　D. stor

58. 有关邮件账号设置的说法中正确的是（　　　）。

    A. 接收邮件服务器使用的邮件协议名，一般采用 POP3 协议

    B. 接收邮件服务器的域名或 IP 地址，应填入你的电子邮件地址

    C. 发送邮件服务器的域名或 IP 必须与接收邮件服务器相同

    D. 发送邮件服务器的域名或 IP 必须选择一个其他的服务器地址

59. 电子邮件使用的传输协议是（　　　）。

    A. SMTP　　　　　　B. Telnet　　　　　　C. Http　　　　　　D. Ftp

60. 当从 Internet 上获取邮件时，用户的电子信箱设在（　　　）。

    A. 用户的计算机上　　　　　　　　　B. 发信给用户的计算机上

    C. 用户的 ISP 服务器上　　　　　　　D. 根本不存在电子信箱

61. 在 Internet Explorer 中打开网站和网页的方法不可以是（　　　）。

    A. 利用地址栏　　　B. 利用浏览器栏　　C. 利用链接栏　　　D. 利用标题栏

62. 在 Outlook Express 中不可进行的操作是（　　　）。

    A. 撤销发送　　　　B. 接收　　　　　　C. 阅读　　　　　　D. 回复

63. 建立一个计算机网络需要网络硬件设备和（　　　）。

    A. 体系结构　　　　B. 资源子网　　　　C. 网络操作系统　　D. 传输介质

64. ISDN 常用的传输介质是（　　　）。

    A. 无线电波　　　　B. 光缆　　　　　　C. 双绞线　　　　　D. 铜质电缆

65. 信号的电平随时间连续变化，这类信号称为（　　　）。

    A. 模拟信号　　　　B. 传输信号　　　　C. 同步信号　　　　D. 数字信号

66. 在数据通信的过程中，将模拟信号还原成数字信号的过程称为（　　　）。

    A. 调制　　　　　　B. 解调　　　　　　C. 流量控制　　　　D. 差错控制

67. Internet 和 WWW 的关系是（　　　）。

    A. 都表示互联网，只是名称不同　　　B. WWW 是 Internet 上的一个应用功能

    C. Internet 和 WWW 没有关系　　　　D. WWW 是 Internet 上的一个协议

68. WWW 的作用是（　　　）。

    A. 信息浏览　　　　B. 文件传输　　　　C. 收发电子邮件　　　　D. 远程登录

69. URL 的作用（　　　）。

    A. 定位主机地址　　　　　　　　　　　B. 定位网页地址

    C. 域名与 IP 的子转换　　　　　　　　D. 表示电子邮件地址

70. 域名和 IP 地址之间的关系是（　　　）。

    A. 一个域名对应多个 IP 地址　　　　　B. 一个 IP 地址对应多个域名

    C. 域名与 IP 地址没有关系　　　　　　D. 一一对应

71. 域名系统 DNS 的作用是（　　　）。

    A. 存放主机域名　　B. 存放 IP 地址　　　C. 存放邮件地址　　　D. 将域名转换成 IP 地址

二、操作题

1. 请为你的网卡配置 IP 地址如下：

    IP 地址：192.168.1.5

    子网掩码：255.255.255.0

    默认网关：192.168.1.1

    DNS：218.85.157.99

2. 用 OutLook Express 实现用你的 E-mail 向 firstemail2009@sina.com 发送一封电子邮件，内容不限。

3. 用 baidu 搜索含有"网络学习"关键字的 Word 文档。

4. 用 sogou 搜索含有"网络"不含有"学习"的网络资源。

第 7 章 数据库技术基础学习指导

7.1 本 章 要 点

◆ 知识点 1：数据和数据处理

数据是数据库研究处理的对象。数据与信息是分不开的，它们既有联系又有区别。数据本身并没有实际意义，是未经整理，随处可见的，通常是指用符号记录下来的可以识别的信息。信息是有一定含义、经过加工处理的、有价值的数据。数据处理是将数据转换成信息的过程，它包括对原始数据的收集、分类、存储、排序、检索、加工和传输等一系列活动。

◆ 知识点 2：数据库、数据库管理系统和数据库系统

1. 数据库（DB）

数据库是统一管理的数据的集合。它是长期存储在某种存储介质上的有组织的、可共享的相关数据的集合。数据库中的数据具有较高的数据共享性、独立性、完整性及较低的数据冗余度等特点。

2. 数据库管理系统（DBMS）

数据库管理系统是位于用户和操作系统之间的接口软件，是用来对数据库进行集中统一的管理，帮助用户创建、维护和使用数据库的系统软件。DBMS 的功能可以概括为：数据定义、数据操纵、数据库的运行管理和数据库的建立与维护等。

例如：Access、Visual FoxPro、SQL Server、Oracle 等都是数据库管理系统。

3. 数据库系统（DBS）

数据库系统指在计算机系统中引进数据库技术后的整个计算机软硬件系统，一般由数据库、数据库管理系统、应用开发工具（如 Delphi、Visual Basic、Visual C++等）、应用系统（用户或者专业软件开发人员编写的应用程序）、数据库管理员和用户构成。

4. 数据库管理系统的发展

经历了三个阶段：人工管理阶段、文件系统管理阶段和数据库系统管理阶段。

◆ 知识点 3：数据模型

数据模型就是现实世界的模拟，是对客观事物及其联系的抽象描述。分为两个不同层次：概念模型和基本数据模型。

1．概念模型

概念模型是反映实体之间联系的模型，是用户对现实世界的抽象，目前描述概念模型的最常用方法是实体-联系方法（E–R 图法，Entity-Relationship Approach）。E–R 图包括实体、属性和联系三种基本图素。约定用矩形框表示实体，用椭圆形表示属性，用菱形表示实体间的联系，并在菱形框内写入联系名，用无方向的连线将菱形框和与其关联的实体连接起来。

概念模型中实体集之间的联系可分为三类：

一对一联系：如果对于实体集 A 中的每个实体，实体集 B 中至多有一个实体（也可以没有）与之联系，反之亦然。

一对多联系：如果对于实体集 A 中的每个实体，实体集 B 中有多个实体与之联系，反之，对于实体集 B 中的每个实体，实体集 A 中至多有一个实体与之联系。

多对多联系：如果对于实体集 A 中的每个实体，实体集 B 中有多个实体与之联系，反之，对于实体集 B 中的每个实体，实体集 A 中也有多个实体与之联系。

2．基本数据模型

基本数据模型描述的是数据库的结构和组织形式，它是概念模型的数据化，这样就有可能用计算机实现各种事物之间的联系。常见的有：层次模型、网状模型和关系模型。关系模型是目前使用最广泛的数据类型，现在流行的数据库管理系统几乎都支持关系模型，如 SQL Server、Oracle、Access、FoxPro 等。关系模型具有特别强的数据表示能力，可表示一对一、一对多和多对多的联系。

◆ 知识点 4：关系数据库标准语言 SQL

结构化查询语言（Structured Query Language）是关系数据库的标准查询语言。SQL 的功能包括了数据定义、数据查询、数据操纵和数据控制四个方面。SQL 的主要特点是：综合统一、非过程化、面向集合的操作方式。SQL 是一种语言标准并且语言简洁易用易学且功能强大。

◆ 知识点 5：数据查询

SELECT 作为 SQL 的灵魂语句具有强大的查询功能和灵活的使用方式。常用格式：

```
SELECT ［ALL｜DISTINCT］〈列名表〉
FROM 〈列名表〉［,〈列名表〉］［WHERE〈条件表达式〉］
［GROUP BY〈列名 1〉［WAVING〈条件表达式〉］］
［ORDER BY〈列名 2〉［ASC｜DESC］…］
```

利用 SQL 的 SELECT 语句可以很方便地实现简单查询、条件查询和自然连接查询。

◆ 知识点 6：数据库技术应用

数据库设计和实施在开发数据库应用系统的过程中占有非常重要的地位，数据库设计的步骤大体分为：一是概念结构的设计，即设计系统的概念模型；二是逻辑结构的设计，即将概念模型转换成 DBMS 所能支持的数据模型；三是以规范理论为指导，进行数据模型的优化。

数据库实施指的是将数据库设计阶段的结果在计算机上实现。即使用数据库开发平台（如 Access）创建数据库、数据表及表间的关联等。

7.2 典型例题精解

【例 1】 下面关于数据库系统的叙述，正确的是（　　　）。

  A．数据库系统减少了数据冗余

  B．数据库系统避免了数据冗余

  C．数据库系统只是比文件系统管理的数据更多

  D．数据库系统中数据的一致性是指数据类型的一致

【分析】 数据库系统提供了数据共享功能，较好地解决了数据冗余问题。

【答案】 A。

【例 2】 常说的 DBS、DB、DBMS 三者之间的关系是（　　　）。

  A．DBMS 包括 DB 和 DBS   B．DB 包括 DBMS 和 DBS

  C．DBS 包括 DB 和 DBMS   D．DBMS 包括 DBS 和 DB

【分析】 DBS 代表数据库系统，指基于数据库的计算机应用系统。主要由以下几部分构成：① 硬件及数据库（DB）；② 软件，包括操作系统、数据库管理系统（DBMS）、编译系统及应用开发工具软件等；③ 人员，包括数据库管理员 DBA、系统分析员、应用程序员和用户。

【答案】 C。

【例 3】 DBMS 的功能包括数据定义、数据操纵、数据库运行控制和（　　　）。

  A．数据字典 B．数据处理   C．数据连接   D．数据投影

【分析】 数据处理工作包括数据库初始数据的载入、转换功能，数据库的转储、恢复功能，数据库的重组功能和性能监视、分析功能等，即对数据的收集、存储、加工、维护和传输等活动的统称。

【答案】 B。

【例 4】 用来描述信息世界的模型称为（　　　）。

  A．物理模型 B．概念模型   C．逻辑模型   D．机器模型

【分析】 数据从现实世界到计算机里的具体表示一般要经历现实世界、信息世界和机器世界三个阶段。概念模型是用户观点对现实世界的抽象，它不涉及 DBMS，它只描述信息世界中实体的存在联系。在数据库设计中普遍使用的概念模型是 E-R 图。

【答案】 B。

【例 5】 在概念模型中，实体所具有的某一特性称为（　　　）。

  A．实体集 B．属性   C．码   D．实体型

【分析】 本题涉及概念模型中一些术语的基本概念，实体通常是现实世界中客观存在的可以相互区分的对象、事物与过程，如一个学生；属性是描述对象的某个特性，例如，学生实体可用学号、姓名、性别、出生日期等属性来描述；实体集是具有相同属性组所描述的实体集合，如全体学生就是一个实体集；用实体名及其属性名集合来抽象和描述一个实体集称为实体型，如学生(学号,姓名,性别,出生日期)是一个实体型；唯一标识实体的属性称为码，如"学号"是学生实体的码。

【答案】 B。

【例6】一名学生可以选修多门课程，一门课程可以被多名学生选修，则学生与课程之间存在着（　　）的联系。

　　　　A．一对一　　　　B．一对多　　　　C．多对多　　　　D．未知

【分析】两个不同实体集之间的联系有三种类型：

①　一对一联系（1:1）：如果对于实体集 A 中的每个实体，实体集 B 中至多有一个实体（也可以没有）与之联系，反之亦然。

②　一对多联系（1:n）：如果对于实体集 A 中的每个实体，实体集 B 中有多个实体与之联系，反之，对于实体集 B 中的每个实体，实体集 A 中至多有一个实体与之联系。

③　多对多联系（m:n）：如果对于实体集 A 中的每个实体，实体集 B 中有多个实体与之联系，反之，对于实体集 B 中的每个实体，实体集 A 中也有多个实体与之联系。

【答案】C。

【例7】如果一个关系中的一个属性或属性组能够唯一地标识一个元组，则称该属性或属性组为（　　）。

　　　　A．外键　　　　B．主键　　　　C．关键字　　　　D．域

【分析】一个关系中能够唯一确定一个元组的属性集合称为关键字。若一个关系中有多个关键字，可以选定其中之一作为主键。主键不能取空值，用于唯一地标识元组。

【答案】C。

【例8】在关系数据库中一个规范化的关系必须满足其每一属性都是（　　）。

　　　　A．互不相关　　　B．不可分解的　　　C．互相关联的　　　D．长度可变的

【分析】在关系数据库中一个规范化的关系必须具备以下几个特点：

①　每一列不可再分，即不能表中有表；

②　关系的每一列上，属性值应取自同一值域；

③　在同一个关系中不能有相同的属性名；

④　在同一个关系中不能有完全相同的元组；

⑤　在一个关系中行、列的顺序无关紧要。

【答案】B。

【例9】如有下列三个关系模式：

```
student(学号,姓名,出生日期)
score(学号,课程号,成绩)
course(课程号,课程名)
```

则在 score 关系中的外键是（　　）。

　　　　A．学号，成绩　　B．课程号，成绩　　C．学号，课程号　　　D．成绩

【分析】如果一个关系 R_1 中的一个属性或属性组不是该关系的主键，但它们是另一个关系 R_2 的主键，则称这个属性或属性组为关系 R_1 相对于关系 R_2 的外键。score 表中字段"学号""课程号"都不能独自作为 score 表的主键，但"学号""课程号"分别是 student、course 表的主键。

【答案】C。

【例10】在关系运算中，查找满足一定条件的元组的运算称为（　　）。

　　　　A．投影　　　　B．选择　　　　　C．连接　　　　　D．复制

【分析】选择运算是指对数据表中记录的选择，投影运算是指对数据表字段的选择，连接运算则是将多个数据表按某种规则进行横向的逻辑拼接，组成一个新的数据表。

【答案】B。

【例 11】下列数据模型中（　　　）是以数据表为基础结构。

    A．层次模型　　B．网状模型　　　　C．关系模型　　　　D．面向对象模型

【分析】层次模型是用树形结构描述实体集之间的联系；网状模型是用网络结构表示实体间的多个从属关系；关系模型是用一个二维表格来描述实体之间的联系；面向对象模型则主要用于面向对象的数据库中。

【答案】C。

【例 12】在数据库设计中，应首先考虑设计系统的（　　　）。

    A．概念模型　　B．数据模型　　　　C．逻辑模型　　　　D．物理模型

【分析】在进行数据库设计时，必须首先给出概念结构的设计，即设计系统的概念模型，然后才是逻辑结构的设计，即将概念模型转换成 DBMS 所能支持的数据模型，并以规范化理论为指导，进行数据模型的优化。

【答案】A。

【例 13】在数据库的逻辑设计中，E-R 图中的每个联系都应转换为一个关系，如果两个实体间的联系是 $m{:}n$ 的联系，所转换的关系模型的主键由（　　　）。

    A．n 端实体的主键担任　　　　　　B．任一方实体的主键担任

    C．双方实体的主键联合担任　　　　D．m 端实体的主键担任

【分析】将 E-R 模型转换为关系模型，转换原则是：

① E-R 图中的每个实体都应转换为一个关系，实体的属性直接作为该关系的属性，实体的主键直接作为该关系的主键。

② E-R 图中的每个联系都应转换为一个关系，联系的属性（若有的话）直接作为该关系的属性，与该联系相连的两个实体的主键作为该关系的属性。如果两实体间的联系是 $m{:}n$ 的联系，它的关系模型的主键由双方实体的主键联合担任；对于 $1{:}n$ 的联系，它的关系模型的主键由 n 端实体的主键担任；对于 $1{:}1$ 的联系，它的关系模型的主键由任一方实体主键担任。

【答案】C。

【例 14】在下列有关索引的叙述中，错误的是（　　　）。

    A．一个表可以设置多个主索引字段

    B．唯一索引不允许字段中出现重复值

    C．若关系双方均为主索引，为一对一关系

    D．若关系双方只有一方为主索引，为一对多关系

【分析】主索引是索引的一种，也是所有索引中最严谨的，因为它是"主键"，它具有如下特点：一个数据表只能有一个主索引；主索引不能为空；主索引值不可重复。

【答案】A。

【例 15】标准 SQL 基本查询模块的结构是（　　　）。

    A．SELECT…FROM…ORDER BY　　B．SELECT…WHERE…GROUP BY

    C．SELECT…WHERE…HAVING　　　D．SELECT…FROM…WHERE

【分析】SELECT 查询命令包含很多功能各异的子句选项，但最基础的格式通常为：SELECT…FROM…WHERE。其中，SELECT 用于选择查询结果显示的目标列表，FROM 用于列出查询要用到的所有表文件，而 WHERE 则用于指定查询结果的筛选条件。

【答案】D。

【例 16】在 SELECT 语句中可以使用统计函数进行统计查询，这些函数不包括（　　）。

   A．COUNT() B．MIN()   C．MAX()   D．AVERAGE()

【分析】在 Access 中，可用在 SELECT 语句中的常用统计函数有：计数函数 COUNT()、求平均值函数 AVG()、求和函数 SUM()、求最大值函数 MAX()和求最小值函数 MIN()。选项 D 将平均值函数 AVG()误为 AVERAGE()。

【答案】D。

【例 17】在 SELECT 语句中描述字符型字段 INTRO 值为空的条件，应选择（　　）。

   A．WHERE INTRO=null   B．WHERE INTRO="

   C．WHERE INTRO is null   D．WHERE INTRO null

【分析】在 Access 中，null 就是空，空与非空的条件是 is null 或 is not null，此二者可使用在任意类型的字段。格式为：

  〈列名〉IS［NOT］NULL

【答案】C。

【例 18】假设学生关系模式为 student(学号,姓名,性别,出生日期)，现要查询姓名中含有"力"的学生信息。正确的 SQL 语句是（　　）。

   A．SELECT*FROM student WHERE 姓名 LIKE'力'

   B．SELECT*FROM student WHERE 姓名 LIKE'? 力*'

   C．SELECT*FROM student WHERE 姓名 LIKE'*力'

   D．SELECT*FROM student WHERE 姓名='*力*'

【分析】在 Access 中 SELECT 语句使用 LIKE 的模糊查询可包括两个通配符：*（表示任意多个字符或汉字）；?（表示任意一个字符或汉字）。这两个通配符都只能用于 LIKE 子句中。格式为：

  〈列名〉［NOT］LIKE'〈字符串常量〉'

【答案】C。

【例 19】假设图书关系模式为 book(书号,书名,单价)，现要查询价格在 50～100 的图书信息，错误的 SQL 语句是（　　）。

   A．SELECT*FROM book WHERE 单价>=50 and 单价<=100

   B．SELECT*FROM book WHERE NOT(单价>=50 or 单价<=100)

   C．SELECT*FROM book WHERE 单价 BETWEEN 50 and 100

   D．SELECT*FROM book WHERE 单价 BETWEEN(50，100)

【分析】在 SQL 语句中表示某个区间范围内取值的条件，可用两种方法：一是利用逻辑表达式；二是利用 BETWEEN 关键字。BETWEEN 表示介于两数之间，在 Access 中可支持的格式为：

  〈列名〉［NOT］BETWEEN〈值 1〉AND〈值 2〉

【答案】D。

【例 20】假设学生关系模式为 student(学号,姓名,性别,专业)，现要查询"计算机"专业和"公共管理"专业的学生信息。错误的 SQL 语句是（　　）。

A．SELECT*FROM student WHERE 专业 IN（'计算机','公共管理'）

B．SELECT*FROM student WHERE 专业='计算机'OR 专业='公共管理'

C．SELECT*FROM student WHERE 专业 IN（计算机，公共管理）

D．SELECT*FROM student WHERE NOT（专业〈〉'计算机'AND 专业〈〉'公共管理'）

【分析】在 SQL 语句的条件子句中要判断被检验的值是否是某组值中的一个，可用两种方法：一是利用逻辑表达式；二是利用 IN 关键字。使用谓词 IN（或 NOT IN）的查询格式为：

〈列名〉［NOT］IN（〈值1〉，〈值2〉，…，〈值n〉）

【答案】C。

7.3　实验操作题

实验一　数据库文件和表的创建

实验目的与要求

1. 熟悉 Access 工作环境。

2. 掌握 Access 数据库文件的创建方法。

3. 掌握使用"设计视图"创建和修改表结构及主键、外键和索引的设置与修改。

4. 掌握在"数据表视图"中添加和修改记录。

5. 掌握利用 SQL 语句（INSERT、UPDATE 和 DELETE）更新记录数据。

6. 掌握使用数据库"关系"图建立和修改表间关系。

实验内容

1. 创建"雇员信息管理"数据库

用 Access 创建空数据库

（1）单击"开始"→"所有程序"→"Microsoft Access 2010"，打开 Access 主界面，如图 7-1 所示。

图 7-1　Access 主界面

（2）在"Microsoft Access"窗口中，单击右下方的"浏览到某个位置来存放数据库"按钮 📂 。弹出"文件新建数据库"对话框，如图 7-2 所示。

图 7-2　"文件新建数据库"对话框

（3）在"文件名"文本框中输入"学生成绩管理系统"，并指定所需的保存位置为 E，单击"创建"按钮，即完成了名为"学生成绩管理系统"的新数据库的创建。这时系统显示"学生成绩管理系统：数据库"窗口，如图 7-3 所示。

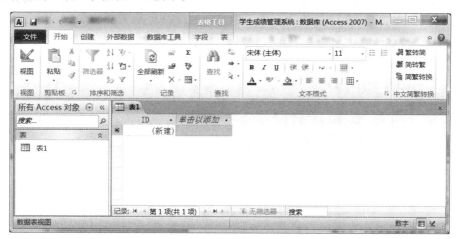

图 7-3　"学生成绩管理系统：数据库"窗口

2. 创建三个数据表（学生基本信息表、课程信息表和成绩表）**并录入记录数据**

步骤 1：建立表结构

（1）在数据库窗口中，单击"创建"→"表设计"按钮，打开图 7-4 所示的"表"设计窗口。

（2）在表设计窗口中，按表 7-1 所示依次输入各个字段的字段名称、数据类型及相关的属性，建立学生基本信息表的结构，如图 7-5 所示。

图 7-4 "表"设计窗口

表 7-1 学生基本信息表结构

字段名	字段类型	字段大小	小数位数	取值范围	说明
学号	文本	8			主键
姓名	文本	20			学生姓名
性别	文本	2		男/女	
出生日期	日期				
班级	文本	10			

（3）设置"学号"为主键。

图 7-5 对学生基本信息表输入字段名称、数据类型及属性

（4）单击"文件"→"保存"命令，弹出"另存为"对话框，在"表名称"文本框中输入文件名"学生基本信息表"，并指定所需的保存位置 E，单击"确定"按钮，建立了名为"学生基本信息表"的结构。单击表窗口右上角的"关闭"按钮，关闭表设计窗口。

类似地，依表 7-2 和表 7-3，建立"课程信息表"和"成绩表"的结构，注意在"成绩表"的结构中，有两个外键，如图 7-6 和图 7-7 所示。

表 7-2　课程信息表结构

字段名	字段类型	字段大小	小数位数	取值范围	说明
课程号	文本	8			主键
课程名	文本	20			
学分	数字	单精度	1		
周学时	数字	整型			

表 7-3　成绩表结构

字段名	字段类型	字段大小	小数位数	取值范围	说明
学号	文本	8			外键
课程号	文本	8			外键
成绩	数字	整型		0～100	

图 7-6　对课程信息表输入字段名称、数据类型及属性

图 7-7　对成绩表输入字段名称、数据类型及属性

步骤 2：输入记录数据

向"学生基本信息表""课程信息表""成绩表"中输入记录数据，如图 7-8～图 7-10 所示。

图 7-8　学生基本信息表数据

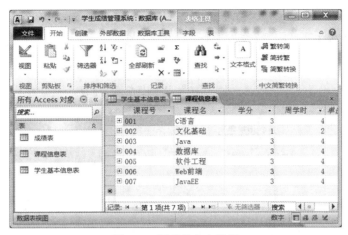

图 7-9　课程信息表数据

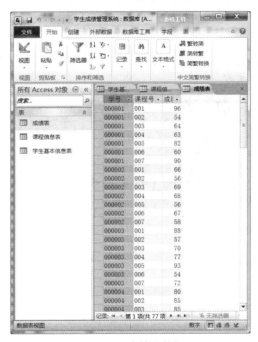

图 7-10　成绩表数据

步骤 3：更新记录数据

对数据库中的记录数据进行添加、修改和删除，可以在"数据表视图"中直接操作，还可以利用 SQL 提供的插入（INSERT）、更新（UPDATE）和删除（DELETE）三种语句。

3．建立表间关系

在建立表间关系之前必须对相对表的关系字段建立索引。上面已对"学生基本信息表"的"学号"字段建立了主键（无重复索引），对"课程信息表"的"课程 ID"建立主键，而对"成绩表"建立两个外键，即"学号"字段和"课程 ID"字段。下面就可以建立这三张表间的关系。

（1）建立"成绩表"和"学生基本信息表"之间的一对多关系。使用数据库"关系"图，操作如下：

① 打开"学生成绩管理系统"数据库文件。

② 单击"数据库工具"→"关系"按钮，打开"关系"窗口并弹出图 7-11 所示的"显示表"对话框。

图 7-11　"显示表"对话框

（2）把"学生基本信息表""课程信息表""成绩表"添加到"关系"窗口中，如图 7-12 所示。然后关闭"显示表"对话框。

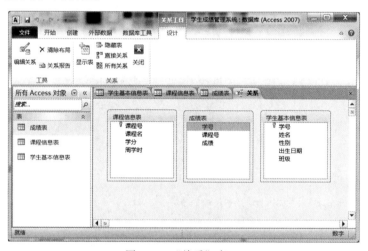

图 7-12　"关系"窗口

（3）在"关系"窗口中选择一表中的主关键字，拖到另一表中相同的字段，释放鼠标后，弹出"编辑关系"对话框，如图 7-13 所示。

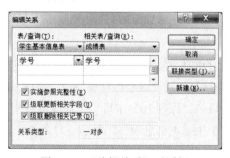

图 7-13　"编辑关系"对话框

（4）在图 7-13 中选中"实施参照完整性"复选框、"及联更新相关字段"复选框和"及联删除相关记录"复选框，单击"创建"按钮，出现图 7-14 所示的"关系"窗口，可看出三个表建立了一对多的关系。

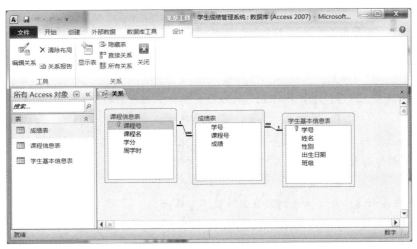

图 7-14　建立了两个一对多关系的"关系"窗口

习　题

一、选择题

1. 数据库系统与文件系统的主要区别是（　　　）。

　　A. 文件系统简单，而数据库系统复杂

　　B. 文件系统只能管理少量数据，而数据库系统能管理大量数据

　　C. 文件系统只能管理文件，而数据库系统能管理各种类型的文件

　　D. 文件系统不能解决数据冗余和数据独立性问题，而数据库系统可以

2. DBMS 是一种（　　　）。

　　A. 采用了数据库技术的计算机系统

　　B. 包括数据库管理人员、计算机软硬件以及数据库的系统

　　C. 位于用户与操作系统之间的数据管理软件

　　D. 包含操作系统在内的数据管理软件系统

3. 数据库中数据的特点包括（　　　）。

　　A. 较高的数据共享性　　　　　　　　　B. 数据的独立性和较低的数据冗余度

　　C. 数据的完整性　　　　　　　　　　　D. 以上都是

4. 若每一个部门可拥有多个员工，而每位员工只可参与一个部门，则部门与员工之间存在着（　　　）的联系。

　　A. 一对一　　　　　　B. 一对多　　　　　　C. 多对多　　　　　　D. 未知

5. 信息世界的主要对象称为（　　　）。

　　A. 关系　　　　　　B. 属性　　　　　　C. 记录　　　　　　D. 实体

6. 概念模型设计常采用的工具是（　　　）。

    A. 关系模型   B. 网状模型   C. 层次模型   D. E-R 模型

7. 以下关于"关系"的叙述中，错误的是（　　　）。

    A. 关系对应一张由行和列组成的二维表

    B. 表中的每一张称为关系的一个元组，在数据库中也称为字段

    C. 关系的每一列上，属性值应取自同一值域

    D. 关系中不允许存在两个完全相同的元组

8. 一个关系相当于一张二维表，二维表中的各栏目相当于该关系的（　　　）。

    A. 数据项   B. 元组   C. 属性   D. 结构

9. 如果一个关系中的属性或属性组不是该关系的主键，但它们是另外一个关系的主键，则称这个属性或属性组为该关系的（　　　）。

    A. 外键   B. 关系   C. 关键字   D. 域

10. 用二维表来表示实体与实体之间联系的数据模型称为（　　　）。

    A. 面向对象模型   B. 关系模型   C. 层次模型   D. 网状模型

11. 为改变关系的属性排列顺序，应使用关系运算中的（　　　）运算。

    A. 投影   B. 选择   C. 连接   D. 复制

12. 在关系数据库的基本操作中，将两个关系中相同属性值的元组连接到一起而形成的关系的操作称为（　　　）。

    A. 投影   B. 选择   C. 连接   D. 复制

13. 在一个关系中有这样一个或多个字段，它（们）的值可以唯一地标识一条记录，这样的字段称为（　　　）。

    A. 外键   B. 关系   C. 关键字   D. 域

14. Access 是关系型数据库系统，所谓关系型是指（　　　）。

    A. 一个表与另一个表之间有一定关系

    B. 数据模型符合一个满足一定条件的二维表格形式

    C. 各条记录彼此之间都有一定的关系

    D. 各个字段之间都有一定的关系

15. 除了（　　　）外，其他都是常用的数据库开发平台。

    A. Turbo C   B. Visual FoxPro   C. Access   D. SQL Server 2000

16. （　　　）是较常用的桌面型数据库软件。

    A. SQL Server 2000   B. Access 和 Visual FoxPro

    C. Oracle 8   D. Sybase 和 MySQL

17. 在 E-R 图向关系模型转换中，如果两实体之间是一对多的联系，则必须为联系建立一个关系，该联系对应的关系模式属性包括（　　　）。

    A. 联系本身的属性

    B. 联系本身的属性及所联系的多方实体的主键

    C. 联系本身的属性及所联系的任一实体的主键

    D. 联系本身的属性及所联系的双方实体的主键

18. 打开 Access 数据库时，应打开（　　）文件。
    A．mda   B．mdb   C．dbf   D．xls

19. 在 Access 数据库中，下列（　　）类型的字段，无法建立索引。
    A．文本   B．数字   C．备注   D．日期

20. 关于建立关系的条件叙述中，错误的是（　　）。
    A．双方字段类型必须相同   B．关系字段名称需相同
    C．至少有一方是主索引   D．关系字段类型不能是备注型的

21. 下列关于主索引的叙述，错误的是（　　）。
    A．主索引值不可为空   B．一个数据表只能有一个主索引
    C．主索引都是以主键表示的   D．主索引值不可唯一

22. 若要在一对多关系中，更改原始数据，另一方立即更改，应启动（　　）。
    A．实施参照完整性   B．级联显示更新相关记录
    C．级联显示删除相关记录   D．实体完整性

23. SELECT 语句的功能是（　　）。
    A．创建数据表　　B．修改表中的数据　　C．查询表中的数据　　D．选择 SQL 标准

24. 假设学生关系模式为 student(学号,姓名,性别,出生日期)，现要查询姓"林"的学生信息。正确的 SQL 语句是（　　）。
    A．SELECT *FROM student WHERE 姓名 LIKE "林"
    B．SELECT *FROM student WHERE 姓名 LIKE "林*"
    C．SELECT *FROM student WHERE 姓名 LIKE "林？"
    D．SELECT *FROM student WHERE 姓名 LIKE ="林？？"

25. 假设学生关系模式为 student(学号,姓名,性别,出生日期)，现要查询 1982 年出生的学生信息。正确的 SQL 语句是（　　）。
    A．SELECT *FROM student WHERE 出生日期 BETWEEN'1982-1-1'AND'1982-12-31'
    B．SELECT *FROM student WHERE 出生日期 BETWEEN #1982-1-1#AND#1982-12-31#
    C．SELECT *FROM student WHERE BETWEEN(出生日期,'1982-1-1','1982-12-31')
    D．SELECT *FROM student WHERE BETWEEN(出生日期,#1982-1-1#,#1982-12-31#)

二、操作题

1. 创建 STUDB 数据库文件及两个数据表 student 和 score，并输入记录。student 和 score 表结构如表 7-4 和表 7-5 所示。

表 7-4　student 表结构

字段名	字段类型	字段大小	小数位数	取值范围	说 明
Sno	文本	5			学号（主键）
Name	文本	8			姓名
Sex	是 / 否			Yes（男）；No（女）	性别
BirthDate	日期 / 时间				出生日期
Spec	文本	8			专业

续表

字段名	字段类型	字段大小	小数位数	取值范围	说　明
Burs	数字（单精度）		2	200～1000	奖学金
Intro	备注				简历

表 7-5　score 表结构

字段名	字段类型	字段大小	小数位数	取值范围	说　明
Sno	文本	5			主键（来自 Student 表）
Cno	文本	4			主键（课程号）
Grade	数字（单精度型）		1	0～100	成绩

　　要求：对 student 表的 Sno 字段建立主键（无重复索引），对 score 表的 Sno 和 Cno 字段建立索引。

2. 建立 student 表与 score 表间的关联。

3. 使用 SQL 语句查询数据库内容。

（1）查询 student 表的学生信息。

（2）查询全体学生的姓名、专业和奖学金。

（3）查询学生的姓名、性别、年龄。

（4）从该数据库中查询出所有专业的名称。

（5）查询计算机专业所有学生的学号、姓名和奖学金。

（6）查询奖学金在 500 元以上的男生姓名。

（7）查询奖学金不在 500～800 元的学生姓名。

（8）查询在 1982—1983 年出生的学生信息。

（9）查询奖学金为 700 元、800 元、900 元的学生信息。

（10）查询选修课号 C1 或 C2 或 C5 的学生学号。

（11）查询姓名中含有 "力" 的学生姓名和学号。

（12）查询姓 "王" 的学生姓名和出生日期。

（13）统计专业数。

（14）统计全体学生奖学金总额。

（15）统计选修课程号 C1 的全体学生平均成绩。

（16）显示简历为空的学生记录。

（17）显示选修课程号为 C1 的学生姓名和成绩。

第 8 章 | 信息安全学习指导

8.1 本 章 要 点

◆ **知识点 1：信息安全的概念**

国际标准化组织（ISO）将"计算机安全"定义为："为数据处理系统建立和采取的技术和管理的安全保护，保护计算机硬件、软件数据不因偶然和恶意的原因而遭到破坏、更改和泄露。"此概念偏重于静态信息保护。也有人将"计算机安全"定义为："计算机的硬件、软件和数据受到保护，不因偶然和恶意的原因而遭到破坏、更改和泄露，系统连续正常运行。"该定义着重于动态意义描述。

信息安全本身包括的范围很大，大到国家军事政治等机密安全，小范围的当然还包括如防范商业企业机密泄露，防范青少年对不良信息的浏览，个人信息的泄露等。网络环境下的信息安全体系是保证信息安全的关键，包括计算机安全操作系统、各种安全协议、安全机制（数字签名，信息认证，数据加密等），直至安全系统，其中任何一个安全漏洞便可以威胁全局安全。信息安全服务至少应该包括支持信息网络安全服务的基本理论，以及基于新一代信息网络体系结构的网络安全服务体系结构。

从技术角度看，计算机信息安全是一个涉及计算机科学、网络技术、通信技术、密码技术、信息安全技术、应用数学、数论、信息论等多种学科的边缘性综合学科。

◆ **知识点 2：信息安全的属性**

在美国国家信息基础设施（NII）的文献中，给出了安全的五个属性：可用性、可靠性、完整性、保密性和不可抵赖性。这五个属性定义如下。

① 可用性（Availability）：得到授权的实体在需要时可访问资源和服务。可用性是指无论何时，只要用户需要，信息系统必须是可用的，也就是说信息系统不能拒绝服务。网络最基本的功能是向用户提供所需的信息和通信服务，而用户的通信要求是随机的，多方面的（语音、数据、文字和图像等），有时还要求时效性。网络必须随时满足用户通信的要求。攻击者通常采用占用资源的手段阻碍授权者的工作。可以使用访问控制机制，阻止非授权用户进入网络，从而保证网络系统的可用性。增强可用性还包括如何有效地避免因各种灾害（战争、地震等）造成的系统失效。

② 可靠性（Reliability）：可靠性是指系统在规定条件下和规定时间内完成规定功能的概率。可靠性是网络安全最基本的要求之一，网络不可靠，事故不断，也就谈不上网络的安全。目前，对于网络可靠性的研究基本上偏重于硬件可靠性方面。

③ 完整性（Integrity）：信息不被偶然或蓄意地删除、修改、伪造、乱序、重放、插入等破坏的特性。只有得到允许的人才能修改实体或进程，并且能够判别出实体或进程是否已被篡改。即信息的内容不能为未授权的第三方修改。信息在存储或传输时不被修改、破坏，不出现信息包的丢失、乱序等。

④ 保密性（Confidentiality）：保密性是指确保信息不暴露给未授权的实体或进程。即信息的内容不会被未授权的第三方所知。这里所指的信息不但包括国家秘密，而且包括各种社会团体、企业组织的工作秘密及商业秘密，个人的秘密和个人私密（如浏览习惯、购物习惯）。防止信息失窃和泄露的保障技术称为保密技术。

⑤ 不可抵赖性（Non-Repudiation）：也称作不可否认性。不可抵赖性是面向通信双方（人、实体或进程）信息真实统一的安全要求，它包括收、发双方均不可抵赖。一是源发证明，它提供给信息接收者以证据，这将使发送者谎称未发送过这些信息或者否认它的内容的企图不能得逞；二是交付证明，它提供给信息发送者以证明这将使接收者谎称未接收过这些信息或者否认它的内容的企图不能得逞。

◆ **知识点 3：计算机病毒定义**

计算机病毒定义：1988 年 11 月 2 日发生在美国的重要计算机网络 Internet 上的莫里斯蠕虫事件是一场损失巨大、影响深远的大规模"病毒"疫情。美国康耐尔大学一年级研究生罗特·莫里斯写了一个蠕虫程序。该程序利用 UNIX 系统中的漏洞，利用 FINGER 命令查找联机用户名单，然后破译用户口令，用 Mail 系统复制、传播本身的源程序，再调用网络远程编译生成代码。从 11 月 2 日早上 5 点开始，到下午 5 点已使联网的 6 000 多台 UNIX、VAX、Sun 工作站受到感染。虽然莫里斯蠕虫程序并不删除文件，但无限的繁殖抢占了大量时间和空间资源，使许多联网机器被迫停机。直接经济损失在 6 000 万美元以上，莫里斯也受到了法律的制裁。

总结病毒的特点可得出计算机病毒的定义为：任何可执行的会自动复制自己、影响计算机正常运行的代码都被称作计算机病毒。

◆ **知识点 4：计算机病毒特性**

我们知道"病毒"一词在生物学中，是一种能够侵入动物体、植物体，并给动、植物带来疾病的微生物。而今天出现在计算机领域中的病毒则是一组程序，一段可执行代码，是一种隐藏在计算机系统的可存取信息资源中，利用系统信息资源进行繁殖并生存，能影响计算机系统正常运行，并通过系统信息关系和途径进行传染的，可执行的编码集合。它一般具有如下特性：

（1）隐蔽性。计算机病毒都是一些可以直接或间接运行的具有高超技巧的程序，可以隐藏在操作系统、可执行程序或数据文件中，不易被人察觉和发现。

（2）传染性。计算机病毒可以从一个程序传染到另一个程序，从一台计算机传染到另一台计算机，从一个计算机网络传染到另一个计算机网络，在各系统上传染、蔓延，同时使被传染的计算机程序、计算机、计算机网络成为计算机病毒的生存环境及新的传染源。

（3）潜伏性。计算机病毒在传染计算机系统后，病毒的触发是由发作条件来确定的。在发作条件满足前，病毒可能在系统中没有表现症状，不影响系统的正常运行。

（4）激发性。在一定的条件之下，通过外界刺激可以使计算机病毒程序活跃起来。激发的本质是一种条件控制。根据病毒炮制者的设定，使病毒体激活并发起攻击。病毒被激发的条件可以与多种情况联系起来，如满足特定的时间或日期、期待特定用户识别符出现、特定文件的出现或使用、一个文件使用的次数超过设定数等。

（5）破坏性。计算机病毒感染系统后，被感染的系统在病毒发作条件满足时发作，就表现出一定的症状，如屏幕显示异常、系统速度变慢、文件被删除等。

◆ **知识点 5：计算机病毒的分类**

（1）引导区型病毒

直到 20 世纪 90 年代中期，引导区型病毒都是最流行的病毒类型，主要通过软盘在 DOS 操作系统里传播。引导区型病毒感染软盘中的引导区，蔓延到用户硬盘，并能感染到用户盘中的"主引导记录"。一旦硬盘中的引导区被病毒感染，病毒就试图感染每一个插入计算机的软盘的引导区。

引导区型病毒是这样工作的：由于病毒隐藏在软盘的第一扇区，使它可以在系统文件装入内存之前先进入内存，以便使它获得对 DOS 的完全控制，这就使它可以传播和造成危害。

（2）文件型病毒

文件型病毒是文件感染者，也称为寄生病毒。它运行在计算机存储器里，通常它感染扩展名为 COM、EXE、DRV、BIN、OVL、SYS 等的文件。每一次它们激活时，感染文件把自身复制到其他文件中，并能在存储器里保存很长时间，直到病毒又被激活。

目前，有数千种文件型病毒，它们类似于引导区型病毒，大多数文件病毒活动在 DOS 环境中。然而，也有一些文件型病毒能很成功地感染 Windows、IBM、OS/2 和 Macintosh 环境。

（3）混合型病毒

混合型病毒有引导区型病毒和文件型病毒两者的特征。

（4）宏病毒

宏病毒一般是指用 Basic 书写的病毒程序，寄存在 Microsoft Office 文档上的宏代码。它影响对文档的各种操作，如打开、存储、关闭或清除等。当打开 Office 文档时，宏病毒程序就会被执行，即宏病毒处于活动状态，当触发条件满足时，宏病毒者开始传染、表现和破坏。

8.2　典型例题精解

【例 1】网络安全在分布网络环境中，并不对（　　）提供安全保护。

　　　A．信息载体　　　　　　　　　　B．信息的处理、传输

　　　C．信息的存储、访问　　　　　　D．信息语意的正确性

【分析】由网络安全定义及其包括范围可知。

【答案】D。

【例 2】下面不属于网络安全的基本属性是（　　）。

　　　A．机密性　　　B．可用性　　　　C．完整性　　　　　D．正确性

【分析】由网络安全的基本属性可知。

【答案】D。

【例 3】下列不属于可用性服务的是（　　）。

　　　A．后备　　　B．身份鉴别　　　C．在线恢复　　　　D．灾难恢复

【分析】身份鉴别属于可审性服务，而其他三项都是为了保证可用性的措施。

【答案】B。

【例4】信息安全并不涉及的领域是（　　　）。

    A．计算机技术和网络技术　　　　　B．法律制度

    C．公共道德　　　　　　　　　　　D．身心健康

【分析】信息安全不单纯是技术问题，它涉及技术、管理、制度、法律、历史、文化、道德等诸多领域。

【答案】D。

【例5】计算机病毒是（　　　）。

    A．一种程序　　　　　　　　　　　B．使用计算机时容易感染的一种疾病

    C．一种计算机硬件　　　　　　　　D．计算机系统软件

【分析】由计算机病毒的定义可知。

【答案】A。

【例6】下面不属于计算机病毒特性的是（　　　）。

    A．传染性　　　　B．突发性　　　　C．可预见性　　　　D．隐藏性

【分析】由计算机病毒的特性可知。

【答案】C。

【例7】关于预防计算机病毒说法正确的是（　　　）。

    A．仅通过技术手段预防病毒

    B．仅通过管理手段预防病毒

    C．管理手段与技术手段相结合预防病毒

    D．仅通过杀毒软件预防病毒

【分析】计算机病毒的预防分为两种：管理方法上的预防和技术上的预防，这两种方法的结合对防止病毒的传染是行之有效的。

【答案】C。

8.3　实验操作题

实验　防病毒软件的安装

🖐 实验目的与要求

　①　掌握瑞星杀毒软件的安装方法。

　②　掌握用瑞星杀毒软件扫描计算机内病毒的方法。

📝 实验内容

（1）安装前请关闭所有其他正在运行的应用程序。

（2）当把瑞星杀毒软件下载版安装程序下载到您的计算机中后，双击运行安装程序，如图8-1所示，就可以进行瑞星杀毒软件下载版的安装了。

（3）在显示的语言选择框中，如图8-2所示，用户可以选择"中文简体""中文繁體""English"

和"日本語"四种语言中的一种进行安装，单击"确定"按钮开始安装。

图 8-1　瑞星安装程序

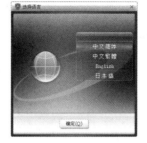

图 8-2　语言选择框

（4）如果用户安装了其他的安全软件，再安装瑞星杀毒软件会产生问题，此时，会显示提示界面，建议用户卸载其他的安全软件，但用户仍可强制安装瑞星杀毒软件，单击"下一步"按钮继续。

（5）进入安装欢迎界面，如图 8-3 所示，单击"下一步"按钮继续。

（6）阅读最终用户许可协议，如图 8-4 所示，选择"我接受"，按"下一步"按钮继续，如果用户选择"我不接受"，则退出安装程序。

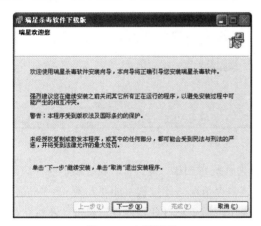

图 8-3　欢迎界面

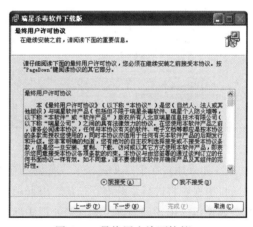

图 8-4　最终用户许可协议

（7）在"定制安装"窗口中，如图 8-5 所示，选择需要安装的组件。用户可以在下拉菜单中选择全部安装或最小安装（全部安装表示将安装瑞星杀毒软件的全部组件和工具程序；最小安装表示仅选择安装瑞星杀毒软件必须的组件，不包含各种工具等)；也可以在列表中勾选需要安装的组件。单击"下一步"按钮继续安装，也可以直接按"完成"按钮，按照默认方式进行安装。

（8）在"选择目标文件夹"窗口中，如图 8-6 所示，用户可以指定瑞星杀毒软件的安装目录，单击"下一步"按钮继续安装。

（9）在"选择开始菜单文件夹"窗口中输入软件名称，如图 8-7 所示，单击"下一步"继续安装。

（10）在"安装信息"窗口中，如图 8-8 所示，显示了安装路径和组件列表，在界面的底部，用户可以勾选"安装前先执行内存病毒扫描"复选框，确保在一个无毒的环境中安装瑞星杀毒软件。确认后单击"下一步"开始复制安装瑞星杀毒软件。

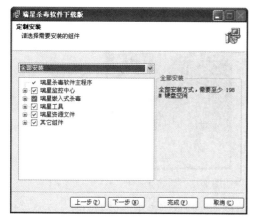

图 8-5　定制安装

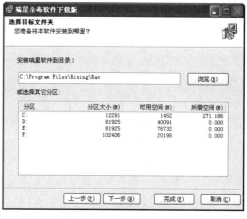

图 8-6　选择目标文件夹

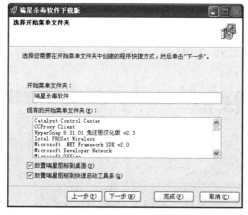

图 8-7　选择开始菜单文件夹

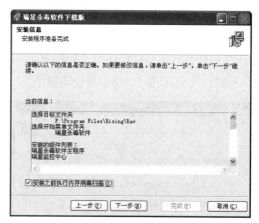

图 8-8　安装信息

（11）如果用户在上一步选择了"安装之前执行内存病毒扫描"复选框，在"瑞星内存病毒扫描"窗口中程序将进行系统内存扫描。根据用户系统内存情况，此过程可能要花费 3～5 min，请等待。如果扫描中发现病毒，会直接处理病毒。如果用户需要跳过此功能，请单击"跳过"按钮继续安装，如图 8-9、图 8-10 所示。

图 8-9　安装过程中

图 8-10　安装结束

（12）重新启动计算机后，瑞星杀毒软件就成功安装到计算机中了。如您认为计算机内有病毒，可以打开瑞星主界面，如图 8-11 所示，在图 8-11 中单击"杀毒"选项卡就可进入杀毒界面，如图 8-12 所示。在图 8-12 中选中要查杀病毒的磁盘分区后单击"开始查杀"按钮即可。

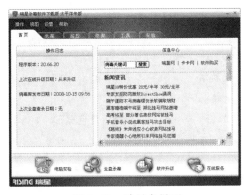

图 8-11　瑞星主界面

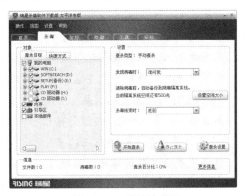

图 8-12　瑞星杀毒面

 上机练习

下载卡巴斯基杀毒软件并进行病毒扫描。

习　题

选择题

1. 计算机病毒是计算机系统中一类隐藏在（　　　）上蓄意进行破坏的程序。

　　A. 内存　　　　　　　　B. 外存　　　　　　　C. 传输介质　　　　　D. 网络

2. 下面关于计算机病毒说法正确的是（　　　）。

　　A. 都具有破坏性　　　　　　　　　　　B. 有些病毒无破坏性

　　C. 都破坏 EXE 文件　　　　　　　　　D. 不破坏数据，只破坏文件

3. 下面关于计算机病毒说法正确的是（　　　）。

　　A. 是生产计算机硬件时不注意产生的　　B. 是人为制造的

　　C. 必须清除，计算机才能使用　　　　　D. 是人们无意中制造的

4. 计算机病毒按寄生方式主要分为三种，其中不包括（　　　）。

　　A. 系统引导型病毒　　B. 文件型病毒　　　C. 混合型病毒　　　D. 外壳型病毒

5. 下面关于防火墙说法正确的是（　　　）。

　　A. 防火墙必须由软件以及支持该软件运行的硬件系统构成

　　B. 防火墙的功能是防止把网外未经授权的信息发送到内网

　　C. 任何防火墙都能准确地检测出攻击来自哪一台计算机

　　D. 防火墙的主要支撑技术是加密技术

6. 下面关于系统还原说法正确的是（　　　）。

　　A. 系统还原等价于重新安装系统

　　B. 系统还原后可以清除计算机中的病毒

C. 还原点可以由系统自动生成也可以自行设置

D. 系统还原后，硬盘上的信息都会自动丢失

7. 下面关于系统更新说法正确的是（　　　）。

　　A. 系统需要更新是因为操作系统存在着漏洞

　　B. 系统更新后，可以不再受病毒的攻击

　　C. 系统更新只能从微软网站下载补丁包

　　D. 所有的更新应及时下载安装，否则系统会立即崩溃

8. 下面不属于访问控制策略的是（　　　）

　　A. 加口令　　　　　B. 设置访问权限　　　C. 加密　　　　　D. 角色认证

9. 下面关于计算机病毒说法正确的是（　　　）。

　　A. 计算机病毒不能破坏硬件系统

　　B. 计算机防病毒软件可以查出和清除所有病毒

　　C. 计算机病毒的传播是有条件的

　　D. 计算机病毒只感染.exe 或.corn 文件

10. 信息安全需求不包括（　　　）。

　　A. 保密性、完整性　B. 可用性、可控性　C. 不可否认性　　　D. 语义正确性

11. 访问控制不包括（　　　）。

　　A. 网络访问控制　　　　　　　　　B. 主机、操作系统访问控制

　　C. 应用程序访问控制　　　　　　　D. 外设访问控制

12. 保障信息安全最基本、最核心的技术措施是（　　　）。

　　A. 信息加密技术　　B. 信息确认技术　　C. 网络控制技术　　D. 反病毒技术

13. 下面属于被动攻击的手段是（　　　）。

　　A. 假冒　　　　　　B. 修改信息　　　　C. 窃听　　　　　　D. 拒绝服务

14. 消息认证的内容不包括（　　　）。

　　A. 证实消息的信源和信宿　　　　　B. 消息内容是否曾受到偶然或有意的篡改

　　C. 消息的序号和时间性　　　　　　D. 消息内容是否正确

15. 下面关于防火墙说法不正确的是（　　　）。

　　A. 防火墙可以防止所有病毒通过网络传播

　　B. 防火墙可以由代理服务器实现

　　C. 所有进出网络的通信流都应该通过防火墙

　　D. 防火墙可以过滤所有的外网访问

16. 认证使用的技术不包括（　　　）。

　　A. 消息认证　　　　B. 身份认证　　　　C. 水印技术　　　　D. 数字签名

17. 下面关于计算机病毒说法不正确的是（　　　）。

　　A. 正版的软件也会受计算机病毒的攻击

　　B. 防病毒软件不会检查出压缩文件内部的病毒　　　．

　　C. 任何防病毒软件都不会查出和杀掉所有的病毒

　　D. 任何病毒都有清除的办法

18. 下面不属于计算机信息安全的是（　　　）。

   A. 安全法规
   B. 信息载体的安全保卫
   C. 安全技术
   D. 安全管理

19. 下面不属于访问控制技术的是（　　　）。

   A. 强制访问控制　　B. 自主访问控制　　C. 自由访问控制　　D. 基于角色的访问控制

20. 下面说法不正确的是（　　　）。

   A. 阳光直射计算机会影响计算机的正常操作
   B. 带电安装内存条可能导致计算机某些部件的损坏
   C. 灰尘可能导致计算机线路短路
   D. 可以利用电子邮件进行病毒传播

第 9 章 ┃ 网 页 制 作

习 题

一、单选题

1. 按（　　　）组合键，即可打开默认主浏览器，浏览网页。

    A.【F4】　　　　　　　B.【F12】　　　　　　C.【Ctrl+V】　　　　D.【Alt+F12】

2. 以下（　　　）不属于 Dreamweaver 中 Web 网站定义的组成部分。

    A. 本地文件夹　　　B. 远程文件夹　　　C. 动态页文件夹　　　D. 网站地图文件夹

3. "项目列表"功能作用的对象是（　　　）。

    A. 单个文本　　　　B. 段落　　　　　　C. 字符　　　　　　D. 图片

4. 鼠标经过图像包括以下（　　　）对象。

    A. 主图像和原始图像　　　　　　　　　B. 主图像、次图像和原始图像

    C. 次图像和鼠标经过图像　　　　　　　D. 主图像和次图像

5. 为网页插入以下（　　　），可添加可控制的音乐播放器。

    A. 参数　　　　　　B. 插件　　　　　　C. Applet　　　　　D. 导航条

6. 一般网页中的基本元素是指（　　　）。

    A. 文本　　　　　　B. 图像　　　　　　C. 超链接　　　　　D. 以上都是

7. 在表单中允许用户从一组选项中选择多个选项的表单对象是（　　　）。

    A. 单选按钮　　　B. 列表/菜单　　　C. 复选框　　　　　D. 单选按钮组

8. 在 Dreamweaver CS4 中，超链接主要是指文本链接、图像链接和（　　　）。

    A. 锚链接　　　　　B. 点链接　　　　　C. 卵链接　　　　　D. 瑁链接

9. 在网页设计中 CSS 一般是指（　　　）。

    A. 层　　　　　　　B. 行为　　　　　　C. 样式表　　　　　D. 时间线

10. 对于"网页背景"的错误叙述是（　　　）。

    A. 网页背景的作用是在页面中为主要内容提供陪衬

    B. 背景与主要内容搭配不当将影响到整体的美观

    C. 背景图像的恰当运用不会妨碍页面的表达内容

    D. 不能使用图案作为网页背景

11. 当网页既设置了背景图像又设置了背景颜色，那么将（　　　）。

    A. 以背景图像为主　　　　　　　　　　B. 以背景色为主

C. 产生一种混合效果

D. 相互冲突，不能同时设置

12. 在 Dreamweaver CS4 设计视图中，单击（　　　）可以选中表单虚线框。

A. <table>　　　　B. <td>　　　　C. <img>　　　　D. <form>

13. 在表格"属性"面板中，可以（　　　）。

A. 消除列的宽度

B. 将列的宽度由像素转换为百分比

C. 设置单元格的背景色

D. 将行的宽度由像素转换为百分比

14. 在表格"属性"面板中，能够设置表格的（　　　）。

A. 边框宽度　　　　B. 文本的颜色　　　　C. 背景图像　　　　D. 背景颜色

15. 在 Dreamweaver CS4 表单中，关于文本域说法错误的是（　　　）。

A. 密码文本域输入值后显示为"*"

B. 多行文本域不能进行最大字符数设置

C. 密码文本和单行文本域一样，都可以进行最大字符数的设置

D. 多行文本域的行数设定以后，输入内容将不能超过设定的行数

16. 在 Dreamweaver CS4 表单中，对于用户输入的照片，应使用的表单元素是（　　　）。

A. 单选按钮　　　　B. 多行文本域　　　　C. 图像域　　　　D. 文件域

17. 创建自定义 CSS 样式时，样式名称的前面必须加一个（　　　）。

A. $　　　　B. #　　　　C. .　　　　D. font

18. 在网页的 HTML 源代码中，（　　　）标签是必不可少的。

A. <html>　　　　B.
　　　　C. <p>　　　　D. <table>

19. 在 HTML 中，（　　　）不是链接的目标属性。

A. self　　　　B. new　　　　C. blank　　　　D. top

20. "常用"面板中的"图像"按钮，在（　　　）区域中。

A. 插入面板　　　　B. 属性面板　　　　C. 面板组　　　　D. 菜单栏

21. 在表单中允许用户从一组选项中选择多个选择的表单对象是（　　　）。

A. 单选按钮　　　　B. 列表/菜单　　　　C. 复选框　　　　D. 单选按钮组

22. 超链接是一种（　　　）的关系。

A. 一对一　　　　B. 一对多　　　　C. 多对一　　　　D. 多对多

23. 能够设置成口令域的（　　　）。

A. 只有单行文本域

B. 只有多行文本域

C. 是单行、多行文本域

D. 是多行文本标识

24. 为了标识一个 HTML 文件应该使用的 HTML 标记是（　　　）。

A. <p></p>　　　　B. <body></body>　　　　C. <html></html>　　　　D. <table></table>

25. HTML 代码<img　src="name">表示（　　　）。

A. 添加一个图像

B. 排列对齐一个图像

C. 设置围绕一个图像的边框的大小

D. 加入一条水平线

26. 在 HTML 的段落标志中，标注网页文本字体的标记（　　　）。

A. <hn></hn>　　　　B. <pre></pre>　　　　C. <p>　　　　D.

27. HTML 文本显示的状态代码中，表示（   ）。

    A. 文本加注下标线   B. 文本加注上标线

    C. 文本闪烁   D. 文本或图片居中

28. 在 HTML 标记中，<UL>标记定义（   ）。

    A. 列表   B. 无序列表   C. 有序列表   D．表格

29. <frameset cols = #>是用来指定（   ）。

    A. 混合分框   B. 纵向分框   C. 横向分框   D. 任意分框

30. 在 HTML 中，标记<font>的 Size 属性最大取值可以是（   ）。

    A. 5   B. 6   C. 7   D. 8

31. 在 HTML 中，标记<pre>的作用是（   ）。

    A. 标题标记   B. 预排版标记   C. 转行标记   D. 文字效果标记

32. HTML 文本显示状态代码中，<B></B>表示（   ）。

    A. 文本加注下标线   B. 文本加粗

    C. 文本闪烁   D. 文本或图片居中

33. 在 HTML 中，标记<font>的 Size 属性最大值可以是（   ）。

    A. 5   B. 6   C. 7   D. 8

34. 单击（   ）可以选中表单虚线框。

    A. <table>   B. <td>   C. <img>   D. <form>

35. 在下面的描述中，不适合于 JavaScript 的描述是（   ）。

    A. 基于对象的   B. 基于事件的   C. 跨平台的   D. 编译的

36. （   ）技术把网页中的所有页面元素看成是对象，能让所有页面元素对事件做出响应。

    A. HTML   B. CSS   C. DOM   D. XML

37. 在 Dreamweaver 的文本菜单中，Style｜Underline 表示（   ）。

    A. 从字体列表中添加或删除字体   B. 将选定文本变为粗体

    C. 将选定文本变为斜体   D. 在选定文本上加下画线

38. 在 Dreamweaver 的插入菜单中，Table 表示（   ）。

    A. 打开插入图像对话框   B. 打开创建表格的对话框

    C. 插入与当前表格等宽的水平线   D. 插入一个有预设尺寸的层

39. 在 Dreamweaver CS4 中，想要使用户在单击超链接时，弹出一个新的网页窗口，需要将超链接定义的目标属性设置为（   ）。

    A. _parent   B. _blank   C. _top   D. _self

40. 为达到在浏览器中访问网页时，鼠标指针移动到某段文字上其形状改变成沙漏形的效果，在网页设计阶段应该（   ）。

    A. 在"command"命令中，执行"get more commands"命令，再对这段文字应用

    B. 在"command"命令中，执行"edit command list"命令，再对这段文字应用

    C. 编辑 CSS 样式表，再对该段文字应用

    D. 在属性面板中对该段文字进行设置

41. 在网站设计中所有的站点结构都可以归结为（　　　　）。

    A. 两级结构　　　　B. 三级结构　　　　C. 四级结构　　　　D. 多级结构

42. Web 的安全色所能够显示的颜色种类为（　　　　）。

    A. 4 种　　　　　　B. 16 种　　　　　　C. 216 种　　　　　D. 256 种

43. 下列 Web 服务器上的目录权限级别中，最安全的权限级别是（　　　　）。

    A. 读取　　　　　　B. 执行　　　　　　C. 脚本　　　　　　D. 写入

44. 在客户端网页脚本语言中最为通用的（　　　　）。

    A. JavaScript　　　B. VB　　　　　　　C. Perl　　　　　　D. ASP

45. 下面不属于 CSS 插入形式的是（　　　　）。

    A. 索引式　　　　　B. 内联式　　　　　C. 嵌入式　　　　　D. 外部式

46. CSS 表示（　　　　）。

    A. 层　　　　　　　B. 行为　　　　　　C. 样式表　　　　　D. 时间线

47. XML 描述的是（　　　　）。

    A. 数据的格式　　　B. 数据的规则　　　C. 数据的本身　　　D. 数据的显示方式

48. 在网页设计中非彩色所具有的属性为（　　　　）。

    A. 色相　　　　　　B. 饱和度　　　　　C. 明度　　　　　　D. 纯度

49. 下列说法不正确的是（　　　　）。

    A. 规则目录结构时，应该在每个主目录下都建立独立的 images 目录

    B. 在制作站点时应突出主题色

    C. 人们通常所说的颜色，其实指的就是色相

    D. 为了使站点是目录明确，应该采用中文目录

50. 解释执行 JavaScript 的是（　　　　）。

    A. 服务器　　　　　B. 编辑器　　　　　C. 浏览器　　　　　D. 编译器

51. 在 Dreamweaver CS4 中，最常见的表单处理脚本语言是（　　　　）。

    A. C　　　　　　　B. Java　　　　　　C. ASP　　　　　　D. JavaScript

52. 在 Dreamweaver CS4 中，下面关于拆分单元格的说法中错误的是（　　　　）。

    A. 用鼠标将光标定位在要拆分的单元格中，在属性面板中单击"拆分"按钮

    B. 用鼠标将光标定位在要拆分的单元格中，在拆分的单元格中选择行，表示水平拆分单元格

    C. 用鼠标将光标定位在要拆分的单元格中，选择列，表示垂直拆分单元格

    D. 拆分单元格时只能是把一个单元格拆分成两个

53. 在创建模板时，下面关于可选区的说法中正确的是（　　　　）。

    A. 在创建网页时定义的

    B. 可选区的内容不可以是图片

    C. 使用模板创建网页，对于可选区的内容，可以选择显示或不显示

    D. 以上说法都错误

二、多选题

1. 以下（　　　　）属于 Dreamweaver CS4 的文档视图模式。

    A. 设计视图　　　　B. 框架视图　　　　C. 实时视图　　　　D. 代码视图

2. 通过以下（　　　）方法可在网页中插入表格。

　　A. 执行"插入"→"表格"命令

　　B. 通过"插入"面板的"布局"选项卡单击"表格"按钮

　　C. 通过"插入"面板的"常用"选项卡单击"表格"按钮

　　D. 按【Ctrl+Alt+T】组合键

3. 以下（　　　）属于 Dreamweaver CS4 提供的热点创建工具。

　　A. 矩形热点工具　　　B. 圆形热点工具　　　C. 多边形热点工具　　　D. 指针热点工具

4. 在制作网页时，一般选用的图像文件格式是（　　　）。

　　A. JPG 格式　　　　　B. GIF 格式　　　　　C. BMP 格式　　　　　D. PNG 格式

5. （　　　）不是 HTML 的特点。

　　A. 动态样式　　　　　B. 动态定位　　　　　C. 动态链接　　　　　D. 动态内容

6. 一般来说，适合使用信息发布式网站模式的题材有（　　　）。

　　A. 软件下载　　　　　B. 新闻发布　　　　　C. 个人简介　　　　　D. 音乐下载

7. 网页制作工具按其制作方式分，可以分为（　　　）。

　　A. 通用型网页制作工具　　　　　　　　B. 标记型网页制作工具

　　C. 专业型网页制作工具　　　　　　　　D. 编程型网页制作工具

8. 以下不属于 HTML 最主要的优点的是（　　　）。

　　A. 动态样式　　　　　B. 动态定位　　　　　C. 动态链接　　　　　D. 动态内容

9. 下面属于 JavaScript 对象的有（　　　）。

　　A. Windows　　　　　B. Document　　　　　C. form　　　　　D. String

10. 通常，网站和浏览者交互采用的方法有（　　　）。

　　A. 聊天室　　　　　B. 论坛　　　　　C. 留言板　　　　　D. 信息看板

11. 下列关于网页设计的说法中正确的有（　　　）。

　　A. 冷暖色调在均匀使用时不宜靠近

　　B. 纯色相同的两种颜色适宜放在一起

　　C. 整个页面中最好有一个主色调

　　D. 文本的色彩不会发生抖动，只有图片的色彩才会发生抖动

12. 下面说法正确的是（　　　）。

　　A. Java 是一种编译语言　　　　　　　　B. JavaScript 是面向对象的程序设计语言

　　C. Java 采用强定义类型变量检查　　　　D. JavaScript 的源代码非常安全

13. 以下属于 DHTML 最重要的优点的是（　　　）。

　　A. 动态样式　　　　　B. 动态定位　　　　　C. 动态链接　　　　　D. 动态内容

14. 在 CSS 中，下面属于 BOX 模型属性的有（　　　）。

　　A. font　　　　　B. margin　　　　　C. padding　　　　　D. visible

三、填空题

1. 超文本置标语言的简称是＿＿＿＿＿＿＿＿。

2. ＿＿＿＿＿＿和＿＿＿＿＿＿是构成网页最基本的元素。

3. "站点定义"中，可以根据需要分别设置本地、_____文件夹。

4. 建立电子邮件的超链接时，在"属性"面板的文本框中输入_____ +电子邮件地址。

5. CSS 中设置文字链接的样式主要是设置连接的四种状态，分别为_____、_____、_____和_____。

6. Dreamweaver 中表格由_____、_____和_____组成。

7. 在 Dreamweaver 中对多个网站进行管理，要通过_____面板进行。

8. 样式表 CSS 包括_____、_____、_____和_____四种。

9. 在 Dreamweaver CS4 中，"文档"窗口中切换视图为：显示代码视图、显示设计视图、_____。

10. 在"布局"模式中，可以在添加内容前使用_____和表格来对页面进行布局。

11. 在布局表格中绘制布局单元格时会出现一条明亮的_____。

12. Dreamweaver CS4 中共有_____种类型的模板区域。

13. Web 服务器是响应来自 Web 浏览器的请求以提供 Web 页的_____。

14. 导入和导出站点是通过选择_____菜单项实现的。

15. 用"站点定义"对话框中的"高级"设置来设置 Dreamweaver 站点。可以根据需要分别设置本地、_____文件夹。

16. Dreamweaver CS4 可帮助用户组织和管理_____。

17. WWW 上的每一个网页都有一个独立的网址，这些地址称为_____。

18. 在 HTML 文档中插入图像其实只是写入一个图像链接_____的，而不是真的把图像插入到文档中。

19. 使用_____时，图像的链接起点是此 HTML 文档所在的文件夹。

20. _____是 Dreamweaver CS4 的模板文件的扩展名。

21. 在设置图像超链接时，可以在替代文本框中填入注释的文字，当浏览器不支持图像时，使用_____替换图像。

22. 在设置图像超链接时，可以在替代文本框中填入注释的文字，当_____移到并停留一段时间后，这些注释文字将显示出来。

23. 在设置图像超链接时，可以在替代文本框中填入注释的文字，在浏览者关闭_____功能时，使用文字替换图像。

24. 在 Dreamweaver CS4 中，有 8 种不同的垂直对齐图像的方式，要使图像的底部与文本的基线对齐要用_____对齐方式。

25. 在 Dreamweaver CS4 中，如果需要删除断行标签，可以选中_____标签，然后按【Delete】键。

26. 在 Dreamweaver CS4 中，关于层的命名原则是：不可以使用空格、不可以使用_____字符。

27. 网页制作中，表单中的"提交"按钮的 type 属性值是_____。

28. 对网页进行布局，一般在添加内容前使用_____或表格来对页面进行布局。

附录 A 习题参考答案

第 1 章习题参考答案

一、选择题

1. A　2. B　3. C　4. B　5. D　6. D　7. D　8. A　9. C　10. C
11. B　12. C　13. C　14. A　15. B　16. A　17. A　18. D　19. C　20. D
21. B　22. B　23. B　24. B　25. B　26. A　27. D　28. A　29. D　30. D
31. C　32. A　33. D　34. A　35. C　36. B　37. C　38. A　39. A　40. D
41. C　42. C　43. B　44. A　45. C　46. A　47. C　48. D　49. D　50. D
51. A　52. D　53. A　54. D　55. A　56. B　57. C　58. A　59. C　60. B

二、填空题

1. 1946，数值计算

2. 电子

3. ENIAC

4. 3

（1）计算机硬件系统由运算器、控制器、存储器、输入设备和输出设备 5 大部分组成，每部分实现一定的基本功能；

（2）采用二进制形式表示数据和指令；

（3）将指令和数据预先存入存储器中，使计算机能自动高速地按顺序取出存储器中的指令加以执行，即执行存储程序。

5. 客观世界的一种反映，是经过加工后的数据，是数据处理的结果

6. 指通过计算机对某一过程进行自动操作，按预定的目标和预定的状态进行自动控制

7. 计算机辅助设计

8. 4

9. 把信息采集、存储处理、通信和人工智能结合在一起

10. 专用机和通用机

11. 程序

12. 人工智能

13. 利用计算机技术把各种信息媒体综合一体化，使它们建立起逻辑联系，并进行加工处理的技术

14. 网络应用

15．介于微型机和小型机之间的高档计算机系统；数据处理能力与高性能的图形

16．人类可读形式的数据；机器可读形式的数据

17．信息基础技术、信息系统技术、信息应用技术

18．电子信息设备、电子信息传播、电子信息技术服务、其他信息服务

19．"因果关系"进行分析

20．0；1

21．减法运算；加法

22．运算时，若数值超出机器数所能表示的范围，就会产生异常而停止运算和处理

23．符号位；有效部分最高位

24．阶码；尾数

25．输入码；机内码

26．清晰；大

27．GB 2312—1980；1980

28．控制

29．128

30．黑点；空白

第 2 章习题参考答案

一、选择题

1．B　2．C　3．D　4．A　5．B　6．D　7．B　8．A　9．C　10．D

11．D　12．D　13．A　14．D　15．B　16．C　17．D　18．C　19．C　20．D

21．A　22．A　23．D　24．A　25．A　26．A　27．A　28．C　29．B　30．A

31．B　32．A　33．A　34．A　35．D　36．B　37．B　38．D　39．D　40．B

41．D　42．B　43．C　44．D　45．D　46．A　47．B　48．C　49．A　50．C

51．B　52．B　53．A　54．B　55．A　56．D　57．A　58．D　59．B　60．B

二、填空题

1．运算器、控制器、存储器、输入设备、输出设备

2．母板、系统板　　　3．扩展槽　　　4．CPU、输入/输出设备

5．运行　　　6．内存　　　7．系统软件和应用软件

8．顺序方式和流水线方式　9．硬件　　10．厂家

11．软件开发；用户

12．程序设计时代；程序系统时代；结构化方法时代；面向对象方法时代

13．1968；联邦德国召开

第 3 章习题参考答案

一、选择题

1．B　2．A　3．B　4．A　5．B　6．C　7．D　8．C　9．C　10．B

11．B　12．C　13．A　14．B　15．A　16．B　17．C　18．A　19．C　20．C

21．A　22．B　23．A　24．A　25．A　26．D　27．A　28．D　29．C　30．A

31．D　32．A　33．A　34．A　35．A　36．B　37．D　38．A　39．D　40．A

41．C　42．A　43．D　44．B　45．D　46．A　47．D　48．B　49．C　50．C

51．A　52．A　53．B　54．D　55．A　56．B　57．D

二、填空题

1．不能　　　　　　2．当前（活动）　　　　3．还原　　　4．回车（【Enter】）

5．【Esc】　　　　　6．单击　　　　　　　　7．子　　　　8．移动或复制

9．没有　　　　　　10．图形　　　　　　　　11．磁盘　　　12．剪切

13．回收站　　　　　14．任务栏　　　　　　　15．固定　　　16．任务栏

17．不能　　　　　　18．右键　　　　　　　　19．（1）确定（2）取消

20．（1）"我的电脑"（2）"资源管理器"　　　21．单击　　　22．拖动

23．双击　　　　　　24．开始　　　　　　　　25．页　　　　26．（1）文本（2）下拉

27．中英文切换　　　28．（1）查看（2）工具栏　29．回收站　30．图标

31．配置　　　　　　32．硬　　　　　　　　　33．切换　　　34．滚动条

35．控制面板　　　　36．查看　　　37．删除　　38．（1）窗口边框（2）边框

39．是否按下鼠标左键　40．单击、双击、拖动、移动

三、判断题

1．√　　2．√　　3．√　　4．×　　5．√　　6．×　　7．√　　8．√　　9．√　　10．√

11．×　12．√　13．√　14．×　15．√　16．×　17．√　18．×

第 4 章习题参考答案

4.1 节习题参考答案

1．C　2．A　3．C　4．B　5．B　6．B　7．B　8．D　9．C　10．D

11．C　12．B　13．D　14．A　15．D　16．C

4.2 节习题参考答案

1．C　2．B　3．C　4．A　5．C　6．D　7．D　8．A　9．B　10．B

11．D　12．B　13．B　14．C　15．B　16．D　17．A　18．C　19．B　20．C

21．B　22．A　23．B　24．D　25．C　26．C　27．C

4.3 节习题参考答案

1．C　2．D　3．B　4．D　5．A　6．D　7．C　8．D　9．A　10．B

11．A　12．C　13．C　14．D　15．D　16．D

第 5 章习题参考答案

一、选择题

1．B　2．D　3．A　4．D　5．D　6．B　7．B　8．B　9．A　10．D

11．B　12．D　13．C　14．A　15．B　16．C　17．B　18．C　19．D　20．C

21．A　22．D　23．A　24．D　25．D　26．C　27．D　28．B　29．C　30．A

31．D　32．B　33．D　34．C　35．D

二、填空题

1. 图像　视频　动画　　2. 计算机　多媒体　　3. 多样性　集成性　交互性

4. 有损压缩　无损压缩　　5. PAL　NTSC　　6. A/D　D/A

7. 20 Hz～20 kHz　　8. 采样　量化　　9. 大　大

10. MPC

第6章习题参考答案

选择题

1. A	2. C	3. C	4. D	5. D	6. C	7. C	8. B	9. D	10. D
11. D	12. A	13. D	14. A	15. A	16. B	17. C	18. B	19. D	20. C
21. B	22. A	23. B	24. B	25. C	26. B	27. C	28. A	29. B	30. B
31. B	32. B	33. C	34. D	35. A	36. C	37. A	38. C	39. C	40. C
41. A	42. B	43. D	44. A	45. A	46. A	47. B	48. B	49. D	50. B
51. A	52. B	53. A	54. C	55. B	56. B	57. C	58. C	59. A	60. C
61. D	62. A	63. C	64. B	65. A	66. B	67. B	68. A	69. B	70. D
71. D									

第7章习题参考答案

选择题

1. D	2. C	3. B	4. B	5. D	6. D	7. B	8. C	9. A	10. B
11. A	12. C	13. C	14. B	15. A	16. B	17. B	18. B	19. C	20. B
21. D	22. A	23. C	24. B	25. B					

第8章习题参考答案

选择题

1. B	2. A	3. B	4. D	5. A	6. C	7. A	8. C	9. C	10. D
11. D	12. A	13. C	14. D	15. A	16. C	17. B	18. B	19. C	20. A

第9章习题参考答案

一、选择题

1. B	2. D	3. B	4. D	5. B	6. D	7. C	8. A	9. C	10. D
11. A	12. D	13. D	14. A	15. A	16. D	17. C	18. A	19. B	20. A
21. C	22. A	23. A	24. C	25. A	26. A	27. B	28. B	29. B	30. C
31. B	32. C	33. C	34. D	35. D	36. C	37. D	38. B	39. B	40. C
41. B	42. C	43. A	44. A	45. A	46. C	47. C	48. C	49. D	50. C
51. D	52. D	53. C							

二、多选题

1. ACD	2. ACD	3. ABC	4. ABD	5. ABCD	6. ABC	7. BD
8. ABD	9. ABCD	10. ABC	11. AC	12. AC	13. ABD	14. BC

三、填空题

1．HTML 　　　　　　2．文本　图像 　　　　3．远程 　　　　　　4．mailto

5．链接颜色　变换图像链接　已访问链接　活动链接

6．行　列　单元格 　　7．文件 　　　　　　8．类　ID　标签　复合

9．显示代码视图和显示设计视图 　　　　　　10．布局表格

11．框线 　　　　　12．4 　　　　　　13．交互功能 　　　　14．站点

15．远程 　　　　　16．网站 　　　　　17．统一资源定位器（URL）

18．地址 　　　　　19．相对地址 　　　　20．Dwt 　　　　　21．文字

22．鼠标 　　　　　23．图像显示 　　　　24．基线（baseline） 　25．

26．特殊 　　　　　27．Submit 　　　　　28．框架